普通高等教育人工智能系列教材

机器学习理论与应用

乔景慧　编著

机械工业出版社

本书讲述机器学习的基本理论与应用，使用 OpenCV、Python 与 MATLAB 实现涉及的各种机器学习算法。通过理论学习和实践应用，读者能够理解并掌握机器学习的原理和应用，拉近理论与实践的距离。全书共分 15 章，主要内容包括：机器学习理论简介、机器学习理论与应用数学基础、机器学习编程基础、基于 OpenCV 和 Python 的机器学习、极大似然估计、高斯混合模型的极大似然估计、非参数估计、软测量、学习模型、半监督学习、聚类分析、异常值检测、随机配置网络、强化学习、机器人轨迹跟踪学习控制。

本书系统地讲解了机器学习的原理、算法和应用，内容全面、实例丰富、注重理论与实践相结合，不仅适合作为高年级本科生和研究生的教材和参考书，也适合机器学习爱好者作为入门与提高的参考书。

图书在版编目（CIP）数据

机器学习理论与应用/乔景慧编著. —北京：机械工业出版社，2022.6
普通高等教育人工智能系列教材
ISBN 978-7-111-70477-5

Ⅰ.①机… Ⅱ.①乔… Ⅲ.①机器学习-高等学校-教材 Ⅳ.①TP181

中国版本图书馆 CIP 数据核字（2022）第 053618 号

机械工业出版社（北京市百万庄大街 22 号 邮政编码 100037）
策划编辑：余 皞 责任编辑：余 皞 韩 静
责任校对：樊钟英 王 延 封面设计：张 静
责任印制：任维东
北京富博印刷有限公司印刷
2022 年 6 月第 1 版第 1 次印刷
184mm×260mm · 16.25 印张 · 402 千字
标准书号：ISBN 978-7-111-70477-5
定价：49.80 元

电话服务 网络服务
客服电话：010-88361066 机 工 官 网：www.cmpbook.com
010-88379833 机 工 官 博：weibo.com/cmp1952
010-68326294 金 书 网：www.golden-book.com
 机工教育服务网：www.cmpedu.com

前　言

机器学习是人工智能领域的一个活跃学科，通过对原理、算法的研究，旨在模拟人类的学习能力。近年来，机器学习理论与应用涉及许多领域，如航空航天、建材、冶金、选矿、自动驾驶等。本书致力于讨论机器学习的理论基础及多种机器学习算法的实用化应用。

本书从原理与应用两个角度进行阐述，系统深入地讲解了目前主要的机器学习算法，包括机器学习理论简介、机器学习理论与应用数学基础、机器学习编程基础、基于 OpenCV 和 Python 的机器学习、极大似然估计、高斯混合模型的极大似然估计、非参数估计、软测量、学习模型、半监督学习、聚类分析、异常值检测、随机配置网络、强化学习、机器人轨迹跟踪学习控制。对于主要的算法，分别通过理论分析、实验程序、实际应用 3 部分进行讲解。对于算法的核心部分，进行了详细的推导和证明。

学习本书需要读者具有基本的数学基础知识，如微积分、线性代数、概率论及矩阵论等，同时掌握一些优化方法和编程基础，如 C 语言、MATLAB 及 Python 和 OpenCV。

机器学习理论与应用是一门应用范围广泛、内容多样的学科，由于笔者的水平和经验有限，书中难免有错误与理解不到位的地方，敬请读者批评与指正！

乔景慧
沈阳工业大学

目录

第1章 机器学习理论简介

机器学习是人工智能研究领域中极其重要的研究方向，也是发展最快的分支。每过一段时间，我们都能听到一些新的应用在各个领域大展宏图的消息，如谷歌 DeepMind 团队研究的人工智能程序 AlphaGo 战胜世界围棋名将李世石、AlphaGo Zero 的横空出世、无人驾驶公交客车正式上路等。相比这些新闻，我们也许更关心其背后的支撑技术，机器学习就是 AlphaGo 和无人驾驶等背后的重要技术。

1.1 机器学习简介

1.1.1 什么是机器学习

AlphaGo 的胜利、无人驾驶技术的发展和计算机图片分类精度不断提高等，展示了人工智能的飞速发展，机器学习是人工智能的核心领域之一，也是推动人工智能发展的重要力量。机器学习是关于理解与研究学习的内在机制、建立能够通过学习自动提高自身水平的计算机程序的理论方法的学科。研究人员对人工智能有不同的定义，但对 Tom Mitchell 的机器学习定义普遍接受。

机器学习是一门多领域交叉学科，其涉及概率论、矩阵论、统计学、泛函分析、优化理论、心理学、脑科学、哲学和认知科学等多门学科，专门研究计算机怎样模拟或实现人类的学习行为，以获取新的知识或技能，重新组织已有的知识结构并使之不断改善自身的性能。至今，还没有统一的机器学习定义，而且很难给出一个公认和准确的定义。一种经常引用的英文定义来自 Tom Mitchell 的《机器学习》一书，原文是："A computer program is said to learn from experience *E* with respect to some class of tasks *T* and performance measure *P*, if its' performance at task in *T*, as measured by *P*, improves with experience *E*." 对应的中文译文是："如果用 *P* 来衡量计算机程序在任务 *T* 上的性能，根据经验 *E* 在任务 *T* 上获得性能改善，那么我们称该程序从经验 *E* 中学习。"

不同于通过编程告诉计算机如何计算来完成特定任务，机器学习是一种数据驱动方法（data-driven approach），意味着方法的核心是数据，也许读者对此有疑问，让我们举例进行说明。

普通意义上的学习是通过观察获得性能的过程，学习过程如图 1-1 所示。例如，某天大人告诉小孩子前面深棕色的小动物是猫，小孩子通过观察认识猫的颜色和形态。另一天大人告诉小孩子前面那只白色的小动物也是猫，小孩子观察到尽管毛色不同，但猫的形态一样，学习辨识猫的技能是不管毛色，只重形态。因此，下次如果遇到一只黑猫，小孩子也能准确地叫出猫。

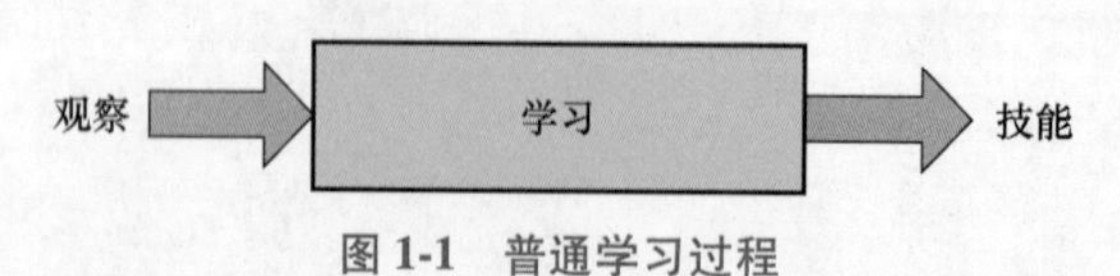

图 1-1　普通学习过程

机器学习是通过获取数据来获取模式的过程，模式可以视为对象的组成成分或影响因素间存在的规律性关系，简单来说，模式相当于事物的规律。机器学习过程如图 1-2 所示。机器学习能够自动识别数据中的模式，然后使用已发现的模式去预测未来的数据，或者不确定条件下进行某种决策。

图 1-2　机器学习过程

我们已经知道，使用计算机语言能够做很多事情，但是，如果要求编程实现在一堆照片中识别并标记出猫和狗，我们却不知道该怎么做。技术难点在于我们不知道该怎样对猫和狗的照片进行建模，也就是说，对一些模式我们无法通过数据直接进行归纳总结。机器学习恰好能解决这类问题，我们将一些标记猫和狗的照片让某个分类器（如神经网络）进行学习，分类器自动识别照片中的猫和狗的模式，经过训练后，分类器分别得到猫和狗的模型，然后使用模型来识别未标记照片中是否有猫或狗。

机器学习理论主要是设计和分析一些让计算机可以自动“学习”的算法。机器学习算法是一类从数据中自动分析获得规律，并利用规律对未知数据进行预测的算法。近年来机器学习在诸多应用领域得到成功的应用与发展，已广泛应用于数据挖掘、计算机视觉、自然语言处理、生物特征识别、搜索引擎、医学诊断、信用卡欺诈检测、证券市场分析、DNA 序列测序、语音和手写识别、战略游戏和机器人等领域。机器学习的发展和完善将进一步促进人工智能和整个科学技术的发展。

机器学习源自人工智能，所以更全面的机器学习发展历程可参考人工智能。以下为以神经网络为代表的机器学习发展历程中的标志性事件。

1949 年 Hebb 基于神经心理学的学习机制提出 Hebb 学习规则。Hebb 学习规则是一个无监督学习规则，其为神经网络的学习算法奠定了基础。

1950 年，阿兰·图灵提出了图灵测试来判定计算机是否智能。图灵测试认为，如果一台机器能够与人类展开对话（通过电传设备）而不能被辨别出机器身份，那么称这台机器具有智能。

1957 年，Rosenblatt 提出感知机模型，这是一种形式最简单的前馈神经网络，也是一种二元线性分类器。

1960 年，Widrow 首次提出 Delta 学习规则用于感知器的训练。Delta 学习规则属于有监督学习。

1967 年出现了 KNN 算法（K-近邻算法）。KNN 算法是一种用于分类和回归的非参数统计方法，是最简单的机器学习算法之一。

1969 年，Marvin Minsky 和 Seymour Papert 在《感知器》(*Perceptrons*) 一书中，仔细分析了以感知器为代表的单层神经网络系统的功能及局限，证明感知器不能解决简单的异或（XOR）等线性不可分问题。

1986 年，Hinton 发明了适用于多层感知器（MLP）的误差反向传播（BP）算法，并采用 Sigmoid 函数进行非线性映射，有效解决了非线性分类和学习的问题。该方法引发了神经网络的第二次热潮。

1990 年，Schapire 提出了最初的 Boosting 集成学习算法。之后 Freund 提出了一种效率更高的 Boosting 算法。1995 年，Freund 和 Schapire 改进了 Boosting 算法，提出了 Ada-Boost 算法。另一个集成学习的代表方法是 Breiman 博士在 2001 年提出的随机森林方法。

1995 年，Corina Cortes 和 Vapnik 提出支持向量机（SVM）。SVM 是基于统计学习理论的一种机器学习方法，能够利用所有的先验知识做出优化选择，产生准确的理论和模型，它在解决小样本、非线性及高维模式识别问题中表现出了许多特有的优势。

2006 年，Hinton 提出了深度学习算法。Hinton 和他的学生在顶尖学术刊物 *Science* 上发表了一篇文章 *Reducing the Dimensionality of Data with Neural Networks*，开启了深度学习在学术界和工业界的浪潮。

2011 年，微软公司首次将深度学习（DNN）应用在语音识别中，取得了重大突破。微软研究院和 Google 机构分别采用 DNN 技术降低语音识别错误率 20%~30%，取得了语音识别领域的突破性进展。

2012 年，Hinton 等通过卷积神经网络在 ImageNet 图像识别比赛中取得突破性进展，其构建的 CNN 网络 AlexNet 首次采用了线性整流函数（ReLU），极大地提高了收敛速度并解决了梯度消失问题，分类性能远远优于 SVM 方法，吸引了众多研究者。AlexNet 扩展了 LeNet 结构，添加 Dropout 层后减小了过拟合，并首次使用了 GPU 加速模型。

2013 年，深度学习被麻省理工学院评为了年度十大科技突破之一，通过 ImageNet 图像识别比赛，深度神经网络模型不断被提出。

2015 年，为纪念人工智能概念提出 60 周年，LeCun、Bengio 和 Hinton 推出了深度学习的联合综述。

2016 年 3 月，谷歌旗下 DeepMind 公司开发的 AlphaGo 与世界围棋冠军李世石进行围棋人机大赛，并以 4∶1 比分获胜。

2017 年，Google AlphaGo 2 代与世界围棋冠军柯洁对战。历时四个多小时的比赛，最终执黑棋先行的柯洁以 1/4 子之差落败。哈萨比斯称："AlphaGo 2 代采用了 10 颗 TPU（Tensor Processing Unit）在云上运行，是一个巨大提升。跟去年相比，本次对弈的新版 AlphaGo 计算量只有旧版的十分之一，自我对弈能力更强，运行起来更简单、更好，功耗也更小。

2018 年 12 月初，DeepMind 公司又推出了 AlphaFold，用于从基因序列中预测蛋白质结构。其可根据基因代码预测出蛋白质的 3D 形状，并在蛋白质折叠竞赛 CASP（critical assessment of structure prediction）上取得了第一的成绩，准确地从 43 种蛋白质中预测出了 25 种蛋白质的结构。

机器学习的主要内容是研究如何从数据中构建模型的学习算法。有了学习算法之后，将已有的数据（称为训练数据集）提供给它，算法就能根据这些数据构建模型，从而使用模型进行预测。因此，机器学习的一个核心内容就是研究学习算法。

1.1.2 如何学习机器学习

机器学习是一门理论与实践相结合的过程。学习机器学习课程有两种不同的方法：从理论的角度出发和从技术的角度出发，这两种方法都有其显而易见的优点和缺点。

从理论角度出发是传统的学习机器学习的途径，一般顺序为：掌握必要的数学（微积分、概率论、线性代数、优化理论等）背景知识，学习机器学习理论，使用编程语言实现算法，使用各种机器学习算法解决实际问题。从理论角度出发的优点是，能够从理论的高度抽象出机器学习本质问题的深度理解。缺点是这种方法的学习过程特别长，是为学科前沿的学者设计的，不适合只想利用机器学习技术的实践者，对一般数学功底较差的爱好者来说学习难度较大。另一个缺点是辛苦学到的理论、公式不够实用，难以直接应用到具体项目上。

从技术的角度出发可以直接学习各类开源软件，如 Tensorflow、Scikit-Learn、Caffe、WEKA、Apache Mahout 等，能够快速上手解决实际问题。缺点是只见树木不见树林，不知道如何从众多可选技术中选择自己所需要的技术，不了解工作原理，难以得心应手地使用工具。

本书试图把理论和实践结合在一起。机器学习中有一些基本的哲学思想、关键理论和核心技术，是每一个机器学习使用者需要了解的。但完整而系统地学习所有的机器学习知识是不必要的，疯狂英语创始人李阳先生曾说过："系统全面地学习语法只会系统全面地忘记，而且非常辛苦"，机器学习面临和英语一样的困境：到底是系统地学习还是零敲碎打地学习。对于大部分机器学习使用者来说，也许零敲碎打地学习更符合他们的实际情况。鉴于此，本书的指导思想是：精心挑选出最常用的经典算法，详细讲解原理和实现方法，兼顾理论和实践，使读者能够快速入门。然后以点带面，逐步形成机器学习的整体概念，为进行下一步深造打下基础。

机器学习不可避免地要涉及一些数学推导过程，为避免淹没在公式的海洋中，本书将必要的公式推导从正文中剔除，放到作业中，供读者有选择性地学习。

1.2　机器学习分类

本节讲述机器学习的基本概念，包括机器学习的种类，如有监督学习、无监督学习和强化学习等。

机器学习可分为三种主要类型。第一种机器学习类型称为有监督学习或预测学习，其目标是在给定一系列输入 x 和输出 y 实例所构成的数据集的条件下，学习输入 x 到输出 y 的映射关系。这里的数据集称为训练集，实例的个数 N 称为训练样本数。第二种机器学习类型称为无监督学习或描述学习，其目的是在给定一系列仅由输入实例 x 构成的数据集的条件下，发现数据中的有趣模式。无监督学习有时也称为知识发现，这类问题并没有明确定义，因为我们不知道需要寻找什么样的模式，也没有明显的误差度量可供使用。而对于给定的 x，有监督学习可以对所观察到的值 y 与预测的值 $\hat{y}$ 进行比较，得到明确的误差值。

1.2.1　有监督学习

有监督学习主要分为分类（classification）和回归（regression）两种形式，是数据挖掘应用领域的重要技术。分类就是在已有的数据的基础上学习出一个分类函数或构造出一个分类模型，这就是通常所说的分类器（classifier）。该函数或模型能够把数据集中的样本 x 映射到某个给定的类别 y，从而用于数据预测。分类和回归是预测的两种形式，分类预测的输出目标是离散值，而回归预测的输出目标是连续值。

在分类之前，要先将数据集划分为训练集和测试集两个部分。分类分为两步：第一步，分析训练集的特点并构建分类模型，常用的分类模型有决策树、贝叶斯分类器、K-最近邻分类等；第二步，使用构建好的分类模型对测试集进行分类，评估模型的分类准确度等指标，选择满意的分类模型。

有监督学习过程如图 1-3 所示。首先使用训练数据对机器学习算法进行训练，得到模型（若干假设），然后使用构建好的模型对测试数据进行预测，计算预测输出值和真实输出值的误差，从而得到模型的性能评估指标，再反馈给机器学习算法。

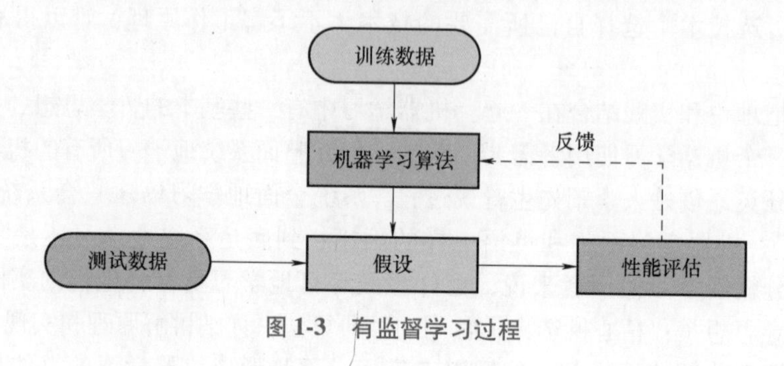

图 1-3　有监督学习过程

本书涉及的有监督学习算法有：线性回归、逻辑回归、高斯判别分析、朴素贝叶斯、决策树、神经网络、支持向量机和协同过滤等。

1.2.2　无监督学习

无监督学习主要分为聚类（clustering）和关联分析（association analysis）。聚类就是将数据集划分为由若干相似实例组成的簇（cluster）的过程，使得同一个簇中实例间的相似度最大化，不同的簇中实例间的相似度最小化。也就是说，一个簇就是由彼此相似的一组对象所构成的集合，不同簇中的实例通常不相似或相似程度很低。

聚类分析是数据挖掘和机器学习中十分重要的技术，其应用领域极为广泛，如统计学、模式识别、生物学、空间数据库技术、电子商务等。

作为一种重要的数据挖掘技术，聚类主要依据样本空间相似性的度量标准将数据集自动划分为几个簇，聚类中的簇不是预先定义的，而是根据实际数据的特征按照相似性来定义的。聚类分析算法的输入是一组样本及一个度量样本相似度的标准，输出是簇的集合。聚类分析的另一个副产品是对每个簇的综合描述，这个结果对于进一步深入分析数据集的特性尤为重要，聚类方法适合用于讨论样本间的相互关联，从而能初步评价其样本结构。

机器学习关心聚类算法的如下特性：处理不同类型属性的能力、对大型数据集的可扩展性、处理高维数据的能力、发现任意形状簇的能力、处理孤立点或“噪声”数据的能力、对数据顺序的不敏感性、对先验知识和用户自定义参数的依赖性、聚类结果的可解释性和实用性、基于约束的聚类等。

关联分析方法用于发现隐藏在大型数据集中有意义的联系，这种联系可以用关联规则（association rule）进行表示，本书不涉及关联分析内容。

1.2.3　强化学习

在无法提供实际的监督数据时，强化学习使用基于环境提供的反馈来进行学习。在这种情况下，反馈得到的更多是定性的信息，并不能确定其误差的精确度量。在强化学习中，这种反馈通常被称为奖励（reward）（有时候，负面的反馈被定义为惩罚），而了解下一个状态下执行某个行为是否是正面的非常有用。最有用的行为顺序是必须学习的策略，以便得到最高的即时和累积奖励。这个概念的基础是理性的决策总是追求增加总奖励。判断能力是高级智能体的显著标记，而短视者往往无法正确评估其即时行动的后果，因此他们的策略总是次优的。

当处于经常动态变化的不确定环境，无法实现对误差的精确测量时，强化学习成为一种非常有效的方法。在过去几年中，研究者通过在神经网络中使用许多经典算法来学习玩 Atari 视频游戏的最佳策略，并教授算法如何将正确的动作与表示状态的输入（通常是屏幕截屏或内存转储）相关联。

图 1-4 给出了训练深度神经网络玩 Atari 游戏的示意图。输入是一个或多个连续的截图（捕获临时的动态画面就足够了），通过网络中去掉不同层的处理，产生表示特定状态转换的策略的输出。应用输出的策略后，游戏产生反馈（作为奖励或惩罚），将反馈用于优化输出直到变得稳定。在这种情况下，能够实现游戏状态的正确识别，保证输出的策略始终是最佳的。最终，总奖励超过了预定义的阈值。

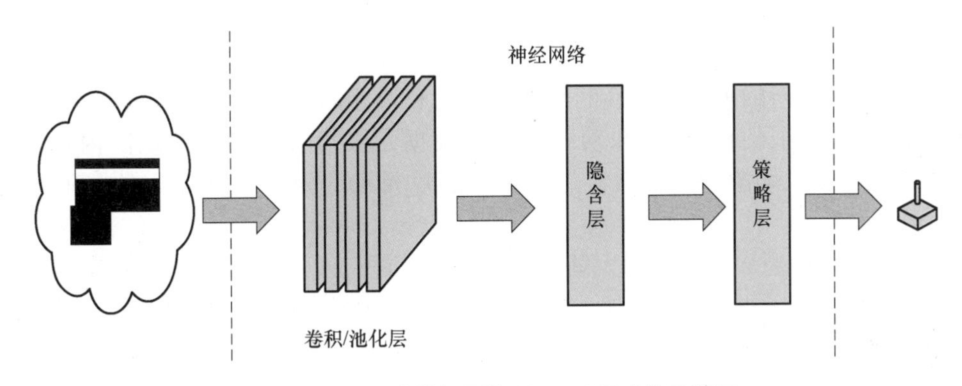

图 1-4　训练深度神经网络玩 Atari 游戏的示意图

我们将在第 14 章中讨论强化学习的一些例子。

1.3　深度学习

深度学习（deep learning）是机器学习的分支，它是使用包含复杂结构或由多重非线性变换构成的多个处理层对数据进行高层抽象的机器学习的算法。它和机器学习以及人工智能的关系如图 1-5 所示，在最外面的一环是人工智能（artificial intelligence，AI），使用计算推理，里面的一环是机器学习（machine learning），深度学习在最中心。

在过去的若干年中，由于功能更强大和价格更便宜的计算的出现，许多研究人员开始采用复杂（深层）神经网络的体系结构来实现 20 年前难以想象的目标。自 1957 年 Rosenblatt 发明感知器后，人们对神经网络的兴趣变得越来越大。然而，许多限制（担心内存和 CPU 速度）阻碍了此方面的研究，并且限制了算法的大量应用。在过去十年中，研究人员开始瞄准越来越大的模型，建立几个不同层次的神经网络模型（这就是为什么这种方法被称为

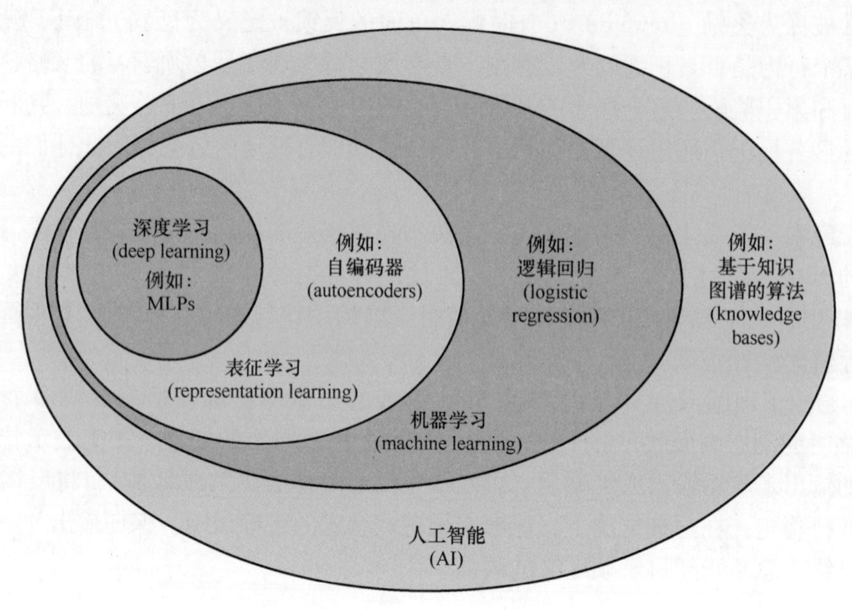

图 1-5　深度学习在人工智能中的位置

深度学习)，以解决新的具有挑战性的问题。便宜和快速的计算机的可用性允许他们使用非常大的数据集（由图像、文本和动画组成的数据）在可接受的时间范围内获得结果。这一努力产生了令人印象深刻的成果，如基于图片元素的分类和使用强化学习的实时智能交互。

这些技术背后的想法是创建像大脑一样工作的算法，由于神经科学和认知心理学的贡献，这一领域已经有了很多重要进展。特别是人们对于模式识别和联想记忆的研究兴趣越来越浓厚，采用了与人类大脑皮层相似的结构和功能。神经网络还包括更简单的称为无模型（model-free）的算法，这些算法更多是基于通用学习技巧和重复经验，而不是基于特定问题的数学物理方法。

当然，对不同的构架和优化算法的测试可以通过并行处理来进行，从而使得其比定义一个复杂的模型要简单得多，并且复杂的模型也更难以适应不同的情况，此外，即使是没有基于上下文的模型，深度学习也表现出比其他方法更好的性能。这表明在许多情况下，最好是用不确定性做出不太精确的决定，而不是由非常复杂的模型（通常不是很快）输出确定的精确决策。对于动物来说，这种决策往往生死攸关，如果决策成功，也是因为它隐含地放弃了一些精确性。

常见的深度学习应用包括：图像分类、实时视觉跟踪、自动驾驶、物流优化、生物信息、语音识别。

这些问题中，有许多也可以使用经典方法来求解，但有时候要复杂很多，而深度学习的效果更好。此外，深度学习可以将其应用扩展到最初被认为非常复杂的情况下，例如自动驾驶汽车或实现视觉对象识别。

本书详细介绍了一些经典算法。然而，有许多介绍性和更高级的讨论资源可供参考。Geogle DeepMind 团队已经得到了许多有趣的结果，建议访问他们的网站 https://deepmind. com，了解他们的最新研究结果。

1.4　迭代学习控制研究现状

迭代学习控制是智能控制的一个分支，它具有严格的数学描述，日本学者 Uchiyam 在 1978 年首先提出了迭代学习控制的思想，1984 年 Arimoto 等人提出了迭代学习控制算法，迭代学习适用于具有重复运动特性的被控对象，迭代学习通过迭代的方式处理非线性强耦合动态系统控制问题，可以在规定时间之内使被控对象的实际运行轨迹高精度地跟踪期望轨迹，而且不依赖精确的数学模型。迭代学习主要应用在机械手控制方面，同时在许多复杂的工业控制过程中也同样适用。机械手运行时存在多输入多输出特点，且其控制系统存在非线性、强耦合的特点。迭代学习控制可以弥补机器人控制系统在数学建模上的诸多不便之处。近年来迭代学习控制理论在国内得到了广泛的研究，有许多重要著作出版，同时迭代学习控制在鲁棒性、学习速度、收敛性及工业应用研究方面取得了巨大的进展，发表了许多综述性论文。因此，迭代学习在工业机器人领域得到了广泛的使用。

第2章 机器学习理论与应用数学基础

本章简要介绍了机器学习理论与应用的数学基础知识，包括概率论的方差、偏度和峰度及偏度和峰度的检验；矩阵论的内积空间、向量范数、矩阵范数、矩阵扰动分析及广义逆矩阵与线性方程的极小二乘解。

2.1　概率分布的性质

2.1.1　方差和标准差

尽管期望是一个很有用的刻画概率分布特征的数据，然而不同的概率分布的期望可能会相同，因此，引入数据方差（variance）来表示概率分布的范围。

一个随机变量 x 的方差记作 $V[x]$，定义为

$$V[x]=E[(x-E[x])^2]$$

在实际应用中，上式展开为

$$V[x]=E[x^2-2xE[x]+(E[x])^2]=E[x^2]-(E[x])^2$$

通常可以简化运算。对于常数 c，方差算符 V 满足下列性质：

$$V[c]=0,\ V[x+c]=V[x],\ V[cx]=c^2V[x]$$

注意： 方差算符的性质和期望算符的性质存在较大差异。

方差的平方根称为标准差（standard deviation），记作 $D[x]$：

$$D[x]=\sqrt{V[x]}$$

通常，方差和标准差也分别记作 σ^2 和 σ。

2.1.2　偏度、峰度和矩

在概率统计中，除了期望和方差，诸如偏度（skewness）和峰度（kurtosis）等高次数据也经常使用。偏度和峰度分别表示概率分布的不对称性和尖锐性，有如下定义：

$$偏度：\frac{E[(x-E[x])^3]}{(D[x])^3}$$

$$峰度：\frac{E[(x-E[x])^4]}{(D[x])^4}-3$$

分母中的 $(D[x])^3$ 和 $(D[x])^4$ 是为了归一化，峰度定义中的-3 是为了使正态分布的峰度为 0。如图 2-1 所示，若偏度大于 0，则右尾长于左尾；当偏度小于 0 时，左尾长于右尾。若偏度为 0，则分布是完美对称的。图 2-2 所示的峰度等于 0，若峰度大于 0，则概率分布比正态分布更尖锐；若峰度小于 0，则概率分布比正态分布更钝（dull）。

上述讨论意味着数据

$$v_k=E[(x-E[x])^k]$$

对于描述概率分布的特征有重要作用，称 v_k 为 k 阶中心矩，且称

$$\mu_k=E[x^k]$$

为 k 阶原点矩。期望、方差、偏度和峰度都可以用 μ_k 表示为

$$期望：\mu_1$$

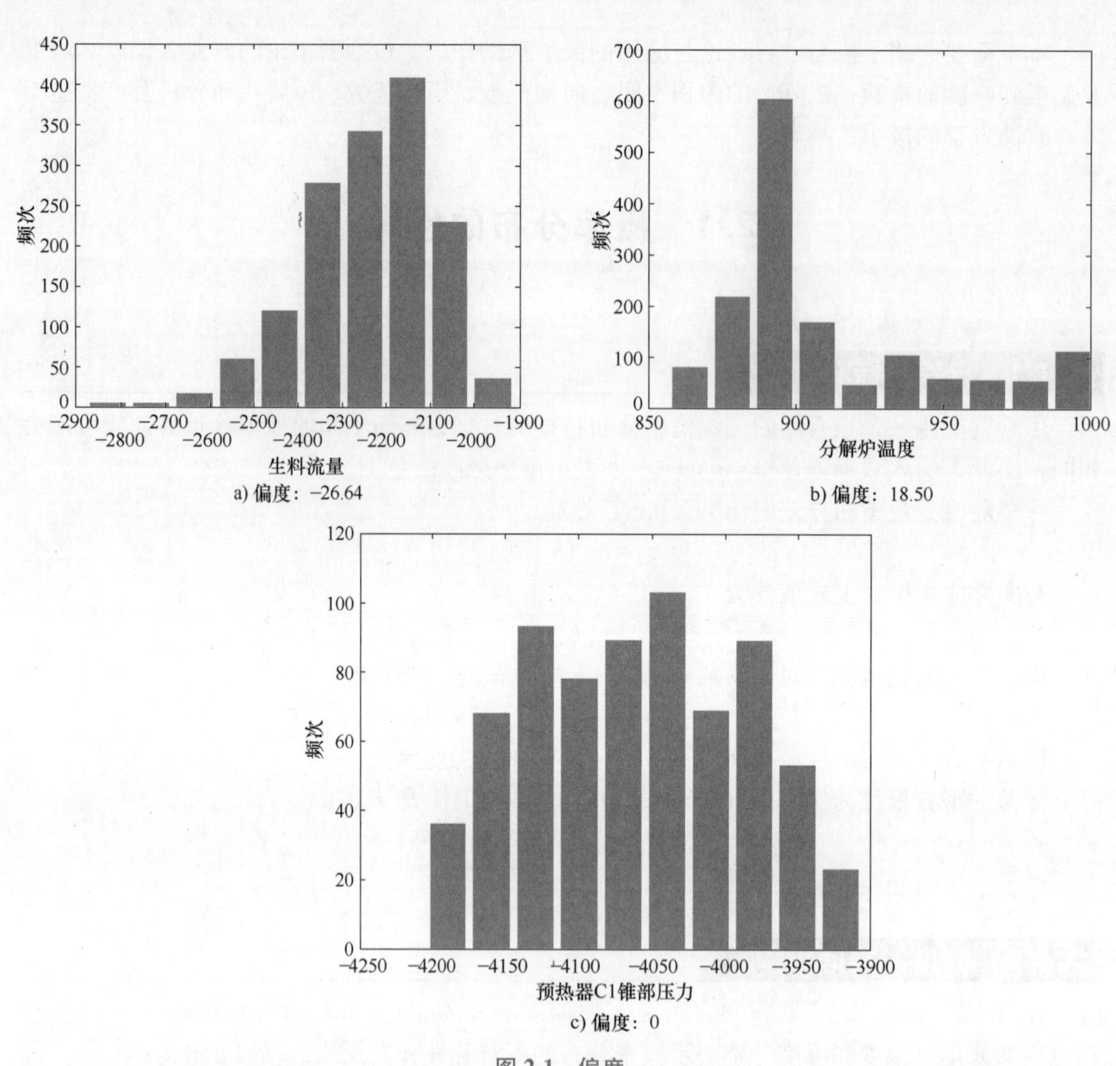

450
400
350
300
250
200
150
100
50
0
频次
−2900
−2800
−2700
−2600
−2500
−2400
−2300
−2200
−2100
−2000
−1900
生料流量
a) 偏度：−26.64
700
600
500
400
300
200
100
0
频次
850
900
950
1000
分解炉温度
b) 偏度：18.50
120
100
80
60
40
20
0
频次
−4250
−4200
−4150
−4100
−4050
−4000
−3950
−3900
预热器C1锥部压力
c) 偏度：0

图 2-1　偏度

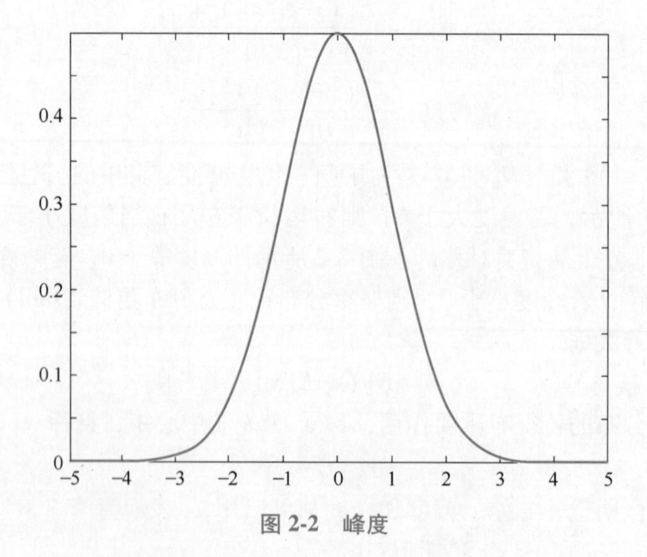

0.4
0.3
0.2
0.1
0
−5
−4
−3
−2
−1
0
1
2
3
4
5

图 2-2　峰度

$$方差：\mu_2-\mu_1{}^2$$

$$偏度：\frac{\mu_3-3\mu_2\mu_1+2\mu_1{}^3}{(\mu_2-\mu_1{}^2)^{\frac{3}{2}}}$$

$$峰度：\frac{\mu_4-4\mu_3\mu_1+6\mu_2\mu_1{}^2-3\mu_1{}^4}{(\mu_2-\mu_1{}^2)^2}-3$$

若期望、方差、偏度和峰度都已确定，那么概率分布会受到一些约束。作为约束，如果所有阶的矩都确定的话，那么概率分布就唯一确定了。

2.2　大数定律

令 x_1，…，x_n 为随机变量，$f(x_1,\cdots,x_n)$ 是联合概率质量/密度函数。若 $f(x_1,\cdots,x_n)$ 可以用概率质量/密度函数 $g(x)$ 进行表示：

$$f(x_1,\cdots,x_n)=g(x_1)\times\cdots\times g(x_n)$$

式中，x_1，…，x_n 相互独立且服从相同的概率分布。因而我们可以认为 x_1，…，x_n 是能够用概率密度/质量函数 $g(x)$ 近似表示的独立同分布样本：

$$x_1,\cdots,x_n \overset{i.i.d}{\sim} g(x)$$

当 x_1，…，x_n 是期望为 μ、方差为 σ^2 的独立同分布的随机变量时，样本均值由下式表示：

$$\bar{x}=\frac{1}{n}\sum_{i=1}^{n}x_i$$

其满足

$$E[\bar{x}]=\frac{1}{n}\sum_{i=1}^{n}E[x_i]=\mu$$

$$V[\bar{x}]=\frac{1}{n^2}\sum_{i=1}^{n}V[x_i]=\frac{\sigma^2}{n}$$

这就意味着，n 个样本的平均值与原始单个样本具有相同的期望，而方差则减少 $1/n$，因而，若样本总量趋于无穷大，则方差会趋向于 0，“消失不见了”。综上，样本均值 $\bar{x}$ 收敛。

弱大数定律（weak law of large numbers）能够更加准确地说明这一结论。当原始分布存在期望 μ 时，独立样本均值的特征函数 $\varphi_{\bar{x}}(t)$ 可由单个样本 x 的特征函数 $\varphi_x(t)$ 进行表示：

$$\varphi_{\bar{x}}(t)=\left[\varphi_x\left(\frac{t}{n}\right)\right]^n=\left(1+i\mu\frac{t}{n}+\cdots\right)^n$$

从而当 $n\to+\infty$ 时，有

$$\lim_{n\to\infty}\varphi_{\bar{x}}(t)=\mathrm{e}^{it\mu}$$

由于 $\mathrm{e}^{it\mu}$ 是常数 μ 的特征函数，则

$$\lim_{n\to\infty}P(|\bar{x}-\mu|<\varepsilon)=1$$

对任意 $\varepsilon>0$ 都成立。上式称作**弱大数定律**，该定律表示样本均值 $\bar{x}$ 依概率收敛（converge in probability）于总体均值 μ。如果原始分布存在方差，则考虑极限 $n\to+\infty$ 为切比雪夫不等式。

另一方面，强大数定律（strong law of large numbers）满足

$$P\left(\lim_{n\to\infty}\bar{x}=\mu\right)=1$$

且样本均值 $\bar{x}$ 可以认为是几乎确定收敛（almost surely converge）于总体均值 μ,"几乎确定收敛"是一个比"依概率收敛"更直接、更强的概念。

当 x_1，…，x_n 独立同分布，且服从标准正态分布 $N(0,1)$ 或标准柯西分布 $Ca(0,1)$ 时，样本均值 $\bar{x}=\frac{1}{n}\sum_{i=1}^{n}x_i$，对于存在期望值的正态分布来说，随着 n 的增加，样本均值 $\bar{x}$ 收敛于真实期望值0。另一方面，对于期望不存在的柯西分布而言，随着 n 的增加，样本均值 $\bar{x}$ 不收敛。

2.3 中心极限定理

独立正态样本的均值服从正态分布。如果该样本服从其他分布，那么样本均值会服从哪一个分布呢？这就意味着，随着样本数 n 的增加，样本均值直方图越接近于正态密度。

中心极限定理（central limit theorem）能够更加准确地说明这一结论：对于标准化随机变量

$$z=\frac{x-\mu}{\sigma/\sqrt{n}}$$

满足如下性质

$$\lim_{n\to\infty}P(a\leqslant z\leqslant b)=\int_a^b\frac{1}{\sqrt{2\pi}}\mathrm{e}^{-x^2/2}\mathrm{d}x$$

由于等号右边是从 a 到 b 对标准正态分布下的概率密度函数求定积分，所以 z 在极限 $n\to\infty$ 中服从标准正态分布。此时，z 被认为是依法则收敛（converge in law）或依分布收敛（converge in distribution）于标准正态分布。我们可以看作 z 渐近地服从正态分布或 z 具有渐近正态性，直观地，中心极限定理表明，对于任何分布，只要其存在期望 μ 和方差 σ^2，则当 n 足够大时，样本均值 $\bar{x}$ 近似服从期望为 μ、方差为 σ^2/n 的正态分布。

我们不妨通过

$$z=\frac{x-\mu}{\sigma/\sqrt{n}}$$

的矩量母函数是由服从标准正态分布 $\mathrm{e}^{t^2/2}$ 的矩量母函数给出的，下面对中心极限定理进行证明，令

$$y_1=\frac{x_i-\mu}{\sigma}$$

且 z 表示为

$$z=\frac{1}{\sqrt{n}}\sum_{i=1}^{n}\frac{x_i-\mu}{\sigma}=\frac{1}{\sqrt{n}}\sum_{i=1}^{n}y_i$$

由于 y_i 的期望为 0，方差为 1，则 y_i 的矩量母函数由下式给出

$$M_{y_i}(t)=1+\frac{1}{2}t^2+\cdots$$

这就意味着，z 的矩量母函数可由下式给出

$$M_z(t)=[M_{y_i/\sqrt{n}}(t)]^n=\left[M_{y_i}\left(\frac{t}{\sqrt{n}}\right)\right]^n=\left[1+\frac{t^2}{2n}+\cdots\right]^n$$

若考虑上述方程取极限 $n\to\infty$，得

$$\lim_{n\to\infty}M_z(t)=\mathrm{e}^{t^2/2}$$

这就意味着，z 服从标准正态分布。

2.4　偏度、峰度检验

根据 2.3 节中心极限定理的论述知道，正态分布随机变量是广泛存在的。因此，当研究一连续型总体时，人们往往先考察它是否服从正态分布。χ^2 拟合检验法虽然是检验总体分布的较一般的方法，但用它来检验总体的正态性时，犯第Ⅱ类错误的概率往往较大。为此，统计学家们对检验正态总体的种种方法进行了比较，根据奥野忠一等人在 20 世纪 70 年代进行的大量模拟计算的结果，认为正态性检验方法中，总地来说，以“偏度、峰度检验法”及“夏皮罗-威尔克法”较为有效，在这里我们仅介绍偏度、峰度检验法。

随机变量 X 的偏度和峰度指的是 X 的标准化变量 $[X-E(X)]/\sqrt{D(X)}$ 的三阶矩和四阶矩：

$$v_1=E\left[\left(\frac{X-E(X)}{\sqrt{D(X)}}\right)^3\right]=\frac{E[(X-E(X))^3]}{(D(X))^{3/2}}$$

$$v_2=E\left[\left(\frac{X-E(X)}{\sqrt{D(X)}}\right)^4\right]=\frac{E[(X-E(X))^4]}{(D(X))^2}$$

当随机变量 X 服从正态分布时，$v_1=0$ 且 $v_2=3$。

设 X_1，X_2，…，X_n 是来自总体 X 的样本，则 v_1，v_2 的矩估计量分别是

$$G_1=B_3/B_2^{3/2},\quad G_2=B_4/B_2^2$$

式中，$B_k(k=2,3,4)$ 是样本 k 阶中心矩，并分别称 G_1、G_2 为样本偏度和样本峰度。

若总体 X 为正态变量，则可证当 n 充分大时，近似地有

$$G_1\sim N\left(0,\ \frac{6(n-2)}{(n+1)(n+3)}\right)\tag{2-1}$$

$$G_2\sim N\left(3-\frac{6}{n+1},\ \frac{24n(n-2)(n-3)}{(n+1)^2(n+3)(n+5)}\right)\tag{2-2}$$

设 X_1，X_2，…，X_n 是来自总体 X 的样本，现在来检验假设

H_0：X 为正态总体

记

$$\sigma_1=\sqrt{\frac{6(n-2)}{(n+1)(n+3)}},\ \sigma_2=\sqrt{\frac{24n(n-2)(n-3)}{(n+1)^2(n+3)(n+5)}}$$

$\mu_2=3-\dfrac{6}{n+1}$，$U_1=G_1/\sigma_1$，$U_2=(G_2-\mu_2)/\sigma_1$。当 H_0 为真且 n 充分大时，近似地有 $U_1\sim N(0,1)$，$U_2\sim N(0,1)$。

由概率论知，样本偏度 G_1、样本峰度 G_2 分别依概率收敛于总体偏度 v_1 和总体峰度 v_2。因此当 H_0 为真且 n 充分大时，一般来说 G_1 与 $v_1=0$ 的偏离不应太大，而 G_2 与 $v_2=3$ 的偏离不应太大。故从直观来看，当 $|U_1|$ 的观察值 $|u_1|$ 或 $|U_2|$ 的观察值 $|u_2|$ 过大时就拒绝 H_0。取显著性水平为 α，H_0 的拒绝域为

$$|u_1|\geqslant k_1 \text{ 或 } |u_2|\geqslant k_2$$

其中 k_1，k_2 由以下两式确定：

$$P_{H_0}\{|U_1|\geqslant k_1\}=\frac{\alpha}{2},\ P_{H_0}\{|U_2|\geqslant k_2\}=\frac{\alpha}{2}$$

这里 $P_{H_0}\{\cdot\}$ 表示当 H_0 为真时事件 $\{\cdot\}$ 的概率，即有 $k_1=z_{\alpha/4}$，$k_2=z_{\alpha/4}$。于是得拒绝域为

$$|u_1|\geqslant z_{\alpha/4} \text{ 或 } |u_2|\geqslant z_{\alpha/4} \tag{2-3}$$

下面来验证当 n 充分大时上述检验法近似地满足显著性水平为 α 的要求。

事实上当 n 充分大时，有

$$\begin{aligned}P\{\text{当 } H_0 \text{ 为真拒绝 } H_0\}&=P_{H_0}\{(|U_1|\geqslant z_{\alpha/4})\cup(|U_2|\geqslant z_{\alpha/4})\}\\&\leqslant P_{H_0}\{|U_1|\geqslant z_{\alpha/4}\}+P_{H_0}\{|U_2|\geqslant z_{\alpha/4}\}=\frac{\alpha}{2}+\frac{\alpha}{2}=\alpha\end{aligned}$$

上述检验法称为偏度、峰度检验法。使用这一检验法时样本容量以大于 100 为宜。

2.5 线性空间

在引入线性空间概念之前，首先介绍数域的概念。如果复数的一个非空集合 P 含有非零的数，且其中任意两数的和、差、积、商（除数不为零）仍属于该集合，则称数集 P 为一个**数域**。如**有理数域**、**实数域**及**复数域**，其中有理数域是数域的一部分，每个数域都包含整数 0 和 1。基于以上描述，线性空间的定义如下。

定义 2-1 设 V 是一非空集合，P 是一数域。如果：

（1）在集合 V 上定义了一个二元运算（通常称为加法），即 V 中任意元素 x，y 经过这个运算后得到的结果，仍是集合 V 中一个唯一确定的元素，这元素称为 x 与 y 的和，并记作 $x+y$。

（2）在数域 P 与集合 V 的元素之间还定义了一种运算，叫作数量乘法，即对于 P 中任一数 λ 与 V 中任一元素 x，经过这一运算后所得结果仍为 V 中一个唯一确定元素，称为 λ 与 x 的数量乘积，记作 λx。

（3）上述两个运算满足下列八条规则：

① 对任意 x，$y\in V$，$x+y=y+x$；

② 对任意 x，y，$z\in V$，$(x+y)+z=x+(y+z)$；

③ V 中存在一个零元素，记作 0，对任一 $x\in V$，都有 $x+0=x$；

④ 对任一 $x\in V$，都有 $y\in V$，使得 $x+y=0$，元素 y 称为 x 的负元素，记作 $-x$；

⑤ 对任一 $x\in V$，都有 $1x=x$；

⑥ 对任何 λ，$\mu\in P$，$x\in V$，$\lambda(\mu x)=(\lambda\mu)x$；

⑦ 对任何 λ，$\mu\in P$，$x\in V$，$(\lambda+\mu)x=\lambda x+\mu x$；

⑧ 对任何 $\lambda\in P$，x，$y\in V$，$\lambda(x+y)=\lambda x+\lambda y$。

则集合 V 称为数域 P 上的线性空间或向量空间，V 中的元素常称为向量。V 中的零元素常称为零向量。当 P 是实数域时，V 叫作实线性空间；当 P 是复数域时，V 叫作复线性空间；数域 P 上的线性空间有时简称为**线性空间**。

定义 2-2　设 V 是数域 P 上的线性空间，W 是 V 的一个非空子集，如果 W 对于 V 的加减法运算及数量乘法运算也构成数域 P 上的线性空间，则 W 为 V 的一个线性子空间（简称子空间）。

如何判断线性空间 V 的一个非空子集 W 是否构成 V 的子空间？我们有如下定理。

定理 2-1　设 W 是数域 P 上线性空间 V 的非空子集，则 W 是 V 的一个线性子空间，当且仅当 W 对于 V 的两种运算封闭，即

（1）如果 α，$\beta\in W$，则 $\alpha+\beta\in W$。

（2）如果 $k\in P$，$\alpha\in W$，则 $k\alpha\in W$。

定理 2-2　若 W 是有限维线性空间 V 的子空间，则 W 的一组基可扩充成 V 的一组基。

由定理 2-2 可知，线性空间 V 的一组向量构造 W 的子空间的方法如下所示。

设 $\boldsymbol{\alpha}_1$，$\boldsymbol{\alpha}_2$，…，$\boldsymbol{\alpha}_s$ 是数域 W 上线性空间 V 的一组向量，这个向量组的所有线性组合组成的集合记为 W，即

$$W=\{k_1\boldsymbol{\alpha}_1+k_2\boldsymbol{\alpha}_2+\cdots+k_s\boldsymbol{\alpha}_s \mid k_i\in P, i=1,\cdots,s\}$$

显然，W 是 V 的非空子集，并且由定理 2-1 知 W 是 V 的子空间，我们称 W 是**由向量 $\boldsymbol{\alpha}_1$，$\boldsymbol{\alpha}_2$，…，$\boldsymbol{\alpha}_s$ 生成（或张成）的子空间**，记为 $L(\boldsymbol{\alpha}_1,\boldsymbol{\alpha}_2,\cdots,\boldsymbol{\alpha}_s)$ 或 $\mathrm{span}(\boldsymbol{\alpha}_1,\boldsymbol{\alpha}_2,\cdots,\boldsymbol{\alpha}_s)$。

在有限维线性空间 V 中，任何一个子空间 W 都可以用上述方法得到。事实上，设 W 是 V 的任一子空间，W 也是有限维的。在 W 中取一组基 $\boldsymbol{\alpha}_1$，$\boldsymbol{\alpha}_2$，…，$\boldsymbol{\alpha}_s$，则 $W=\mathrm{span}(\boldsymbol{\alpha}_1,\boldsymbol{\alpha}_2,\cdots,\boldsymbol{\alpha}_s)$。

2.6　内积空间

上面几节中，有关线性空间的讨论，主要是围绕着向量之间的加法和数量乘法进行的。与几何空间相比，向量的度量性质如长度、夹角等，在前几节的讨论中还没有得到反映。但是向量的度量性质在实际应用中是非常重要的，因此有必要引入度量的概念。

2.6.1　内积空间及其基本性质

在解析几何中引进了向量的内积概念后，向量的长度、两个向量之间的夹角等度量性质

都可以用内积来表示。受此启发，我们首先在一般的线性空间中定义内积运算，导出内积空间的概念，然后引进长度、角度等度量概念。

定义 2-3 设 V 是数域 P 上的线性空间，V 到 P 的一个代数运算记为（α,β）。如果（α,β）满足下列条件：

① $(\alpha,\beta)=(\beta,\alpha)$；

② $(\alpha+\beta,\gamma)=(\alpha,\gamma)+(\beta,\gamma)$；

③ $(k\alpha,\beta)=k(\alpha,\beta)$；

④ $(\alpha,\alpha)\geqslant 0$，当且仅当 $\alpha=0$ 时，$(\alpha,\alpha)=0$。

其中，k 是数域 P 中的任意数，α，β，γ 是 V 中的任意元素，则称（α,β）为 α 与 β 的**内积**。定义了内积的线性空间 V 称为**内积空间**。特别地，称实数域 $\mathbf{R}$ 上的内积空间 V 为 **Euclid**（欧几里得）空间（简称为**欧氏空间**）；称复数域 $\mathbf{C}$ 上的内积空间 V 为**酉空间**或**复内积空间**。若内积空间是完备的，则称为 **Hilbert**（希尔伯特）空间（内积空间+完备性）。

由定义 2-3 不难导出，在内积空间中有：

① $(\alpha,\beta+\gamma)=(\alpha,\beta)+(\alpha,\gamma)$；

② $(\alpha,k\beta)=k(\alpha,\beta)$；

③ $(\alpha,0)=(0,\alpha)=0$。

例 2-1 在实数域 $\mathbf{R}$ 上 n 维线性空间 $\mathbf{R}^n$ 中，对向量

$$\boldsymbol{x}=(x_1,x_2,\cdots,x_n)^{\mathrm{T}},\ \boldsymbol{y}=(y_1,y_2,\cdots,y_n)^{\mathrm{T}}$$

定义实数域内积

$$(\boldsymbol{x},\boldsymbol{y})=\boldsymbol{y}^{\mathrm{T}}\boldsymbol{x}=\sum_{i=1}^{n}x_iy_i \tag{2-4}$$

则 $\mathbf{R}^n$ 成为一个欧氏空间，仍用 $\mathbf{R}^n$ 表示这个欧氏空间。

例 2-2 在复数域 $\mathbf{C}$ 上 n 维线性空间 $\mathbf{C}^n$ 中，对向量

$$\boldsymbol{x}=(x_1,x_2,\cdots,x_n)^{\mathrm{T}},\ \boldsymbol{y}=(y_1,y_2,\cdots,y_n)^{\mathrm{T}}$$

定义复数域内积

$$(\boldsymbol{x},\boldsymbol{y})=\boldsymbol{y}^{\mathrm{H}}\boldsymbol{x}=\sum_{i=1}^{n}x_i\bar{y}_i \tag{2-5}$$

其中 $\boldsymbol{y}^{\mathrm{H}}=(\bar{y}_1,\bar{y}_2,\cdots,\bar{y}_n)$，则 $\mathbf{C}^n$ 成为一个酉空间，仍用 $\mathbf{C}^n$ 表示这个酉空间。

例 2-3 在线性空间 $\mathbf{R}^{m\times n}$ 中，对矩阵 $\boldsymbol{A}$，$\boldsymbol{B}\in\mathbf{R}^{m\times n}$，定义

$$(\boldsymbol{A},\boldsymbol{B})=\mathrm{tr}(\boldsymbol{B}^{\mathrm{T}}\boldsymbol{A}) \tag{2-6}$$

其中 $\mathrm{tr}(\boldsymbol{D})$ 表示方阵 $\boldsymbol{D}$ 的迹（即方阵 $\boldsymbol{D}$ 的对角元之和）。容易证明（$\boldsymbol{A},\boldsymbol{B}$）是 $\mathbf{R}^{m\times n}$ 上的内积，$\mathbf{R}^{m\times n}$ 是欧氏空间。

例 2-4 在线性空间 $\mathbf{C}[a,b]$ 中，对 $f(x)$，$g(x)\in\mathbf{C}[a,b]$，定义

$$(f,g)=\int_a^b f(x)g(x)\mathrm{d}x \tag{2-7}$$

则（f,g）是 $\mathbf{C}[a,b]$ 上的内积，$\mathbf{C}[a,b]$ 称为欧氏空间。

在内积空间中，向量的长度、夹角等概念如下所示。

定义 2-4 设 V 是内积空间，V 中向量 $\boldsymbol{\alpha}$ 的长度定义为 $\|\boldsymbol{\alpha}\|=\sqrt{(\boldsymbol{\alpha},\boldsymbol{\alpha})}$。

定理 2-3　设 V 是数域 P 上的内积空间，则向量长度 $\|\boldsymbol{\alpha}\|$ 具有如下性质：

① $\|\boldsymbol{\alpha}\| \geqslant 0$，当且仅当 $\boldsymbol{\alpha}=0$ 时 $\|\boldsymbol{\alpha}\|=0$；

② 对任意 $k \in P$，有 $\|k\boldsymbol{\alpha}\| = |k|\|\boldsymbol{\alpha}\|$；

③ 对任意 $\boldsymbol{\alpha}$，$\boldsymbol{\beta} \in V$，有

$$\|\boldsymbol{\alpha}+\boldsymbol{\beta}\|^2+\|\boldsymbol{\alpha}-\boldsymbol{\beta}\|^2=2(\|\boldsymbol{\alpha}\|^2+\|\boldsymbol{\beta}\|^2) \tag{2-8}$$

④ 对任意 $\boldsymbol{\alpha}$，$\boldsymbol{\beta} \in V$，有 $\|\boldsymbol{\alpha}+\boldsymbol{\beta}\| \leqslant \|\boldsymbol{\alpha}\|+\|\boldsymbol{\beta}\|$；

⑤ 对任意 $\boldsymbol{\alpha}$，$\boldsymbol{\beta} \in V$，有

$$|(\boldsymbol{\alpha},\boldsymbol{\beta})| \leqslant \|\boldsymbol{\alpha}\|\,\|\boldsymbol{\beta}\| \tag{2-9}$$

并且等号成立的充分必要条件是 $\boldsymbol{\alpha}$，$\boldsymbol{\beta}$ 线性相关。

证明：①和②显然成立，下面证明③、④和⑤。

先证明③，将长度用内积表示，即得

$$\begin{aligned}\|\boldsymbol{\alpha}+\boldsymbol{\beta}\|^2+\|\boldsymbol{\alpha}-\boldsymbol{\beta}\|^2 &=(\boldsymbol{\alpha}+\boldsymbol{\beta},\boldsymbol{\alpha}+\boldsymbol{\beta})+(\boldsymbol{\alpha}-\boldsymbol{\beta},\boldsymbol{\alpha}-\boldsymbol{\beta})\\ &=2[(\boldsymbol{\alpha},\boldsymbol{\alpha})+(\boldsymbol{\beta},\boldsymbol{\beta})]\\ &=2(\|\boldsymbol{\alpha}\|^2+\|\boldsymbol{\beta}\|^2)\end{aligned}$$

其次证明⑤。当 $\boldsymbol{\beta}=0$ 时，式（2-9）显然成立。以下设 $\boldsymbol{\beta}\neq 0$，对任意 $t \in P$，$\boldsymbol{\alpha}+t\boldsymbol{\beta} \in V$，则

$$0 \leqslant (\boldsymbol{\alpha}+t\boldsymbol{\beta},\boldsymbol{\alpha}+t\boldsymbol{\beta})=(\boldsymbol{\alpha},\boldsymbol{\alpha})+t(\boldsymbol{\beta},\boldsymbol{\alpha})+\bar{t}(\boldsymbol{\alpha},\boldsymbol{\beta})+|t|^2(\boldsymbol{\beta},\boldsymbol{\beta})$$

令 $t=-\dfrac{(\boldsymbol{\alpha},\boldsymbol{\beta})}{(\boldsymbol{\beta},\boldsymbol{\beta})}$，代入上式得

$$(\boldsymbol{\alpha},\boldsymbol{\alpha})-\frac{|(\boldsymbol{\alpha},\boldsymbol{\beta})|^2}{(\boldsymbol{\beta},\boldsymbol{\beta})} \geqslant 0$$

于是不等式（2-9）成立。

当（$\boldsymbol{\alpha}$，$\boldsymbol{\beta}$）线性相关时，式（2-9）中等号显然成立。如果 $\boldsymbol{\alpha}$，$\boldsymbol{\beta}$ 线性无关，则对任意 $t \in P$，$\boldsymbol{\alpha}+t\boldsymbol{\beta} \neq 0$，从而

$$(\boldsymbol{\alpha}+t\boldsymbol{\beta},\boldsymbol{\alpha}+t\boldsymbol{\beta})>0$$

取 $t=-\dfrac{(\boldsymbol{\alpha},\boldsymbol{\beta})}{(\boldsymbol{\beta},\boldsymbol{\beta})}$，有 $|(\boldsymbol{\alpha},\boldsymbol{\beta})|^2<(\boldsymbol{\alpha},\boldsymbol{\alpha})(\boldsymbol{\beta},\boldsymbol{\beta})=\|\boldsymbol{\alpha}\|^2\|\boldsymbol{\beta}\|^2$，这与式（2-9）等号成立矛盾，因此 $\boldsymbol{\alpha}$，$\boldsymbol{\beta}$ 线性相关。

最后证明④，对任意 $\boldsymbol{\alpha}$，$\boldsymbol{\beta} \in V$，有

$$\begin{aligned}\|\boldsymbol{\alpha}+\boldsymbol{\beta}\|^2 &=(\boldsymbol{\alpha}+\boldsymbol{\beta},\boldsymbol{\alpha}+\boldsymbol{\beta})=(\boldsymbol{\alpha},\boldsymbol{\alpha})+(\boldsymbol{\alpha},\boldsymbol{\beta})+(\boldsymbol{\beta},\boldsymbol{\alpha})+(\boldsymbol{\beta},\boldsymbol{\beta})\\ &\leqslant \|\boldsymbol{\alpha}\|^2+2\|(\boldsymbol{\alpha},\boldsymbol{\beta})\|+\|\boldsymbol{\beta}\|^2\\ &\leqslant \|\boldsymbol{\alpha}\|^2+2\|\boldsymbol{\alpha}\|\,\|\boldsymbol{\beta}\|+\|\boldsymbol{\beta}\|^2=(\|\boldsymbol{\alpha}\|+\|\boldsymbol{\beta}\|)^2\end{aligned} \tag{2-10}$$

由此即得④。

不等式（2-9）有十分重要的应用。例如它在欧氏空间 $\mathbf{R}^n$ 中的形式为

$$\left|\sum_{i=1}^{n} x_i y_i\right| \leqslant \left(\sum_{i=1}^{n} x_i^2\right)^{\frac{1}{2}}\left(\sum_{j=1}^{n} y_j^2\right)^{\frac{1}{2}} \tag{2-11}$$

不等式（2-11）称为 **Cauchy**（柯西）不等式。

定义 2-5　设 V 是内积空间，V 中向量 $\boldsymbol{\alpha}$ 与 $\boldsymbol{\beta}$ 之间的距离定义为

$$d(\boldsymbol{\alpha},\boldsymbol{\beta})=\|\boldsymbol{\alpha}-\boldsymbol{\beta}\| \tag{2-12}$$

并称 $d(\boldsymbol{\alpha},\boldsymbol{\beta})=\|\boldsymbol{\alpha}-\boldsymbol{\beta}\|$ 是由**长度导出的距离**。

2.6.2 度量矩阵

定义 2-6 设$\boldsymbol{\alpha}$，$\boldsymbol{\beta}$是内积空间中两个向量，如果$(\boldsymbol{\alpha},\boldsymbol{\beta})=0$，则称$\boldsymbol{\alpha}$与$\boldsymbol{\beta}$正交，记为$\boldsymbol{\alpha}\perp\boldsymbol{\beta}$。

由定义 2-6 及内积的性质知，零向量与任何向量都正交，并且只有零向量与自身正交。

如果$\boldsymbol{\alpha}$与$\boldsymbol{\beta}$正交，则由式（2-10）即得“勾股定理”。

$$\|\boldsymbol{\alpha}+\boldsymbol{\beta}\|^2=\|\boldsymbol{\alpha}\|^2+\|\boldsymbol{\beta}\|^2 \tag{2-13}$$

设V是数域P上的n维内积空间，ε_1，ε_2，…，ε_n是V的一组基，对任意$\boldsymbol{\alpha}$，$\boldsymbol{\beta}\in V$有

$$\boldsymbol{\alpha}=x_1\varepsilon_1+x_2\varepsilon_2+\cdots+x_n\varepsilon_n,\ \boldsymbol{\beta}=y_1\varepsilon_1+y_2\varepsilon_2+\cdots+y_n\varepsilon_n$$

则$\boldsymbol{\alpha}$与$\boldsymbol{\beta}$的内积

$$(\boldsymbol{\alpha},\boldsymbol{\beta})=\left(\sum_{i=1}^{n}x_i\varepsilon_i,\sum_{j=1}^{n}y_j\varepsilon_j\right)=\sum_{i=1}^{n}\sum_{j=1}^{n}(\varepsilon_i,\varepsilon_j)x_i\overline{y_j}$$

令

$$a_{ij}=(\varepsilon_i,\varepsilon_j),\ i,j=1,\cdots,n$$

$$\boldsymbol{A}=\begin{pmatrix}a_{11}&a_{12}&\cdots&a_{1n}\\a_{21}&a_{22}&\cdots&a_{2n}\\\vdots&\vdots&&\vdots\\a_{n1}&a_{n2}&\cdots&a_{nn}\end{pmatrix},\ \boldsymbol{x}=\begin{pmatrix}x_1\\x_2\\\vdots\\x_n\end{pmatrix},\ \boldsymbol{y}=\begin{pmatrix}y_1\\y_2\\\vdots\\y_n\end{pmatrix}$$

称矩阵$\boldsymbol{A}$为基ε_1，ε_2，…，ε_n的度量矩阵，显然$a_{ij}=\overline{a_{ji}}(i,j=1,2,\cdots,n)$，并且

$$(\boldsymbol{\alpha},\boldsymbol{\beta})=\boldsymbol{y}^{\mathrm{H}}\boldsymbol{A}\boldsymbol{x} \tag{2-14}$$

定理 2-4 设ε_1，ε_2，…，ε_n是数域P上n维内积空间V的一组基，则它的度量矩阵$\boldsymbol{A}$非奇异。

证明：假若基ε_1，ε_2，…，ε_n的度量矩阵$\boldsymbol{A}$奇异，则齐次线性方程组

$$\boldsymbol{A}\boldsymbol{x}=\boldsymbol{0}$$

有非零解$\boldsymbol{x}=(x_1,x_2,\cdots,x_n)^{\mathrm{T}}\in P^n$。令

$$\boldsymbol{\alpha}=x_1\varepsilon_1+x_2\varepsilon_2+\cdots+x_n\varepsilon_n$$

则$\alpha\neq0$，但$(\boldsymbol{\alpha},\boldsymbol{\alpha})=\boldsymbol{x}^{\mathrm{H}}\boldsymbol{A}\boldsymbol{x}=\boldsymbol{0}$，这与$(\boldsymbol{\alpha},\boldsymbol{\alpha})>0$矛盾。因此$\boldsymbol{A}$非奇异。

定义 2-7 设$\boldsymbol{A}\in\mathbf{C}^{m\times n}$，用$\overline{\boldsymbol{A}}$表示以$\boldsymbol{A}$元素的共轭复数为元素组成的矩阵，$\boldsymbol{A}^{\mathrm{H}}=(\overline{\boldsymbol{A}})^{\mathrm{T}}$称为$\boldsymbol{A}$的共轭转置矩阵。矩阵的共轭转置运算具有下列性质：

① $\boldsymbol{A}^{\mathrm{H}}=\overline{(\boldsymbol{A}^{\mathrm{T}})}$；

② $(\boldsymbol{A}+\boldsymbol{B})^{\mathrm{H}}=\boldsymbol{A}^{\mathrm{H}}+\boldsymbol{B}^{\mathrm{H}}$；

③ $(k\boldsymbol{A})^{\mathrm{H}}=\bar{k}\boldsymbol{A}^{\mathrm{H}}$；

④ $(\boldsymbol{A}\boldsymbol{B})^{\mathrm{H}}=\boldsymbol{B}^{\mathrm{H}}\boldsymbol{A}^{\mathrm{H}}$；

⑤ $(\boldsymbol{A}^{\mathrm{H}})^{\mathrm{H}}=\boldsymbol{A}$；

⑥ 如果$\boldsymbol{A}$可逆，则$(\boldsymbol{A}^{\mathrm{H}})^{-1}=(\boldsymbol{A}^{-1})^{\mathrm{H}}$。

定义 2-8 设$\boldsymbol{A}\in\mathbf{C}^{m\times n}$，如果$\boldsymbol{A}^{\mathrm{H}}=\boldsymbol{A}$，则称$\boldsymbol{A}$为 **Hermite**（埃尔米特）矩阵；如果$\boldsymbol{A}^{\mathrm{H}}=-\boldsymbol{A}$，则称$\boldsymbol{A}$为反 **Hermite** 矩阵。

实对称矩阵是 **Hermite** 矩阵，有限维内积空间的度量矩阵是 **Hermite** 矩阵。

定义 2-9　如果 n 阶实矩阵 $\boldsymbol{A}$ 满足

$$\boldsymbol{A}^{\mathrm{T}}\boldsymbol{A}=\boldsymbol{A}\boldsymbol{A}^{\mathrm{T}}=\boldsymbol{I}$$

则称 $\boldsymbol{A}$ 为**正交矩阵**。

如果 n 阶复矩阵 $\boldsymbol{A}$ 满足

$$\boldsymbol{A}^{\mathrm{H}}\boldsymbol{A}=\boldsymbol{A}\boldsymbol{A}^{\mathrm{H}}=\boldsymbol{I}$$

则称 $\boldsymbol{A}$ 为**酉矩阵**。

根据定义容易验证：如果 $\boldsymbol{A}$，$\boldsymbol{B}$ 是正交矩阵，则

① $\boldsymbol{A}^{-1}=\boldsymbol{A}^{\mathrm{T}}$，且 $\boldsymbol{A}^{\mathrm{T}}$ 也是正交矩阵；

② $\boldsymbol{A}$ 非奇异且 $|\boldsymbol{A}|=\pm 1$；

③ $\boldsymbol{AB}$ 仍是正交矩阵。

对酉矩阵也有类似的结论。

有一类矩阵 $\boldsymbol{A}$，如对角矩阵、实对称矩阵（$\boldsymbol{A}^{\mathrm{T}}=\boldsymbol{A}$）、实反对称矩阵（$\boldsymbol{A}^{\mathrm{T}}=-\boldsymbol{A}$）、埃尔米特矩阵（$\boldsymbol{A}^{\mathrm{H}}=\boldsymbol{A}$）、反埃尔米特矩阵（$\boldsymbol{A}^{\mathrm{H}}=-\boldsymbol{A}$）、正交矩阵（$\boldsymbol{A}^{\mathrm{T}}\boldsymbol{A}=\boldsymbol{A}\boldsymbol{A}^{\mathrm{T}}=\boldsymbol{I}$）以及酉矩阵（$\boldsymbol{A}^{\mathrm{H}}\boldsymbol{A}=\boldsymbol{A}\boldsymbol{A}^{\mathrm{H}}=\boldsymbol{I}$）等都有一个共同的性质：$\boldsymbol{A}^{\mathrm{H}}\boldsymbol{A}=\boldsymbol{A}\boldsymbol{A}^{\mathrm{H}}$。为了能够用统一的方法研究它们的相似标准形，引入正规矩阵的概念。

定义 2-10　设 $\boldsymbol{A}\in\mathbf{C}^{n\times n}$，且 $\boldsymbol{A}^{\mathrm{H}}\boldsymbol{A}=\boldsymbol{A}\boldsymbol{A}^{\mathrm{H}}$，则称 $\boldsymbol{A}$ 为**正规矩阵**。

推论 2-1　设 $\boldsymbol{A}$ 是 n 阶正规矩阵，其特征值为 λ_1，λ_2，…，λ_n，则

① $\boldsymbol{A}$ 是埃尔米特矩阵的充要条件是：$\boldsymbol{A}$ 的特征值全为实数；

② $\boldsymbol{A}$ 是反埃尔米特矩阵的充要条件是：$\boldsymbol{A}$ 的特征值为零或纯虚数；

③ $\boldsymbol{A}$ 是酉矩阵的充要条件是：$\boldsymbol{A}$ 的每个特征值 λ_i 的模 $|\lambda_i|=1$。

2.7　矩阵的因子分解

2.7.1　对角矩阵

线性变换

$$\begin{cases} y_1=\lambda_1 x_1 \\ y_2=\lambda_2 x_2 \\ \quad\vdots \\ y_n=\lambda_n x_n \end{cases}$$

对应 n 阶方阵

$$\boldsymbol{\Lambda}=\begin{pmatrix} \lambda_1 & 0 & \cdots & 0 \\ 0 & \lambda_2 & \cdots & 0 \\ \vdots & \vdots & & \vdots \\ 0 & 0 & \cdots & \lambda_n \end{pmatrix}$$

方阵 $\boldsymbol{\Lambda}$ 的特点是：从左上角到右下角的直线（叫作对角线）以外的元素都是 0，这种

方阵称为**对角矩阵**，简称**对角阵**。对角阵也记作：

$$\boldsymbol{\Lambda}=\mathrm{diag}(\lambda_1,\lambda_2,\cdots,\lambda_n)$$

特别地，当 $\lambda_1=\lambda_2=\cdots=\lambda_n=1$ 时的线性变换叫作恒等变换，它对应的 n 阶方阵

$$\boldsymbol{I}=\begin{pmatrix}1 & 0 & \cdots & 0\\0 & 1 & \cdots & 0\\\vdots & \vdots & & \vdots\\0 & 0 & \cdots & 1\end{pmatrix}$$

叫作 n 阶单位矩阵。

2.7.2 单位矩阵

形如 $\boldsymbol{I}=\begin{pmatrix}1 & 0 & \cdots & 0\\0 & 1 & \cdots & 0\\\vdots & \vdots & & \vdots\\0 & 0 & \cdots & 1\end{pmatrix}$ 的矩阵特点为：对角线上的元素都是1，其他元素都是0。即单位矩阵 $\boldsymbol{I}$ 的 (i,j) 元 e_{ij} 为：$e_{ij}=\begin{cases}1, & i=j\\0, & i\neq j\end{cases}(i,j=1,2,\cdots,n)$。

2.7.3 初等矩阵

1. 初等行变换

① 对换两行（对换 i，j 两行，记作 $r_i\longleftrightarrow r_j$）；

② 以数 $k\neq0$ 乘某一行中的所有元素（第 i 行乘 k，记作 $r_i\times k$）；

③ 把某一行所有元的 k 倍加到另一行对应的元素上去（第 j 行的 k 倍加到第 i 行上，记作 r_i+kr_j）。

2. 初等列变换

把上面①②③的“行”换成“列”，得初等列变换。

3. 初等变换

矩阵的初等行变换与初等列变换，统称为**初等变换**。

4. 初等矩阵

在线性代数课程中，我们已经知道初等矩阵对矩阵求逆与线性方程组的研究起着重要的作用，本节介绍更一般形式的初等矩阵，它是矩阵理论、矩阵计算及机器学习与机器视觉的基本工具。

定义 2-11 设 u，$v\in\mathbf{C}^n$，σ 为一复数，如下形式的矩阵

$$\boldsymbol{E}(\boldsymbol{u},\boldsymbol{v},\sigma)=\boldsymbol{I}-\sigma\boldsymbol{u}\boldsymbol{v}^{\mathrm{H}} \tag{2-15}$$

称为**初等矩阵**。

定理 2-5 初等矩阵 $\boldsymbol{E}(\boldsymbol{u},\boldsymbol{v},\sigma)$ 具有如下性质：

① $\det(\boldsymbol{E}(\boldsymbol{u},\boldsymbol{v},\sigma)) = 1-\sigma\boldsymbol{v}^{\mathrm{H}}\boldsymbol{u}$；

② 如果 $\sigma\boldsymbol{v}^{\mathrm{H}}\boldsymbol{u}\neq 1$，则 $\boldsymbol{E}(\boldsymbol{u},\boldsymbol{v},\sigma)$ 可逆，并且其逆矩阵也是初等矩阵

$$\boldsymbol{E}(\boldsymbol{u},\boldsymbol{v},\sigma)^{-1}=\boldsymbol{E}(\boldsymbol{u},\boldsymbol{v},\tau) \tag{2-16}$$

其中 $\tau=\dfrac{\sigma}{\sigma\boldsymbol{v}^{\mathrm{H}}\boldsymbol{u}-1}$。

③ 对任意非零向量 $\boldsymbol{a}$，$\boldsymbol{b}\in\mathbf{C}^n$，可适当选取 $\boldsymbol{u}$，$\boldsymbol{v}$ 和 σ 使得

$$\boldsymbol{E}(\boldsymbol{u},\boldsymbol{v},\sigma)\boldsymbol{a}=\boldsymbol{b} \tag{2-17}$$

证明：（1）如果 $\boldsymbol{v}=0$，则①显然成立；如果 $\boldsymbol{v}\neq 0$，则令 $u_1=\dfrac{\boldsymbol{v}}{\|\boldsymbol{v}\|}$，并在 $\mathrm{span}(\boldsymbol{v})^{\perp}$ 中取一组标准正交基 u_2，…，u_n，记 $\boldsymbol{U}=(u_1,u_2,\cdots,u_n)$，则 $\boldsymbol{U}$ 是酉矩阵，且

$$\boldsymbol{U}^{\mathrm{H}}\boldsymbol{E}(\boldsymbol{u},\boldsymbol{v},\sigma)\boldsymbol{U}=\begin{pmatrix} 1-\sigma\boldsymbol{v}^{\mathrm{H}}\boldsymbol{u} & 0 & \cdots & 0 \\ -\sigma\|\boldsymbol{v}\|u_2^{\mathrm{H}}\boldsymbol{u} & 1 & \cdots & 0 \\ \vdots & \vdots & & \vdots \\ -\sigma\|\boldsymbol{v}\|u_n^{\mathrm{H}}\boldsymbol{u} & 0 & \cdots & 1 \end{pmatrix}$$

由上式即得 $\det(\boldsymbol{E}(\boldsymbol{u},\boldsymbol{v},\sigma))=1-\sigma\boldsymbol{v}^{\mathrm{H}}\boldsymbol{u}$。

（2）由关系式

$$\boldsymbol{E}(\boldsymbol{u},\boldsymbol{v},\sigma)\boldsymbol{E}(\boldsymbol{u},\boldsymbol{v},\tau)=\boldsymbol{E}(\boldsymbol{u},\boldsymbol{v},\sigma+\tau-\sigma\tau\boldsymbol{v}^{\mathrm{H}}\boldsymbol{u})$$

及①可知，当且仅当 $\sigma\boldsymbol{v}^{\mathrm{H}}\boldsymbol{u}\neq 1$ 时，$\boldsymbol{E}(\boldsymbol{u},\boldsymbol{v},\sigma)$ 可逆，并且当 $\sigma+\tau-\sigma\tau\boldsymbol{v}^{\mathrm{H}}\boldsymbol{u}=0$ 时，即 $\tau=\dfrac{\sigma}{\sigma\boldsymbol{v}^{\mathrm{H}}\boldsymbol{u}-1}$时，$\boldsymbol{E}(\boldsymbol{u},\boldsymbol{v},\sigma)^{-1}=\boldsymbol{E}(\boldsymbol{u},\boldsymbol{v},\tau)$。

（3）只需取 $\boldsymbol{u}$，$\boldsymbol{v}$ 和 σ 满足 $\boldsymbol{v}^{\mathrm{H}}a\neq 0$，$\sigma\boldsymbol{u}=\dfrac{a-b}{\boldsymbol{v}^{\mathrm{H}}a}$即可。

线性代数中所用的初等矩阵都可以用初等矩阵 $\boldsymbol{E}(\boldsymbol{u},\boldsymbol{v},\sigma)$ 表示。

例 2-5　初等（交换）矩阵 $\boldsymbol{P}(i,j)$，即交换单位矩阵 $\boldsymbol{I}$ 的第 i，j 两行（或者两列）所得的矩阵，令 $\boldsymbol{u}=\boldsymbol{v}=\boldsymbol{e}_i-\boldsymbol{e}_j$，其中 $\boldsymbol{e}_i=(\underbrace{0,\cdots,0,1}_{i},0\cdots,0)^{\mathrm{T}}$，$\sigma=1$，则

$$\boldsymbol{P}(i,j)=\boldsymbol{E}(\boldsymbol{e}_i-\boldsymbol{e}_j,\boldsymbol{e}_i-\boldsymbol{e}_j,1)=\boldsymbol{I}-(\boldsymbol{e}_i-\boldsymbol{e}_j)(\boldsymbol{e}_i-\boldsymbol{e}_j)^{\mathrm{T}}$$

由定理 2-5 知，$\det(\boldsymbol{P}(i,j))=-1(i\neq j)$，并且 $\boldsymbol{P}(i,j)^{-1}=\boldsymbol{P}(i,j)$。

例 2-6　初等矩阵 $\boldsymbol{P}(i(k))$，即由单位矩阵 $\boldsymbol{I}$ 的第 i 行（列）乘以非零数 k 所得的矩阵，令 $\boldsymbol{u}=\boldsymbol{v}=\boldsymbol{e}_i$，$\sigma=1-k$，则

$$\boldsymbol{P}(i(k))=\boldsymbol{E}(\boldsymbol{e}_i,\boldsymbol{e}_i,1-k)=\boldsymbol{I}-(1-k)\boldsymbol{e}_i\boldsymbol{e}_i^{\mathrm{T}}$$

由定理 2-5 知，$\det(\boldsymbol{P}(i(k)))=k$，并且 $\boldsymbol{P}(i(k))^{-1}=\boldsymbol{P}\left(i\left(\dfrac{1}{k}\right)\right)$。

例 2-7　初等矩阵 $\boldsymbol{P}(i,j(k))$，即把单位矩阵第 j 行的 k 倍加到第 i 行所得的矩阵，令 $\boldsymbol{u}=\boldsymbol{e}_i$，$\boldsymbol{v}=\boldsymbol{e}_j$，$\sigma=-k$，则

$$\boldsymbol{P}(i,j(k))=\boldsymbol{E}(\boldsymbol{e}_i,\boldsymbol{e}_j,-k)=\boldsymbol{I}+k\boldsymbol{e}_i\boldsymbol{e}_j^{\mathrm{T}}$$

并且 $\det(\boldsymbol{P}(i,j(k)))=1$，$\boldsymbol{P}(i,j(k))^{-1}=\boldsymbol{P}(i,j(-k))$。

2.8 稠密及其完备性

1. 稠密集

设 X 是距离空间，A，$B\subset \mathbf{X}$，如果 B 中任何点 x 的任何邻域 $O(x,\delta)$ 中都含有 A 的点，就称 A 在 B 中稠密。

2. 子列

在数列 x_1，x_2，…，x_n，…中，保持原来的顺序自左向右自由选取无穷多项，如：x_2，x_5，…，x_{50}，…这种数列称为 $\{x_n\}$ 的子列。为方便表示，$\{x_n\}$ 的子列表示为 x_{n1}，x_{n2}，…，x_{nk}，…。

3. 确界的存在性

一切无限小数统称实数，其中，循环小数为有理数，不循环小数为无理数。常用 $\mathbf{R}^1$ 表示全体实数集合。我们知道，自然数在数值坐标上是很稀的。有理数在数值坐标上处处稠密，但有空隙存在。全体实数和数值坐标上的点一一对应，所以这种空隙不存在了。实数系的这种"没有空隙"的性质，就是实数的完备性（或连续性）。下面来讨论完备性的几个等价命题。

定义 2-12（有界集） 设 $A\in \mathbf{R}^1$ 是非空数集。

① 如果存在 $M\in \mathbf{R}^1$，使 $\forall x\in A$，有 $x\leqslant M$，则称 M 为数集 A 的一个上界；

② 如果存在 $m\in \mathbf{R}^1$，使 $\forall x\in A$，有 $x\geqslant m$，则称 m 为数集 A 的一个下界；

③ 如果数集 A 既有上界又有下界，则称 A 为有界数集。

注 2-1 数集有界的等价定义：如果存在 $M>0$，使 $\forall x\in A$，有 $|x|\leqslant M$，则称 A 为有界数集。

定义 2-13（确界） 设 $A\subset \mathbf{R}^1$ 是非空数集，若存在这样一个实数 β，满足：

① $\forall x\in A$，有 $x\leqslant\beta$；

② $\forall \varepsilon>0$，$\exists x_0\in A$，使 $x_0>\beta-\varepsilon$，则 β 叫 A 的**上确界**（或**最小上界**），记为

$$\beta=\sup A \quad 或 \quad \beta=\sup_{x\in A}\{x\}$$

上面第一个条件意味着 β 是数集 A 的一个上界，而第二个条件凡小于 β 的任何实数都不是 A 的上界。因此，β 也叫作数集 E 的最小上界。

不难证明：若 β 是 A 的上确界，则存在 $x_m\in A$，使 $\lim\limits_{m\to\infty}x_m=\beta$。

同样，给定数集 $A\subset \mathbf{R}^1$，若存在 $\alpha\subset \mathbf{R}^1$，满足：

① $\forall x\in A$，有 $x\geqslant\alpha$；

② $\forall \varepsilon>0$，$\exists$ $x_0\in A$，使 $x_0<\alpha+\varepsilon$，则称 α 为数集 A 的**下确界**（或**最大下界**），记为

$$\alpha=\inf A \quad 或 \quad \alpha=\inf_{x\in A}f\{x\}$$

注意：某个有界函数，可以没有最大值和最小值，但是有上确界和下确界。例如：函数 $f(x)=x^2$，$x\in(1,2)$，由于定义域为开区间 $(1,2)$，无最大值和最小值。所以最大下确界：

$\inf f(x)=1$，最小上确界：$\sup f(x)=4$。

实数的完备性质（即没有空隙），在理论上十分重要。为了在应用这些性质时更加明确，可以把它表述成以下的公理。

定理 2-6（确界存在公理）　任何有上（下）界的数集必存在上（下）确界。

注 2-2　并不是任何数集都有上下确界，对于有限数集而言，上、下确界必存在，分别是该数集的最大、最小数。对于无限数集来讲，上、下确界未必存在，例如，自然数集 $\mathbf{N}=\{0,1,2,\cdots,n,\cdots\}$ 有下确界 0，而无上确界。

注 2-3　无限数集 A 即使有上确界 β（或下确界 α），然而 β（或 α）可以属于 A，也可以不属于 A。例如：$A=(0,1]$。

$$\alpha=\inf A=0\in A,\ \beta=\sup A=1\in A$$

4. 完备性

在微积分中，数列 $\{x_n\}$ 收敛$\Leftrightarrow\{x_n\}$ 是基本列（或 Cauchy 列），它有六个相互等价的命题，这些命题反映了实数的完备性（连续性）。现在将这一概念推广到距离空间。

定义 2-14（基本列）　设 (X,d) 是一距离空间，$\{x_n\}$ 是 X 中的点列，如果 $\forall\varepsilon>0$，$\exists N$，当 n，$m>N$ 时，有

$$d(x_m,x_n)<\varepsilon \tag{2-18}$$

就称 $\{x_n\}$ 为**基本列**（或 Cauchy 列）。

定理 2-7（基本列的性质）　(X,d) 中的基本列有如下性质：

① 若点列 $\{x_n\}$ 收敛，则 $\{x_n\}$ 是基本列；

② 若点列 $\{x_n\}$ 是基本列，则 $\{x_n\}$ 有界；

③ 若基本列含有收敛子列，则该基本列收敛，其极限为该子列的极限。

证明：结论①、②易证，证明略，仅证明结论③。设 $\{x_n\}$ 是一基本列，且有一收敛子列 $\{x_{n_i}\}$，$\lim\limits_{k\to\infty}x_{n_k}=x$，即 $\forall\varepsilon>0$，$\exists N_1$，当 $k>N_1$ 时

$$d(x_{n_k},x)<\frac{1}{2}\varepsilon$$

由于 $\{x_n\}$ 是基本列，故 $\exists N_2$，当 m，$n>N_2$ 时，有

$$d(x_m,x_n)<\frac{1}{2}\varepsilon$$

令 $N=\max(N_1,N_2)$，当 $n>N$ 及任一 $k>N$ 时，有

$$d(x_n,x)\leqslant d(x_n,x_{n_k})+d(x_{n_k},x)<\varepsilon$$

因此有 $\lim\limits_{n\to\infty}x_n=x$。

注 2-4　定理 2-7①的逆不成立。举反例如下：

$X=(0,1),\forall x,y\in X,d(x,y)=|x-y|$，点列 $\{x_n\}=\left\{\dfrac{1}{n+1}\right\}$是 X 中的基本列，$\{x_n\}$ 在 X 中不收敛。

在一个距离空间中，如果它的每一个基本列都收敛，则这个空间在分析中特别有意义，因为在此空间中，不必具体找出序列的极限，就可以判别它是否收敛。一个空间，如果其中

的每个基本列都有极限（因而是收敛的），就叫作**完备空间**。

定义 2-15（完备空间） 如果距离空间 X 中的每一基本列都收敛于 X 中的点，就称 X 为完备的距离空间。

2.9 向量范数

定义 2-16（范数公理） 设 V 是数域 P 上的线性空间，$\|\boldsymbol{\alpha}\|$ 是以 V 中的向量 $\boldsymbol{\alpha}$ 为自变量的非负实值函数，如果它满足以下三个条件：

① 非负性：当 $\alpha\neq 0$ 时，$\|\boldsymbol{\alpha}\|>0$；当 $\boldsymbol{\alpha}=0$ 时，$\|\boldsymbol{\alpha}\|=0$；

② 齐次性：对任意 $k\in P$，$\boldsymbol{\alpha}\in V$，有 $\|k\boldsymbol{\alpha}\|=|k|\|\boldsymbol{\alpha}\|$；

③ 三角不等式：对任意 $\boldsymbol{\alpha}$，$\boldsymbol{\beta}\in V$，有 $\|\boldsymbol{\alpha}+\boldsymbol{\beta}\|\leqslant\|\boldsymbol{\alpha}\|+\|\boldsymbol{\beta}\|$。

则称 $\|\boldsymbol{\alpha}\|$ 为向量 $\boldsymbol{\alpha}$ 的范数，并称定义了范数的线性空间为**赋范线性空间**，称（V，$\|\cdot\|$）**为赋范线性空间，简记为** V。

如果 V 按照距离 $d(\boldsymbol{\alpha},\boldsymbol{\beta})=\|\boldsymbol{\alpha}-\boldsymbol{\beta}\|$ 是完备的，则称 V 为**巴拿赫空间**。

例 2-8 在 n 维向量空间 $\mathbf{C}^n$ 中，对任意的向量 $\boldsymbol{x}=(x_1,\cdots,x_n)^{\mathrm{T}}\in\mathbf{C}^n$，定义

$$\|\boldsymbol{x}\|_1=\sum_{i=1}^{n}|x_i| \tag{2-19}$$

$$\|\boldsymbol{x}\|_2=\left(\sum_{i=1}^{n}|x_i|^2\right)^{\frac{1}{2}} \tag{2-20}$$

$$\|\boldsymbol{x}\|_\infty=\max_{1\leqslant i\leqslant n}|x_i| \tag{2-21}$$

容易证明：$\|\boldsymbol{x}\|_1$，$\|\boldsymbol{x}\|_2$ 和 $\|\boldsymbol{x}\|_\infty$ 都满足定义 2-16 中的三个条件。因此 $\|\boldsymbol{x}\|_1$，$\|\boldsymbol{x}\|_2$ 和 $\|\boldsymbol{x}\|_\infty$ 都是 $\mathbf{C}^n$ 上的范数，分别称为 **1 范数**、**2 范数**（或 Euclid **范数**）和 **∞ 范数**。

对 $1\leqslant p<+\infty$，在 $\mathbf{C}^n$ 上定义

$$\|\boldsymbol{x}\|_p=\left(\sum_{i=1}^{n}|x_i|^p\right)^{\frac{1}{p}},\quad 1\leqslant p<+\infty \tag{2-22}$$

则当 $p=1$ 时，$\|\boldsymbol{x}\|_p=\sum\limits_{i=1}^{n}|x_i|=\|\boldsymbol{x}\|_1$；当 $p=2$ 时，$\|\boldsymbol{x}\|_p=\left(\sum\limits_{i=1}^{n}|x_i|^2\right)^{\frac{1}{2}}=\|\boldsymbol{x}\|_2$。

下面证明由式（2-22）定义的 $\|\boldsymbol{x}\|_p$ 是 $\mathbf{C}^n$ 上的一种向量范数。

引理 2-1 如果实数 $p>1$，$q>1$ 且 $\dfrac{1}{p}+\dfrac{1}{q}=1$，则对任意非负实数 a，b 有

$$ab\leqslant\frac{a^p}{p}+\frac{b^q}{q} \tag{2-23}$$

证明： 若 $a=0$ 或 $b=0$，则式（2-23）显然成立。下面考虑 a，b 均为正数的情况。

对 $x>0$，$0<\alpha<1$，记 $f(x)=x^\alpha-\alpha x$，容易验证 $f(x)$ 在 $x=1$ 处达到最大值 $1-\alpha$，从而 $f(x)\leqslant 1-\alpha$，即

$$x^{\alpha} \leqslant 1-\alpha+\alpha x$$

对任意正实数 A，B，在上式中令 $x=\frac{A}{B}$，$\alpha=\frac{1}{p}$，$1-\alpha=\frac{1}{q}$，则 $A^{\frac{1}{p}}B^{\frac{1}{q}} \leqslant \frac{A}{p}+\frac{B}{q}$。由此再令 $a=A^{\frac{1}{p}}$，$b=B^{\frac{1}{q}}$，即得式（2-23）。

2.10　矩阵范数

因为 $m\times n$ 复矩阵（一个 $m\times n$ 矩阵可以看作一个 mn 维向量）的全体 $\mathbf{C}^{m\times n}$ 是复数域上的线性空间，所以上节中范数的定义也适用于矩阵。

定义 2-17　设 $\|\boldsymbol{A}\|$ 是以 $\mathbf{C}^{m\times n}$ 中的矩阵 $\boldsymbol{A}$ 为自变量的非负实值函数，如果它满足以下四个条件：

① 非负性：当 $\boldsymbol{A}\neq 0$ 时，$\|\boldsymbol{A}\|>0$；当 $\boldsymbol{A}=0$ 时，$\|\boldsymbol{A}\|=0$；

② 齐次性：对任意 $k\in\mathbf{C}$，$\boldsymbol{A}\in\mathbf{C}^{m\times n}$，有 $\|k\boldsymbol{A}\|=|k|\|\boldsymbol{A}\|$；

③ 三角不等式：对任意 $\boldsymbol{A}$，$\boldsymbol{B}\in\mathbf{C}^{m\times n}$，有 $\|\boldsymbol{A}+\boldsymbol{B}\|\leqslant\|\boldsymbol{A}\|+\|\boldsymbol{B}\|$；

④ $\|\boldsymbol{AB}\|\leqslant\|\boldsymbol{A}\|\|\boldsymbol{B}\|$。

则称 $\|\boldsymbol{A}\|$ 为 $m\times n$ 矩阵 $\boldsymbol{A}$ 的范数。

例 2-9　对应 $\boldsymbol{A}=(a_{ij})\in\mathbf{C}^{m\times n}$，令

$$\|\boldsymbol{A}\|_1' \equiv \sum_{i=1}^{m}\sum_{j=1}^{n}|a_{ij}|$$

$$\|\boldsymbol{A}\|_\infty' \equiv \max_{i,j}|a_{ij}|$$

$$\|\boldsymbol{A}\|_F \equiv \left(\sum_{i=1}^{m}\sum_{j=1}^{n}|a_{ij}|^2\right)^{\frac{1}{2}}=(\mathrm{tr}(\boldsymbol{A}^{\mathrm{H}}\boldsymbol{A}))^{\frac{1}{2}}$$

容易证明：$\|\cdot\|_1'$、$\|\cdot\|_\infty'$ 和 $\|\cdot\|_F$ 都是 $\mathbf{C}^{m\times n}$ 上的矩阵范数，$\|\boldsymbol{A}\|_F$ 称为 $\boldsymbol{A}$ 的Frobenius（弗罗贝尼乌斯）范数（F 范数）。

矩阵 $\boldsymbol{A}$ 的 Frobenius 范数 $\|\boldsymbol{A}\|_F$ 是 $\mathbf{C}^{m\times n}$ 中的内积 $(\boldsymbol{A},\boldsymbol{B})=\mathrm{tr}(\boldsymbol{B}^{\mathrm{H}}\boldsymbol{A})$ 所导出的矩阵范数。因此，矩阵 Frobenius 范数是向量 Euclid 范数的自然推广。

定理 2-8　设 $\boldsymbol{A}=(a_{ij})\in\mathbf{C}^{m\times n}$，则有

$$\|\boldsymbol{A}\|_1=\max_{1\leqslant j\leqslant n}\sum_{i=1}^{m}|a_{ij}| \quad \text{（列模和最大）} \tag{2-24}$$

$$\|\boldsymbol{A}\|_2=(\lambda_{\max}(\boldsymbol{A}^{\mathrm{H}}\boldsymbol{A}))^{\frac{1}{2}} \quad \text{（}\lambda_{\max}(\boldsymbol{A}^{\mathrm{H}}\boldsymbol{A})\text{是}\boldsymbol{A}^{\mathrm{H}}\boldsymbol{A}\text{的最大特征）} \tag{2-25}$$

$$\|\boldsymbol{A}\|_\infty=\max_{1\leqslant i\leqslant m}\sum_{j=1}^{n}|a_{ij}| \quad \text{（行模和最大）} \tag{2-26}$$

$$\|\boldsymbol{A}\|_F=\sqrt{\sum_{i=1}^{m}\sum_{j=1}^{n}|a_{ij}|^2} \tag{2-27}$$

证明： 记 $\boldsymbol{A}=(a_1,\cdots,a_n)$，其中 $a_j\in\mathbf{C}^m(j=1,\cdots,n)$，对任意 $\boldsymbol{x}=(x_1,\cdots,x_n)\neq 0$，有

$$\|Ax\|_1=\left\|\sum_{j=1}^{n}x_ja_j\right\|_1\leqslant\sum_{j=1}^{n}|x_j|\|a_j\|_1\leqslant\max_{1\leqslant j\leqslant n}\|a_j\|_1\|x\|_1$$

因此

$$\|A\|_1=\max_{1\leqslant j\leqslant n}\sum_{i=1}^{m}\|a_{ij}\|$$

另一方面，如果 $\max\limits_{1\leqslant j\leqslant n}\|a_j\|_1=\|a_k\|_1$，则由 $\|e_k\|_1=1$ 和 $\|Ae_k\|_1=\|a_k\|_1=\max\limits_{1\leqslant j\leqslant n}\|a_j\|_1$，知 $\|A\|_1\geqslant\max\limits_{1\leqslant j\leqslant n}\|a_j\|_1$，因此式（2-24）成立。同理可证式（2-26）。

下面证明式（2-25），对 n 阶 **Hermite** 矩阵 $A^{\mathrm{H}}A$，存在 n 阶酉矩阵 U，使得

$$A^{\mathrm{H}}A=U\Lambda U^{\mathrm{H}}$$

式中，Λ 是对角矩阵，其对角元为 $A^{\mathrm{H}}A$ 的特征值，则

$$\begin{aligned}\|A\|_2^2&=\max_{\|x\|_2=1}x^{\mathrm{H}}A^{\mathrm{H}}Ax=\max_{\|x\|_2=1}(U^{\mathrm{H}}x)^{\mathrm{H}}\Lambda U^{\mathrm{H}}x\\&=\max_{\|y\|_2=1}y^{\mathrm{H}}\Lambda y=\lambda_{\max}(A^{\mathrm{H}}A)\end{aligned}$$

通常将 $\|A\|_1$ 称为 A 的**列和范数**，$\|A\|_2$ 称为 A 的**谱范数**，$\|A\|_\infty$ 称为 A 的**行和范数**，$\|A\|_{\mathrm{F}}$ 称为 A 的 **Frobenius** 范数（F 范数）。

例 2-10 设

$$A=\begin{pmatrix}2&-1&0\\0&2&3\\1&2&0\end{pmatrix},\ A^{\mathrm{H}}=\begin{pmatrix}2&0&1\\-1&2&2\\0&3&0\end{pmatrix}$$

计算 $\|A\|_1$，$\|A\|_2$，$\|A\|_\infty$ 和 $\|A\|_{\mathrm{F}}$。

解： $\|A\|_1=5$，$\|A\|_\infty=5$，$\|A\|_{\mathrm{F}}=\sqrt{23}$

因为

$$A^{\mathrm{H}}A=\begin{pmatrix}5&0&0\\0&9&6\\0&6&9\end{pmatrix}$$

$$|A^{\mathrm{H}}A-\lambda E|=0\Rightarrow\begin{vmatrix}5-\lambda&0&0\\0&9-\lambda&6\\0&6&9-\lambda\end{vmatrix}=0\Rightarrow\begin{cases}\lambda_1=3\\\lambda_2=5\\\lambda_3=15\end{cases}$$

所以 $\lambda_{\max}(A^{\mathrm{H}}A)=15$。因此 $\|A\|_2=\sqrt{15}$。

2.11 矩阵扰动分析

为了解决科学与工程实际中的问题，人们根据物理、力学等规律建立问题的数学模型，并根据数学模型提出求解数学问题的数值计算方法，然后进行程序设计，在计算机上计算出实际需要的结果。在数学问题的求解过程中，通常存在两类误差影响计算结果的精度，即数值计算方法引起的截断误差和计算环境引起的舍入误差。为了分析这些误差对数学问题解的影响，人们将其归结为原始数据的扰动（或摄动）对解的影响。自然地，我们需要研究该

扰动引起了问题解的多大变化，即问题解的稳定性。

下面看一个简单的例子。考虑一个2阶线性方程组

$$\begin{pmatrix}1 & 0.99\\0.99 & 0.98\end{pmatrix}\begin{pmatrix}x_1\\x_2\end{pmatrix}=\begin{pmatrix}1\\1\end{pmatrix}$$

可以验证，该方程组的精确解为 $x_1=100$，$x_2=-100$。

如果系数矩阵有一扰动$\begin{pmatrix}0 & 0\\0 & 0.01\end{pmatrix}$，并且右端项也有一扰动$\begin{pmatrix}0\\0.001\end{pmatrix}$，则扰动后的线性方程组为

$$\begin{pmatrix}1 & 0.99\\0.99 & 0.99\end{pmatrix}\begin{pmatrix}x_1+\delta x_1\\x_2+\delta x_2\end{pmatrix}=\begin{pmatrix}1\\1.001\end{pmatrix}$$

可以验证，这个方程组的精确解为 $x_1+\delta x_1=-0.1$，$x_2+\delta x_2=\frac{10}{9}$。

可见，系数矩阵和右端项的微小扰动引起了解的强烈变化。

注意到上面的例子并没有截断误差和舍入误差，因此原始数据的扰动对问题解的影响程度取决于问题本身的固有性质。如果原始数据的小扰动引起问题解的很大变化，则称该问题是病态的（敏感的）或不稳定的；否则，称该问题是良态的（不敏感的）或稳定的。

矩阵扰动分析就是研究矩阵元素的变化对矩阵问题解的影响，它对矩阵论和矩阵计算都具有重要意义。矩阵扰动分析的理论及其主要结果是在最近三四十年里得到的。随着各种科学计算问题的深入与扩大，矩阵扰动理论不仅会有新的发展，而且还存在许多问题有待进一步解决。主要有矩阵 $\boldsymbol{A}$ 的逆矩阵、以 $\boldsymbol{A}$ 为系数矩阵的线性方程组的解和矩阵特征值的扰动分析。下面以**逆矩阵的扰动**为例进行分析。

逆矩阵的扰动分析：设矩阵 $\boldsymbol{A}\in\mathbf{C}^{n\times n}$ 并且 $\boldsymbol{A}$ 非奇异，经扰动变为 $\boldsymbol{A}+\boldsymbol{E}$，其中 $\boldsymbol{E}\in\mathbf{C}^{n\times n}$ 称为扰动矩阵。我们需要解决：在什么条件下 $\boldsymbol{A}+\boldsymbol{E}$ 非奇异？当 $\boldsymbol{A}+\boldsymbol{E}$ 非奇异时，$(\boldsymbol{A}+\boldsymbol{E})^{-1}$ 与 $\boldsymbol{A}^{-1}$ 的近似程度如何？

定理 2-9　设 $\boldsymbol{A}$，$\boldsymbol{E}\in\mathbf{C}^{n\times n}$，$\boldsymbol{B}=\boldsymbol{A}+\boldsymbol{E}$。如果 $\boldsymbol{A}$ 与 $\boldsymbol{B}$ 均非奇异，则

$$\frac{\|\boldsymbol{B}^{-1}-\boldsymbol{A}^{-1}\|}{\|\boldsymbol{A}^{-1}\|}\leqslant\|\boldsymbol{A}\|\,\|\boldsymbol{B}^{-1}\|\frac{\|\boldsymbol{E}\|}{\|\boldsymbol{A}\|}\tag{2-28}$$

证明：由

$$\boldsymbol{B}^{-1}-\boldsymbol{A}^{-1}=\boldsymbol{A}^{-1}(\boldsymbol{A}-\boldsymbol{B})\boldsymbol{B}^{-1}=-\boldsymbol{A}^{-1}\boldsymbol{E}\boldsymbol{B}^{-1}\tag{2-29}$$

由矩阵范数得

$$\|\boldsymbol{B}^{-1}-\boldsymbol{A}^{-1}\|\leqslant\|\boldsymbol{A}^{-1}\|\,\|\boldsymbol{B}^{-1}\|\,\|\boldsymbol{E}\|$$

于是

$$\frac{\|\boldsymbol{B}^{-1}-\boldsymbol{A}^{-1}\|}{\|\boldsymbol{A}^{-1}\|}\leqslant\|\boldsymbol{B}^{-1}\|\,\|\boldsymbol{E}\|=\|\boldsymbol{A}\|\,\|\boldsymbol{B}^{-1}\|\frac{\|\boldsymbol{E}\|}{\|\boldsymbol{A}\|}$$

定理 2-10　设 $\boldsymbol{A}\in\mathbf{C}^{n\times n}$ 是非奇异矩阵，$\boldsymbol{E}\in\mathbf{C}^{n\times n}$ 满足条件

$$\|\boldsymbol{A}^{-1}\boldsymbol{E}\|<1\tag{2-30}$$

则 $\boldsymbol{A}+\boldsymbol{E}$ 非奇异，并且有

$$\|(\boldsymbol{A}+\boldsymbol{E})^{-1}\|\leqslant\frac{\|\boldsymbol{A}^{-1}\|}{1-\|\boldsymbol{A}^{-1}\boldsymbol{E}\|}\tag{2-31}$$

$$\frac{\|(A+E)^{-1}-A^{-1}\|}{\|A^{-1}\|}\leqslant\frac{\|A^{-1}E\|}{1-\|A^{-1}E\|} \tag{2-32}$$

证明：因为$A+E=A(I+A^{-1}E)$，其中$\|A^{-1}E\|<1$，则$I+A^{-1}E$非奇异，从而$A+E$也非奇异，由于

$$(A+E)^{-1}=(I+A^{-1}E)^{-1}A^{-1} \tag{2-33}$$

由矩阵范数得

$$\|(A+E)^{-1}\|\leqslant\|(I+A^{-1}E)^{-1}\|\,\|A^{-1}\|\leqslant\frac{1}{1-\|A^{-1}E\|}\cdot\|A^{-1}\|$$

由于

$$\|(A+E)^{-1}\|\leqslant\frac{\|A^{-1}\|}{1-\|A^{-1}E\|}$$

且

$$(A+E)^{-1}-A^{-1}=[(I+A^{-1}E)^{-1}-I]A^{-1}$$

则有

$$\|(A+E)^{-1}-A^{-1}\|\leqslant\|(I+A^{-1}E)^{-1}-I\|\,\|A^{-1}\|\leqslant\frac{\|A^{-1}\|\,\|A^{-1}E\|}{1-\|A^{-1}E\|}$$

由上式即得式（2-32）。

因为$\|A^{-1}E\|\leqslant\|A^{-1}\|\,\|E\|$，所以由定理2-10可得如下推论。

推论2-2 设$A\in\mathbf{C}^{n\times n}$是非奇异矩阵，$E\in\mathbf{C}^{n\times n}$满足条件$\|A^{-1}\|\,\|E\|<1$，则$A+E$非奇异，并且有

$$\frac{\|(A+E)^{-1}-A^{-1}\|}{\|A^{-1}\|}\leqslant\frac{k(A)\dfrac{\|E\|}{\|A\|}}{1-k(A)\dfrac{\|E\|}{\|A\|}} \tag{2-34}$$

式中，$k(A)=\|A\|\,\|A^{-1}\|$。式（2-34）表明，$k(A)$反映了A^{-1}对于A的扰动的敏感性，$k(A)$越大，$(A+E)^{-1}$与A^{-1}的相对误差就越大。

定义2-18 设n阶矩阵A非奇异，则称$k(A)=\|A\|\,\|A^{-1}\|$为A关于求逆的条件数。

由推论2-1知，如果$k(A)$很大，则矩阵A关于求逆是病态的。

2.12 广义逆矩阵

在线性代数中，如果A是n阶非奇异矩阵，则A存在唯一的逆矩阵A^{-1}。如果线性方程组$Ax=b$的系数矩阵非奇异，则该方程存在唯一解$x=A^{-1}b$。但是，在许多实际问题中所遇到的矩阵A往往是非奇异方阵或长方阵，并且线性方程组$Ax=b$可能是矛盾方程组，这时应该如何将该方程组在某种意义下的解通过矩阵A的某种逆加以表示呢？这就促使人们设法将矩阵逆的概念、理论和方法推广到奇异方阵或长方阵的情形。

1920年E. H. moore首先提出了广义逆矩阵的概念，但其后30年并未引起人们的重视。直到1955年，R. Penrose利用四个矩阵方程给出广义逆矩阵的新的更简洁实用的定义之后，

广义逆矩阵的研究才进入一个新的时期，其理论和应用得到了迅速发展，已成为矩阵论的一个重要分支，广义逆矩阵在数理统计、最优化理论、控制理论、系统识别、机器学习、机器视觉和数字图像处理等许多领域都具有重要应用。

本节着重介绍几种常用的广义逆矩阵及其在解线性方程组中的应用。我们仅限于对实矩阵进行讨论。类似地，对复矩阵也有相同的结果。

2.12.1　广义逆矩阵的概念

对 $\boldsymbol{A} \in \mathbf{R}^{m\times n}$，Penrose 以简便实用的形式给出了矩阵 $\boldsymbol{A}$ 的广义逆矩阵定义，并陈述了 4 个条件，称为 **Penrose**（彭罗斯）方程。

① $\boldsymbol{AGA}=\boldsymbol{A}$;

② $\boldsymbol{GAG}=\boldsymbol{G}$;

③ $(\boldsymbol{AG})^{\mathrm{T}}=\boldsymbol{AG}$;

④ $(\boldsymbol{GA})^{\mathrm{T}}=\boldsymbol{GA}$。

定义 2-19　对任意 $m\times n$ 矩阵 $\boldsymbol{A}$，如果存在某个 $n\times m$ 矩阵 $\boldsymbol{G}$，满足 Penrose 方程的一部分或全部，则称 $\boldsymbol{G}$ 为 $\boldsymbol{A}$ 的**广义逆矩阵**。

如果广义逆矩阵 $\boldsymbol{G}$ 满足第 i 个条件，则把 $\boldsymbol{G}$ 记作 $\boldsymbol{A}^{(i)}$，并把这类矩阵的全体记作 $\boldsymbol{A}\{i\}$，于是 $\boldsymbol{A}^{(i)} \in \boldsymbol{A}\{i\}$。类似地，把满足第 i, j 两个条件的广义逆矩阵 $\boldsymbol{G}$ 记作 $\boldsymbol{A}^{(i,j)}$；满足第 i, j, k 三个条件的广义逆矩阵 $\boldsymbol{G}$ 记作 $\boldsymbol{A}^{(i,j,k)}$；满足全部 4 个条件的广义逆矩阵 $\boldsymbol{G}$ 记作 $\boldsymbol{A}^{(1,2,3,4)}$；相应的分别有 $\boldsymbol{A}\{i,j\}$，$\boldsymbol{A}\{i,j,k\}$，$\boldsymbol{A}\{1,2,3,4\}$。

由定义 2-19 可知，满足 1 个、2 个、3 个、4 个 Penrose 方程的广义逆矩阵共有 15 种。但应用较多的是 $\boldsymbol{A}^{(1)}$，$\boldsymbol{A}^{(1,3)}$，$\boldsymbol{A}^{(1,4)}$ 和 $\boldsymbol{A}^{(1,2,3,4)}$ 四种广义逆矩阵，分别记为 $\boldsymbol{A}^{-}$，$\boldsymbol{A}_{l}^{-}$，$\boldsymbol{A}_{m}^{-}$，$\boldsymbol{A}^{+}$，并称 $\boldsymbol{A}^{-}$为**减号逆**或 $\boldsymbol{g}^{-}$**逆**，$\boldsymbol{A}_{l}^{-}$ 为**最小二乘广义逆**，$\boldsymbol{A}_{m}^{-}$ 为**极小范数广义逆**，$\boldsymbol{A}^{+}$为**加号逆**或 **Moore-Penrose 广义逆**。下面介绍 **Moore-Penrose 广义逆**以及与线性方程组 $\boldsymbol{Ax}=\boldsymbol{b}$ 的关系。

2.12.2　广义逆矩阵 A^{+}与线性方程组的极小最小二乘解

设 $\boldsymbol{A}$ 是 $m\times n$ 的矩阵，其秩为 $r(r\geqslant 1)$。关于矩阵 $\boldsymbol{A}$ 的 Moore-Penrose 广义逆 $\boldsymbol{A}^{+}$的存在性与唯一性，有如下结论。

定理 2-11　设 $\boldsymbol{A}$ 是任意的 $m\times n$ 矩阵，$\boldsymbol{A}^{+}$存在并且唯一。

证明：设 $\boldsymbol{A}$ 的奇异值分解为

$$\boldsymbol{A}=\boldsymbol{U}\begin{pmatrix}\boldsymbol{\Sigma} & 0\\ 0 & 0\end{pmatrix}\boldsymbol{V}^{\mathrm{T}} \tag{2-35}$$

其中，$\boldsymbol{U} \in \mathbf{R}^{m\times m}$和 $\boldsymbol{V}=\mathbf{R}^{n\times n}$是正交矩阵，$\boldsymbol{\Sigma}=\mathrm{diag}(\sigma_1,\cdots,\sigma_r)>0$，令

$$\boldsymbol{A}^{+}=\boldsymbol{V}\begin{bmatrix}\boldsymbol{\Sigma}^{-1} & 0\\ 0 & 0\end{bmatrix}\boldsymbol{U}^{\mathrm{T}} \tag{2-36}$$

直接验证便知，式（2-36）定义的 $\boldsymbol{A}^{+}$满足定义 2-19 中的 4 个 Penrose 方程，故 $\boldsymbol{A}^{+}$存在。

再证唯一性。设矩阵 $\boldsymbol{G}_1$ 和 $\boldsymbol{G}_2$ 都是 $\boldsymbol{A}$ 的 Moore-Penrose 广义逆，则

$$\boldsymbol{G}_1=\boldsymbol{G}_1\boldsymbol{A}\boldsymbol{G}_1=\boldsymbol{G}_1(\boldsymbol{A}\boldsymbol{G}_1)^{\mathrm{T}}=\boldsymbol{G}_1\boldsymbol{G}_1^{\mathrm{T}}\boldsymbol{A}^{\mathrm{T}}=\boldsymbol{G}_1\boldsymbol{G}_1^{\mathrm{T}}(\boldsymbol{A}\boldsymbol{G}_2\boldsymbol{A})^{\mathrm{T}}$$

$$=G_1G_1{}^{\mathrm{T}}A^{\mathrm{T}}(AG_2)^{\mathrm{T}}=G_1(AG_1)^{\mathrm{T}}AG_2=G_1AG_1AG_2$$
$$=G_1AG_2=G_1AG_2AG_2=(G_1A)^{\mathrm{T}}(G_2A)^{\mathrm{T}}G_2$$
$$=(G_2AG_1A)^{\mathrm{T}}G_2=(G_2A)^{\mathrm{T}}G_2=G_2AG_2=G_2$$

定理 2-11 的证明同时也给出了 A^+的一个计算方法。利用 A 的满秩分解，可以给出 A^+的另一个表达式。

定理 2-12 设 A 是 $m\times n$ 矩阵，其满秩分解为

$$A=BC \tag{2-37}$$

式中，B 是 $m\times r$ 矩阵；C 是 $r\times n$ 矩阵。$\mathrm{rank}(A)=\mathrm{rank}(B)=\mathrm{rank}(C)=r$，则

$$A^+=C^{\mathrm{T}}(CC^{\mathrm{T}})^{-1}(B^{\mathrm{T}}B)^{-1}B^{\mathrm{T}} \tag{2-38}$$

证明：直接验证式（2-38）定义的 A^+满足定义 2-19 中的 4 个 Penrose 方程。

Moore-Penrose 广义逆 A^+的基本性质可概述为如下定理。

定理 2-13 设 A 是 $m\times n$ 矩阵，则

① $(A^+)^+=A$；

② $(A^+)^{\mathrm{T}}=(A^{\mathrm{T}})^+$；

③ $A^+AA^{\mathrm{T}}=A^{\mathrm{T}}=A^{\mathrm{T}}AA^+$；

④ $(A^{\mathrm{T}}A)^+=A^+(A^{\mathrm{T}})^+=A^+(A^+)^{\mathrm{T}}$；

⑤ $A^+=(A^{\mathrm{T}}A)^+A^{\mathrm{T}}=A^{\mathrm{T}}(AA^{\mathrm{T}})^+$；

⑥ $A^+=A_m^-AA_l^-$；

⑦ $\mathrm{rank}(A)=\mathrm{rank}(A^+)=\mathrm{rank}(AA^+)=\mathrm{rank}(A^+A)$；

⑧ 若 $\mathrm{rank}(A)=n$，则 $A^+=(A^{\mathrm{T}}A)^{-1}A^{\mathrm{T}}$；

⑨ 若 $\mathrm{rank}(A)=m$，则 $A^+=A^{\mathrm{T}}(AA^{\mathrm{T}})^{-1}$；

⑩ 若 U，V 分别为 m，n 阶正交矩阵，则$(UAV)^+=V^{\mathrm{T}}A^+U^{\mathrm{T}}$；

⑪ 若 $A=\begin{pmatrix}R & 0\\ 0 & 0\end{pmatrix}$，其中 R 为 r 阶非奇异矩阵，则 $A^+=\begin{pmatrix}R^{-1} & 0\\ 0 & 0\end{pmatrix}_{n\times m}$。

证明：这里仅给出⑥的证明，其余可参考相关书籍自行证明。

记 $G=A_m^-AA_l^-$，由 A_m^- 和 A_l^- 的性质可得

$$AGA=AA_m^-AA_l^-A=AA_l^-A=A$$
$$GAG=A_m^-AA_l^-AA_m^-AA_l^-=A_m^-AA_m^-AA_l^-=A_m^-AA_l^-=G$$
$$(AG)^{\mathrm{T}}=(AA_m^-AA_l^-)^{\mathrm{T}}=(AA_l^-)^{\mathrm{T}}=AA_l^-=AG$$
$$(GA)^{\mathrm{T}}=(A_m^-AA_l^-A)^{\mathrm{T}}=(A_m^-A)^{\mathrm{T}}=A_m^-A=GA$$

由 Moore-Penrose 广义逆的唯一性得 $A^+=G=A_m^-AA_l^-$。

值得指出的是，A^{-1}的许多性质，A^+并不具备。

① 对任意 $m\times n$ 矩阵 A 和 $n\times p$ 矩阵 B，等式$(AB)^+=B^+A^+$一般不成立。

事实上，若取 $A=(1,1)$，$B=\begin{pmatrix}1 & -1\\ 0 & 1\end{pmatrix}$，则

$$AB=(1.0),(AB)^+=\begin{pmatrix}1\\ 0\end{pmatrix}$$

而

$$A^{+}=\begin{pmatrix}\frac{1}{2}\\ \frac{1}{2}\end{pmatrix},B^{+}=\begin{pmatrix}1 & 1\\ 0 & 1\end{pmatrix},B^{+}A^{+}=\begin{pmatrix}1\\ \frac{1}{2}\end{pmatrix}$$

可见$(\boldsymbol{AB})^{+}\neq\boldsymbol{B}^{+}\boldsymbol{A}^{+}$。

如果 $\boldsymbol{A}$ 是列满秩矩阵，$\boldsymbol{B}$ 是行满秩矩阵，由定理 2-12 和定理 2-13⑧⑨可知，等式$(\boldsymbol{AB})^{+}\neq\boldsymbol{B}^{+}\boldsymbol{A}^{+}$成立。

② 对任意 $m\times n$ 矩阵 $\boldsymbol{A}$，$\boldsymbol{AA}^{+}\neq\boldsymbol{A}^{+}\boldsymbol{A}$。

③ 对任意 $m\times n$ 矩阵 $\boldsymbol{A}$，若 $\boldsymbol{P}$ 和 $\boldsymbol{Q}$ 分别为 m，n 阶非奇异矩阵，则

$$(\boldsymbol{PAQ})^{+}\neq\boldsymbol{Q}^{-1}\boldsymbol{A}^{+}\boldsymbol{P}^{-1}$$

④ 对任意 n 阶奇异矩阵 $\boldsymbol{A}$ 和正整数 k，$(\boldsymbol{A}^{k})^{+}\neq(\boldsymbol{A}^{+})^{k}$。

事实上，当 $k=2$ 时，若取 $\boldsymbol{A}=\begin{pmatrix}\frac{1}{\sqrt{2}} & \frac{1}{\sqrt{2}}\\ 0 & 0\end{pmatrix}$，则 $\boldsymbol{A}^{2}=\begin{pmatrix}\frac{1}{2} & \frac{1}{2}\\ 0 & 0\end{pmatrix}$，$\boldsymbol{A}^{+}=\begin{pmatrix}\frac{1}{\sqrt{2}} & \frac{1}{\sqrt{2}}\\ 0 & 0\end{pmatrix}$，$(\boldsymbol{A}^{+})^{2}=\begin{pmatrix}\frac{1}{2} & 0\\ \frac{1}{2} & 0\end{pmatrix}\neq(\boldsymbol{A}^{2})^{+}$。

利用 Moore-Penrose 广义逆可以给出线性方程组 $\boldsymbol{Ax}=\boldsymbol{b}$ 的可解性条件和通解表达式。

定理 2-14　设 $A\in\mathbf{R}^{m\times n}$，$\boldsymbol{b}\in\mathbf{R}^{m}$，则线性方程组 $\boldsymbol{Ax}=\boldsymbol{b}$ 有解的充分必要条件是：

$$\boldsymbol{AA}^{+}\boldsymbol{b}=\boldsymbol{b}\tag{2-39}$$

这时，$\boldsymbol{Ax}=\boldsymbol{b}$ 的通解是

$$\boldsymbol{x}=\boldsymbol{A}^{+}\boldsymbol{b}+(\boldsymbol{I}-\boldsymbol{A}^{+}\boldsymbol{A})\boldsymbol{y}\tag{2-40}$$

其中 $\boldsymbol{y}\in\mathbf{R}^{n}$ 是任意的。

定理 2-15　设 $A\in\mathbf{R}^{m\times n}$，$\boldsymbol{b}\in\mathbf{R}^{m}$，则不相容线性方程组 $\boldsymbol{Ax}=\boldsymbol{b}$ 的最小二乘解的通式为

$$\boldsymbol{x}=\boldsymbol{A}^{+}\boldsymbol{b}+(\boldsymbol{I}-\boldsymbol{A}^{+}\boldsymbol{A})\boldsymbol{y}\tag{2-41}$$

其中 $y\in\mathbf{R}^{n}$ 是任意的。

证明：不相容线性方程组 $\boldsymbol{Ax}=\boldsymbol{b}$ 的最小二乘解与相容线性方程组 $\boldsymbol{A}^{\mathrm{T}}\boldsymbol{Ax}=\boldsymbol{A}^{\mathrm{T}}\boldsymbol{b}$ 的通解为

$$\boldsymbol{x}=(\boldsymbol{A}^{\mathrm{T}}\boldsymbol{A})^{+}\boldsymbol{A}^{\mathrm{T}}\boldsymbol{b}+[\boldsymbol{I}-(\boldsymbol{A}^{\mathrm{T}}\boldsymbol{A})^{+}(\boldsymbol{A}^{\mathrm{T}}\boldsymbol{A})]\boldsymbol{y}$$

由定理 2-13⑤即得式（2-41）。

不相容线性方程组 $\boldsymbol{Ax}=\boldsymbol{b}$ 的最小二乘解一般是不唯一的，设 $\boldsymbol{x}_0$ 是 $\boldsymbol{Ax}=\boldsymbol{b}$ 的一个最小二乘解，如果对于任意的最小二乘解 $\boldsymbol{x}$ 都有

$$\|\boldsymbol{x}_0\|_2\leqslant\|\boldsymbol{x}\|_2\tag{2-42}$$

则称 $\boldsymbol{x}_0$ 为 $\boldsymbol{Ax}=\boldsymbol{b}$ 的**极小最小二乘解**。

因为式（2-41）给出了不相容线性方程组 $\boldsymbol{Ax}=\boldsymbol{b}$ 的最小二乘解，并且

$$\|\boldsymbol{A}^{+}\boldsymbol{b}+(\boldsymbol{I}-\boldsymbol{A}^{+}\boldsymbol{A})\boldsymbol{y}\|_2^2=\|\boldsymbol{A}^{+}\boldsymbol{b}\|_2^2+\|(\boldsymbol{I}-\boldsymbol{A}^{+}\boldsymbol{A})\boldsymbol{y}\|_2^2\geqslant\|\boldsymbol{A}^{+}\boldsymbol{b}\|_2^2$$

当且仅当 $(\boldsymbol{I}-\boldsymbol{A}^{+}\boldsymbol{A})\boldsymbol{y}=0$ 时等号成立，所以 $\boldsymbol{Ax}=\boldsymbol{b}$ 的极小最小二乘解唯一，且为 $\boldsymbol{x}=\boldsymbol{A}^{+}\boldsymbol{b}$。

定理 2-16　设 $\boldsymbol{A}$ 是 $m\times n$ 矩阵，则 $\boldsymbol{G}$ 是 Moore-Penrose 广义逆矩阵 $\boldsymbol{A}^{+}$的充分必要条件为：$\boldsymbol{x}=\boldsymbol{Gb}$ 是不相容线性方程组 $\boldsymbol{Ax}=\boldsymbol{b}$ 的极小最小二乘解。

证明：不相容方程组 $\boldsymbol{Ax}=\boldsymbol{b}$ 的最小二乘解与相容方程组

$$\boldsymbol{Ax}=\boldsymbol{A}\boldsymbol{A}_l^-\boldsymbol{b} \tag{2-43}$$

的解一致。因此，$\boldsymbol{Ax}=\boldsymbol{b}$ 的极小最小二乘解就是方程组式（2-43）的极小范数解，并且是唯一的，即有

$$\boldsymbol{x}=\boldsymbol{A}_m^-\boldsymbol{A}\boldsymbol{A}_l^-\boldsymbol{b} \tag{2-44}$$

由定理 2-13⑥，可得 $\boldsymbol{G}=\boldsymbol{A}_m^-\boldsymbol{A}\boldsymbol{A}_l^-=\boldsymbol{A}^+$

注意上述论证是可逆的，从而得到结论。

第3章
机器学习编程基础

本书以 Python 语言为基础，以 OpenCV 为框架，OpenCV 于 1999 年由 Intel 公司建立，如今由 Willow Garage 公司提供支持。OpenCV 是一个基于 BSD 许可发行的跨平台计算机视觉库，可以运行在 Linux、Windows、MacOS 操作系统上，它简洁而高效，由一系列 C 函数和少量 C++类构成，同时提供了 Python、Ruby、MATLAB 等语言的接口，实现了很多计算机视觉和图像处理方面的通用算法，广泛应用于图像识别、运动跟踪、机器视觉等领域。

3.1 Python 安装及环境搭建

Python 是一种跨平台的、开源的、免费的、解释型的高级编程语言。它具有强大、丰富的库，能够把用其他语言编写的各种模块（尤其是 C/C++）很轻松地连接在一起，所以 Python常被称为“胶水”语言。Python 英文本意是指“蟒蛇”。1989 年，由荷兰人 Guido van Rossum 发明了一种面向对象的解释型高级编程语言，命名为 Python，随后将其面向全世界开源，这也导致 Python 的发展十分迅速。如今，Python 已经成为一门应用广泛的开发语言。安装 Python 有多种方式，本书采用 Windows 系统下的 Anaconda 安装。虽然可以通过其官网安装 Python，但本书推荐直接安装 Anaconda。Anaconda 是 Python 的科学计算环境，内置 Python 安装程序，并且配置了许多科学计算包。这种安装方式比较简单，十分适合刚接触 Python 的读者进行学习。

Anaconda 是 Python 的一个开源发行版本，支持多种操作系统（Windows、Linux 和 MacOS），集合了上百种常用的 Python 包，如 Numpy、Pandas、SciPy 和 Matplotlib 等。安装 Anaconda 时，这些包也会被一并安装，同时兼容 Python 多版本。本节将介绍如何安装 Anaconda，如何在 Anaconda 的虚拟环境下搭建 OpenCV 以及一些常用库的安装。

3.1.1 安装 Python

从官网上下载 Anaconda 安装包。如图 3-1 所示，根据计算机系统的不同，Anaconda 官网提供了不同的安装包，本书使用的是 Anaconda3.7 版本。Anaconda 官网下载地址为 https://www.anaconda.com/products/individual。安装包下载完成后，在下载文件中找到类似如 Anaconda3-5.2.0-Windows-x86_64 的可执行（.exe）文件，双击该文件出现如图 3-2 所示的 Anaconda 安装界面。

图 3-1 Anaconda 官网下载

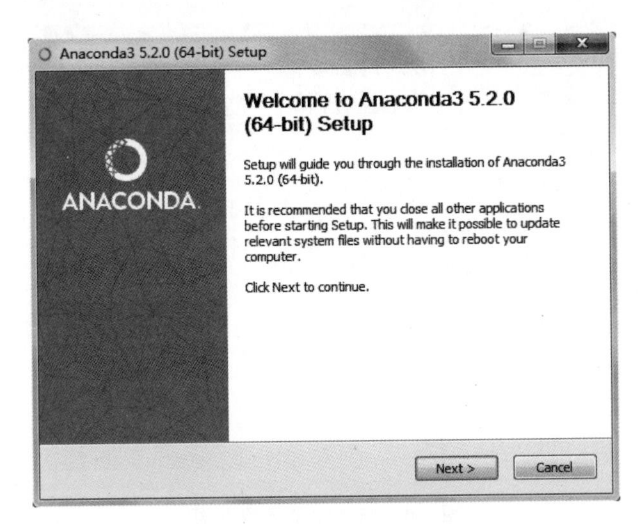

图 3-2　Anaconda 安装界面

单击“Next”按钮，出现如图 3-3 所示的许可协议界面。单击“I Agree”按钮，出现如图 3-4 所示的选择安装类型界面。在该界面中，如果计算机用户较多，则选择“All Users (requires admin privileges)”单选按钮；如果只是自己使用，则选择“Just Me(recommended)”单选按钮。本书选择“Just Me(recommended)”单选按钮。

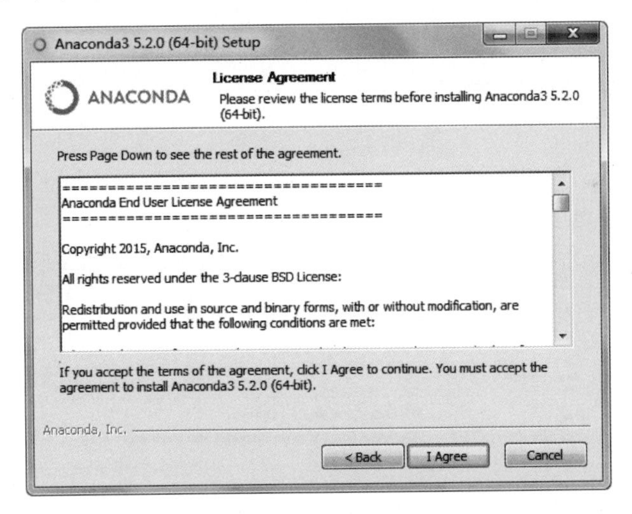

图 3-3　许可协议界面

图 3-4 中，单击“Next”按钮，出现如图 3-5 所示的选择安装地址界面，安装地址默认为 C 盘的用户目录，也可以自行选择，单击图 3-5 的“Next”按钮，出现如图 3-6 所示的高级安装选项界面。勾选“Add Anaconda to my PATH environment variable”复选框，即可将 Anaconda 添加到我的路径环境变量，这一选项默认直接添加用户变量，后续不用再添加。勾选“Register Anaconda as my default Python 3.6”复选框，即将 Anaconda 注册为默认的 Python 3.6。最后单击“Install”按钮进行安装，出现如图 3-7 所示的安装界面。

接下来等待计算机完成安装即可，根据计算机的配置不同等待的时间也不同，安装完成后的界面如图 3-8 所示。单击“Next”按钮，出现如图 3-9 所示的界面。

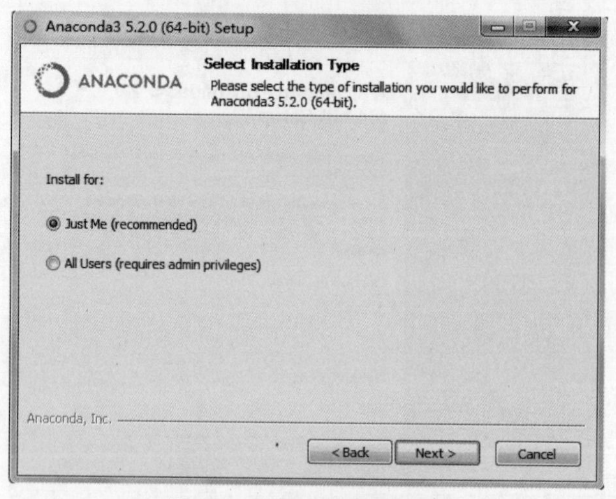

图 3-4　选择安装类型界面

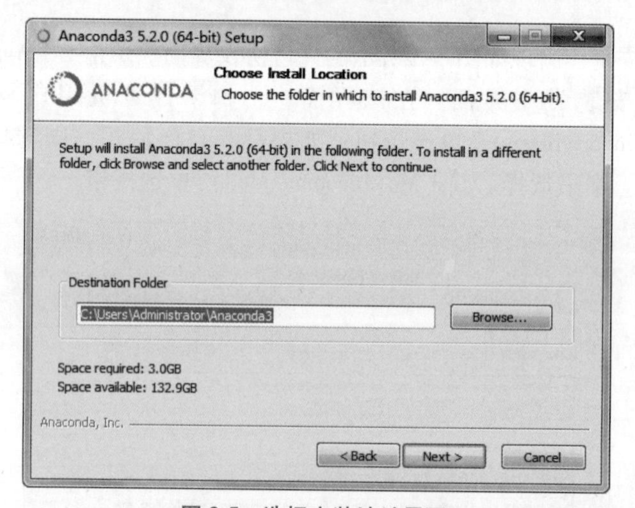

图 3-5　选择安装地址界面

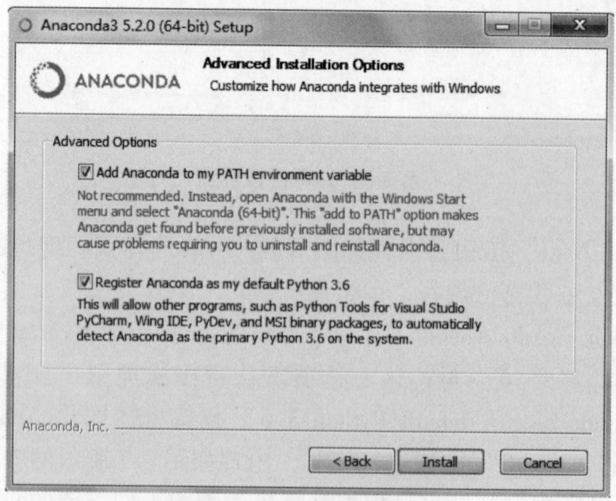

图 3-6　高级安装选项界面

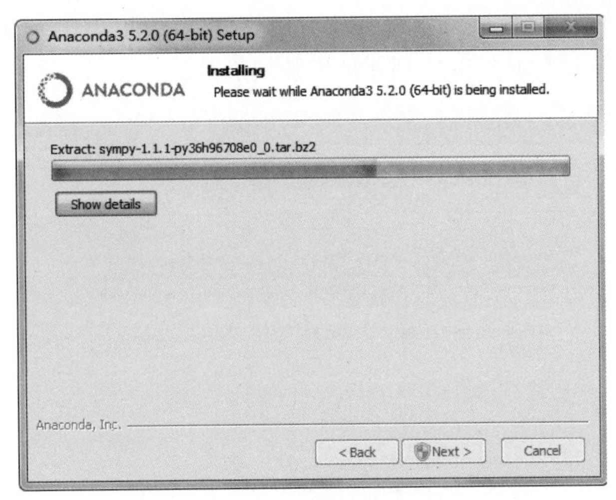

图 3-7 安装界面

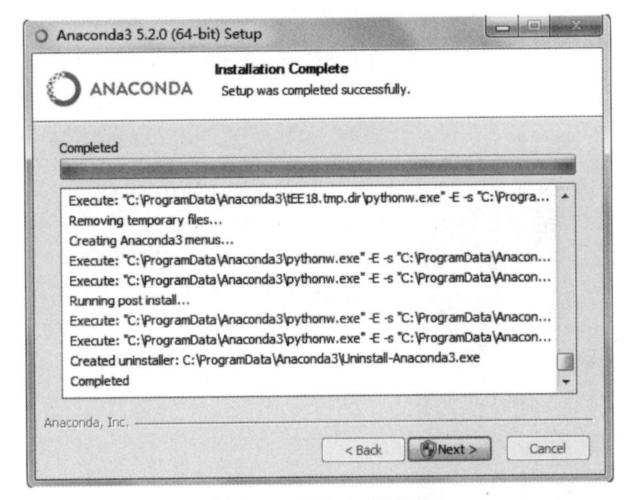

图 3-8 安装完成界面

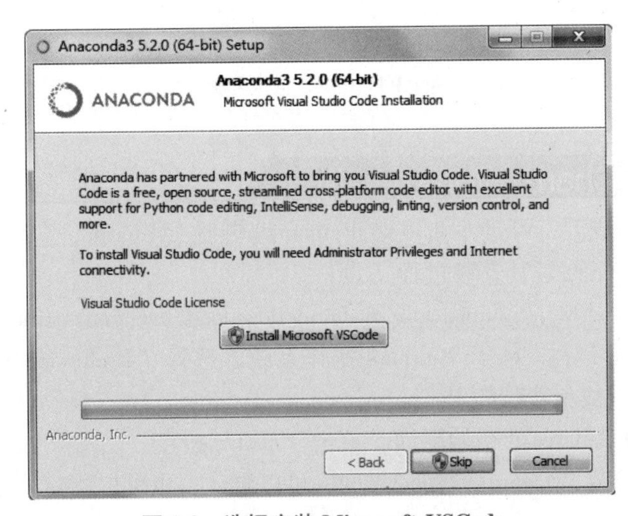

图 3-9 选择安装 Microsoft VSCode

单击图 3-9 的“Install Microsoft VSCode”按钮，出现如图 3-10 所示的界面，安装完成后，单击“next”按钮，出现图 3-11 所示的安装结束界面。

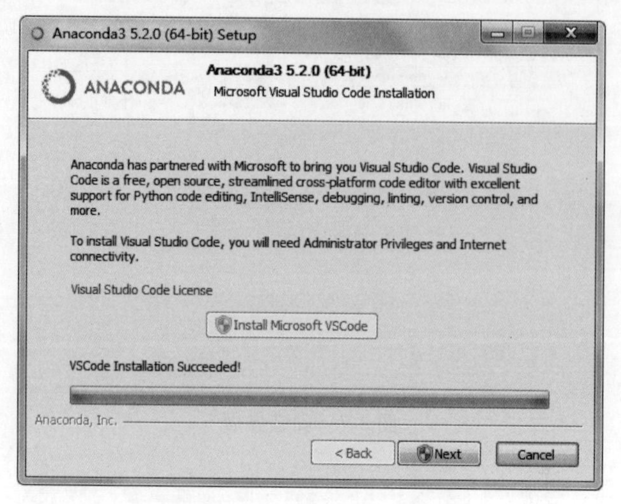

图 3-10　安装 Microsoft VSCode

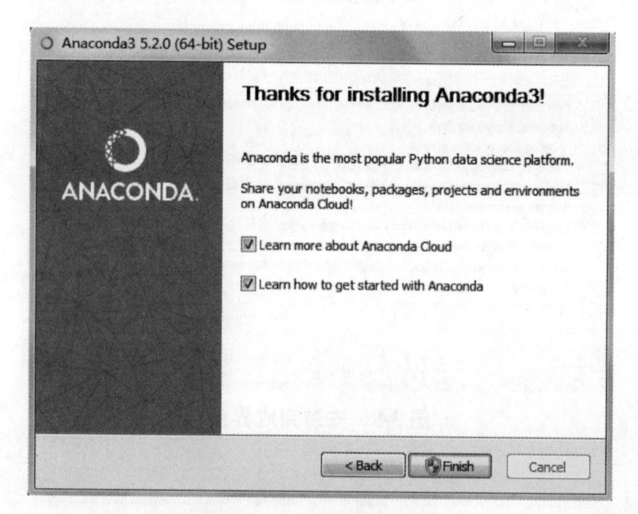

图 3-11　安装结束界面

3.1.2　安装 PyCharm Community

Anaconda 安装完成后，可进一步安装 Python 编辑器 PyCharm。它是一种十分简易且有效的 Python 编辑器，下面是其安装过程。

从官网（https://www.jetbrains.com/pycharm/download/#section=windows）下载 PyCharm 的安装包，如图 3-12 所示。对于 Windows 操作系统，选择“Professional”选项，然后单击“Download”按钮，下载免费版的 PyCharm。

图 3-13 是安装 PyCharm 的初始界面，单击“next”按钮。

图 3-14 是选择安装 PyCharm 的路径界面，可以默认，也可以指定安装路径。

图 3-15 是选择 PyCharm 的安装选项，分为四部分，安装时将这四个全部选上。

图 3-12　PyCharm 官网下载界面

图 3-13　PyCharm 安装界面

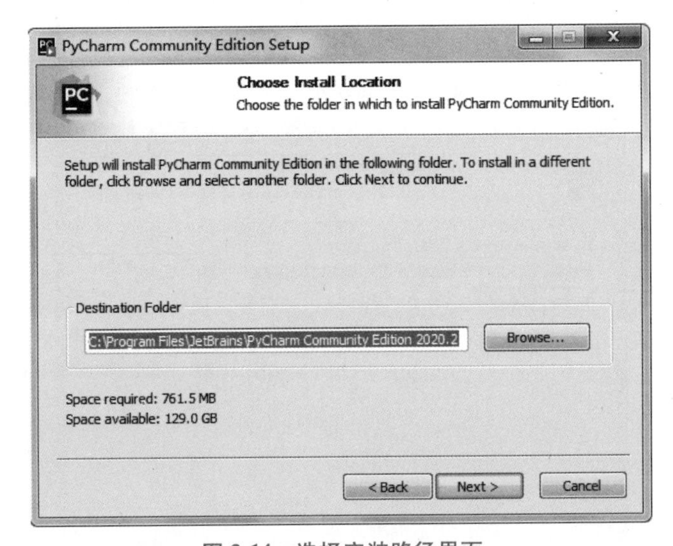

图 3-14　选择安装路径界面

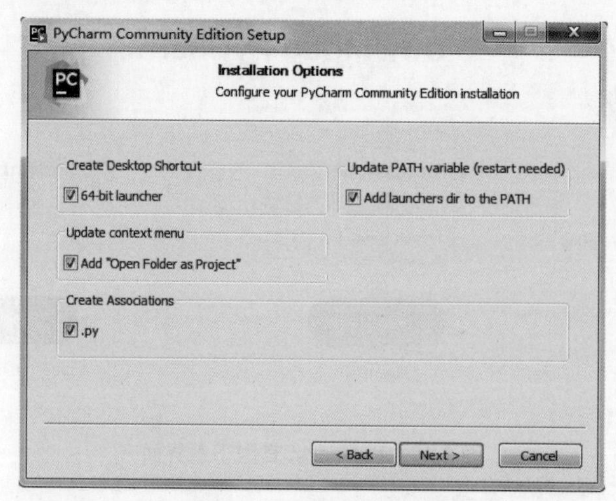

图 3-15　安装选择界面

图 3-16 是准备安装 PyCharm 界面，在“开始”菜单中指定 PyCharm 所属的文件夹即可。

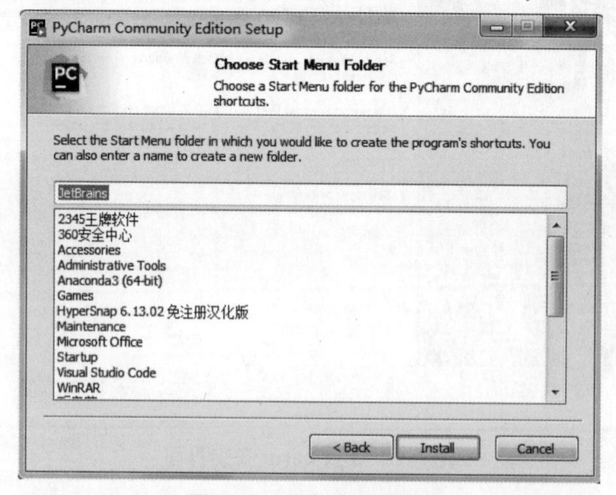

图 3-16　准备安装界面

图 3-17 是正在安装 PyCharm 界面，安装完成后，单击“Next”按钮。

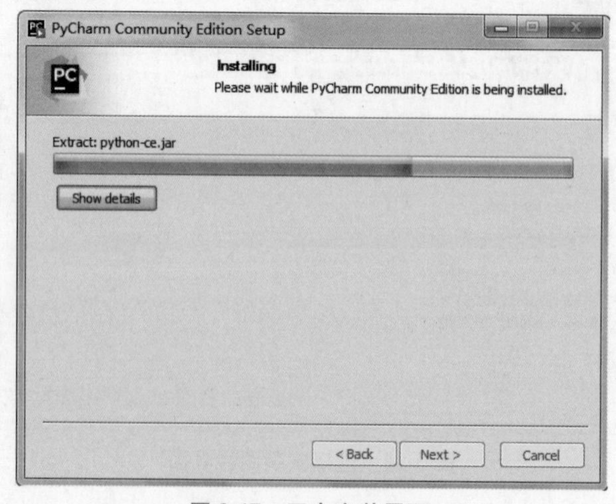

图 3-17　正在安装界面

图 3-18 是 PyCharm 安装完成界面，安装完成后，选择“I want to manually reboot later”，最后单击“Finish”按钮。

图 3-18　安装完成界面

3.1.3　PyCharm 初始化

完成上面的 PyCharm 安装后，需要对 PyCharm 进行一些初始化配置。双击如图 3-19 所示的 PyCharm 图标，出现如图 3-20 所示的界面。

图 3-19　PyCharm 图标

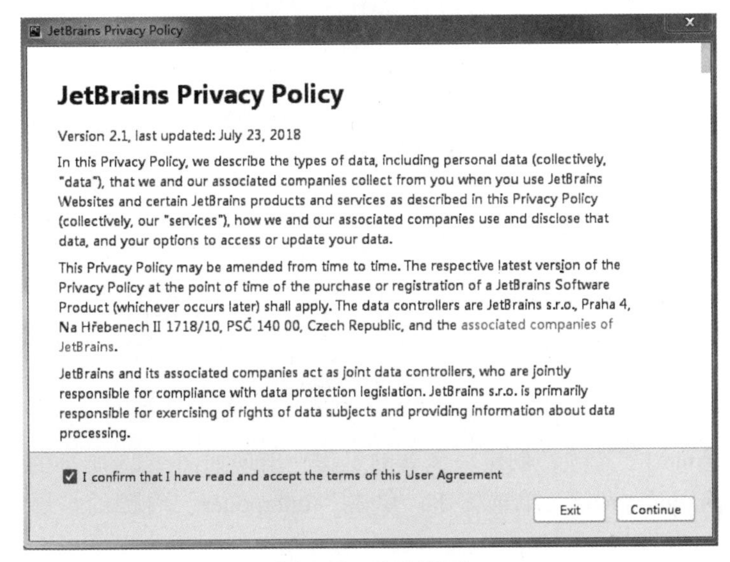

图 3-20　协议界面

单击“Continue”按钮，进入如图 3-21 所示的界面。

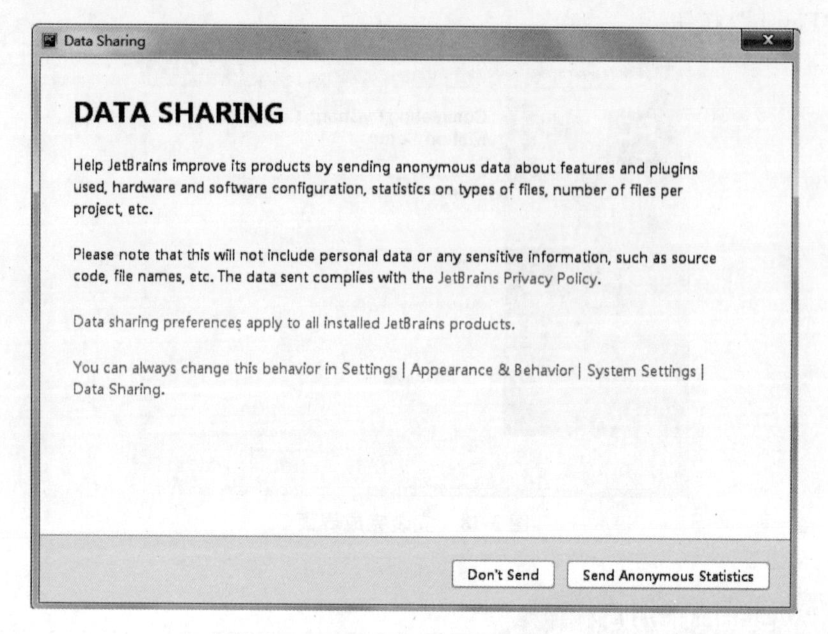

图 3-21 PyCharm 安装数据分享界面

单击“Don't Send”按钮，进入创建工程开始界面，如图 3-22 所示。

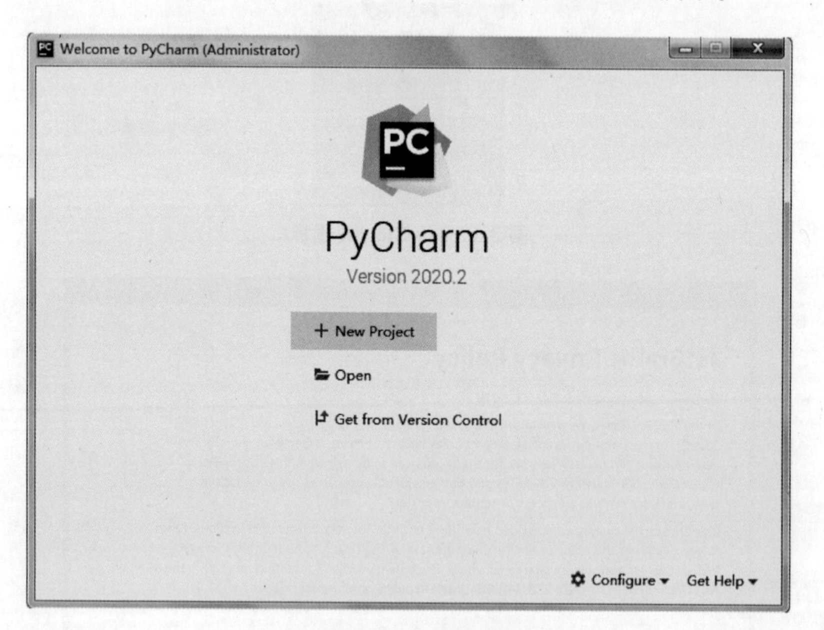

图 3-22 创建工程开始界面

单击“New Project”选项，创建一个新的工程，出现如图 3-23 所示的创建工程完成界面。选择“Existing interpreter”单选按钮，单击“Interpreter”右侧的扩展按钮，如图 3-24 所示。

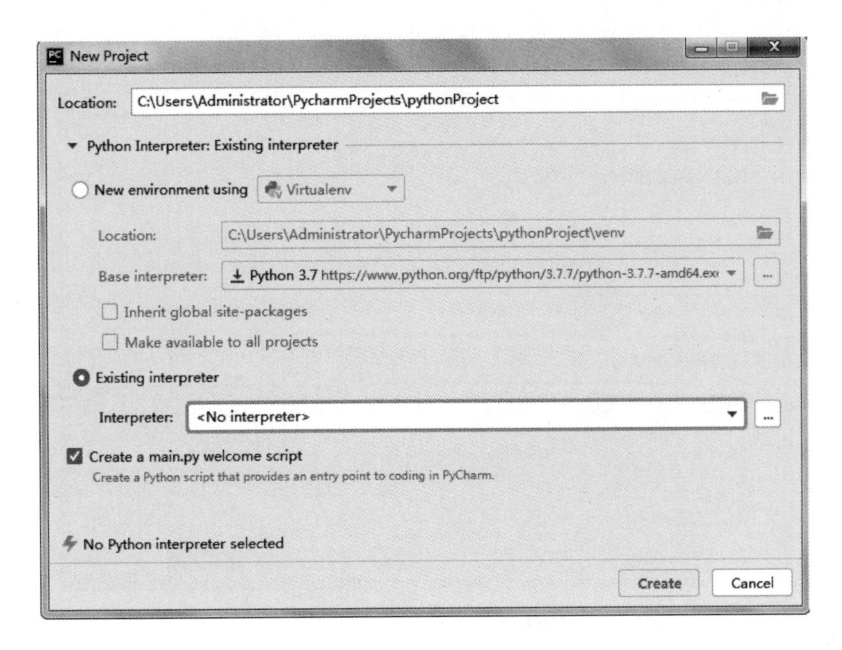

图 3-23　创建工程完成界面

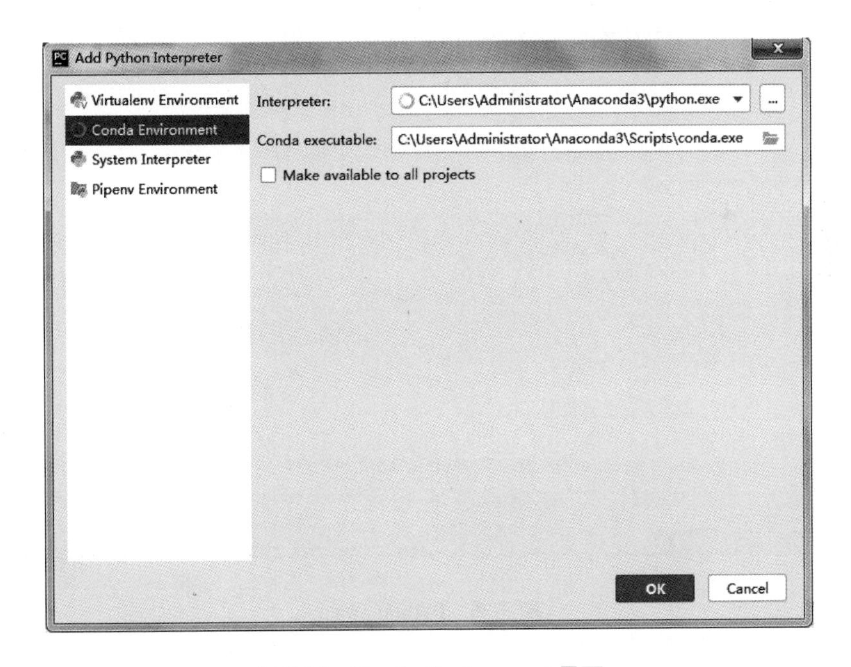

图 3-24　Conda Environment 界面

在 Interpreter 目录中选择“Conda Environment”选项卡，在“Interpreter”下拉列表框中选择 python. exe，此文件 python. exe 在已安装好的 Anaconda 目录下，单击“OK”按钮完成配置，出现如图 3-25 所示的画面。

单击图 3-25 所示的“Create”按钮，出现如图 3-26 所示的界面。

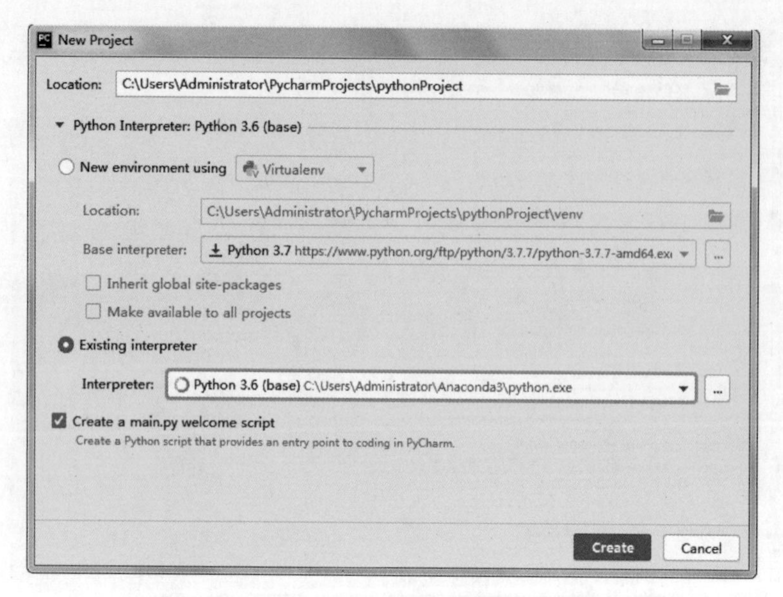

图 3-25　Conda Environment 选择 Python 3.6

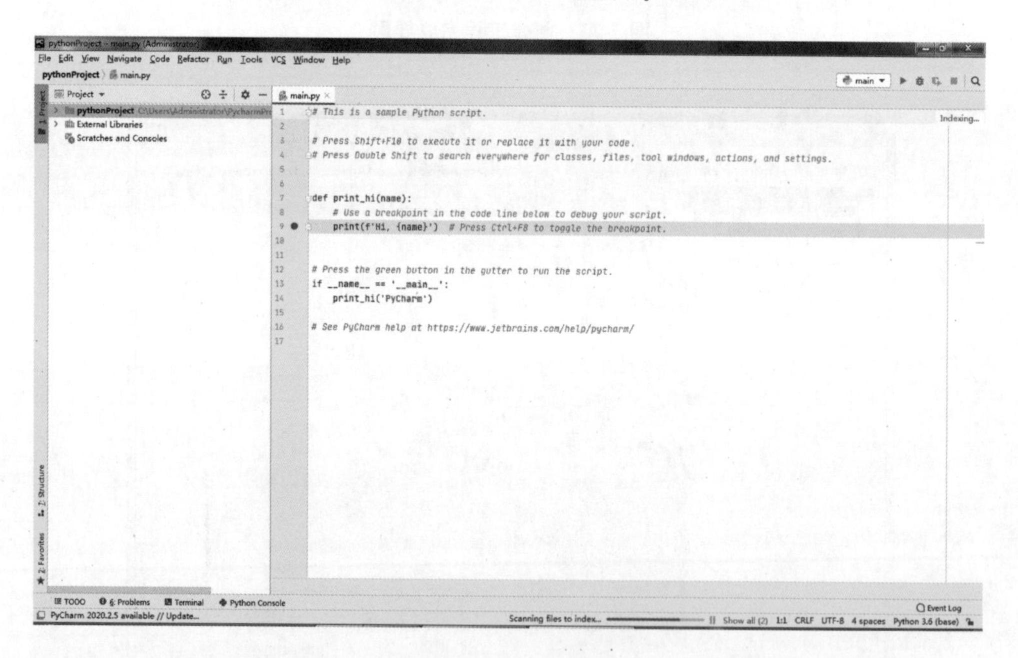

图 3-26　Python 界面

3.1.4　在 Prompt 中安装 OpenCV 库函数

OpenCV 是一个开源的计算机视觉库，1999 年由英特尔公司的 Gary Bradski 启动该项目。Bradski 在访学过程中注意到，在很多优秀大学的实验室中，都有非常完备的内部公开的计算机视觉接口。这些接口从一届学生传到另一届学生，对于刚入门的新人来说，使用这些接口比重复造轮子方便多了。这些接口可以让他们在之前的基础上更有效地开展工作。OpenCV 正是基于计算机视觉提供通用接口这一目标而被策划的。

由于要使用计算机视觉库，用户对处理器（CPU）的要求提升了，他们希望购买更快的处理器，这无疑会增加英特尔公司的产品销量和收入。这也许就解释了为什么 OpenCV 是由硬件厂商而非软件厂商开发的。当然，随着 OpenCV 项目的开源，目前已经得到了基金会的支持，很大一部分研究主力也转移到了英特尔公司之外，越来越多的用户为 OpenCV 做出了贡献。

OpenCV 库由 C 和 C++语言编写，涵盖计算机视觉各个领域内的 500 多个函数，可以在多种操作系统上运行。它旨在提供一个简洁而又高效的接口，从而帮助开发人员快速地构建视觉应用。

OpenCV 更像一个黑盒，让我们专注于视觉应用的开发，而不必过多关注基础图像处理的具体细节。就像 PhotoShop 一样，我们可以方便地使用它进行图像处理，只需要专注于图像处理本身，而不需要掌握复杂的图像处理算法的具体实现细节。

本节介绍 OpenCV 的具体配置过程。单击“开始”→“所有程序”，选择图 3-27 所示 Anaconda3（64-bit）下的 Anaconda Prompt，出现如图 3-28 所示的窗口。

图 3-27　OpenCV 安装界面

在图 3-28 所示的窗口中输入“pip install-i https://pypi.tuna.tsinghua.edu.cn/simple opencv-python==3.4.1.15”，安装成功后如图 3-29 所示。

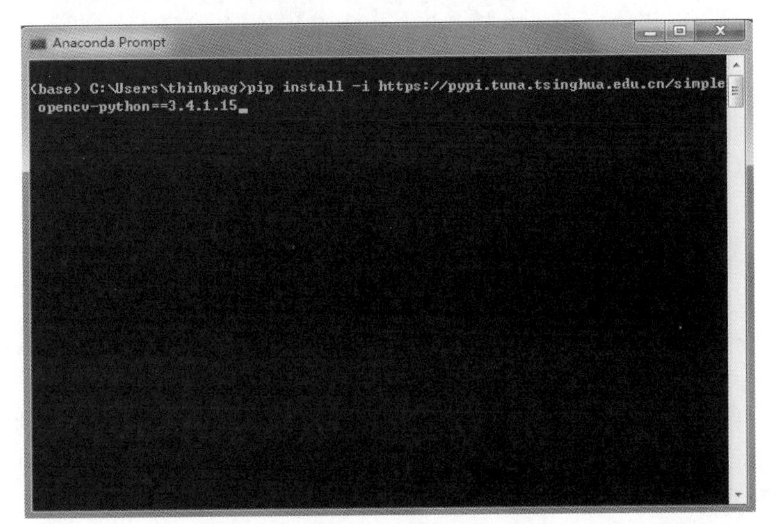

图 3-28　Anaconda Prompt 窗口

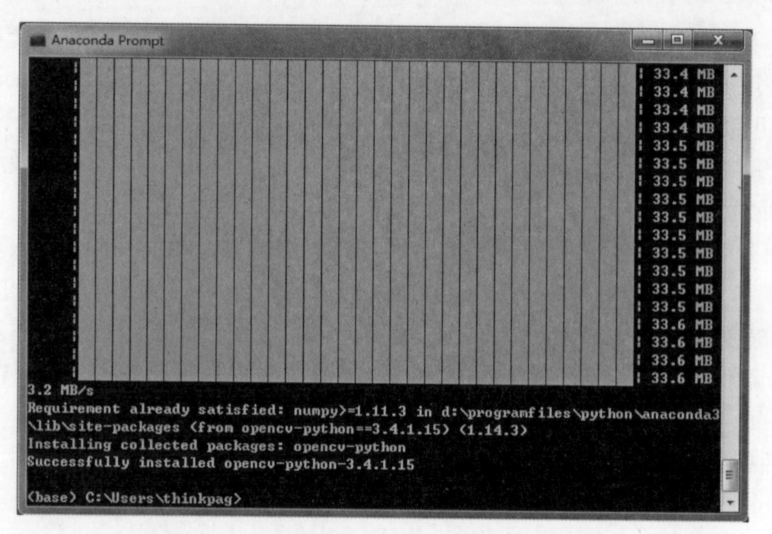

图 3-29　OpenCV-Python 库函数配置界面

出现安装成功提示后，再输入“pip install-i https://pypi.tuna.tsinghua.edu.cn/simple opencv-contrib-python==3.4.1.15”，如图 3-30 所示，若安装失败，请重新尝试。

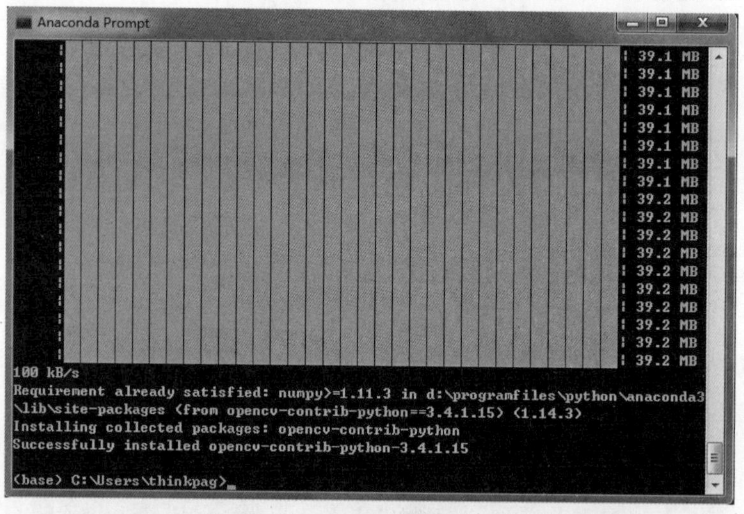

图 3-30　opencv-contrib-python 库函数配置界面

3.2　Python 编译器

Python 作为深度学习和人工智能学习的热门语言，要求用户除了要学会其简单的语法之外，还需要对其进行运行和实现，才能实现和发挥其功能和作用。Python 是一种跨平台的计算机程序语言，是一个高层次的结合了解释性、编译性、互动性和面向对象的脚本语言，最初被设计用于编写自动化脚本（shell），随着版本的不断更新和语言新功能的添加，被用于独立的、大型项目的开发。Python 是进行项目开发而使用的一门计算机语言，通俗来说就是编写代码，编写完代码之后，就需要运行，不然代码是“死”的，机器是无法识别的，这时需要运行 Python 代码的运行环境和工具。

Anaconda 是一个开源的 Python 发行版本，其包含了 conda、Python 等 180 多个科学包及其依赖项。因为包含了大量的科学包，Anaconda 的下载文件比较大（约 531MB），如果只需要某些包，或者需要节省带宽或存储空间，也可以使用 Miniconda 这个较小的发行版本（仅包含 Conda 和 Python）。Anaconda 包括 Conda、Python 以及很多安装好的工具包，比如 numpy、pandas 等。Miniconda 只包括 Conda、Python，是 Anaconda 的简约版。Conda 是一个开源的包、环境管理器，可以用于在同一个机器上安装不同版本的软件包及其依赖项，并能够在不同的环境之间切换。

PyCharm 是一种常用的 Python IDE，带有一整套可以帮助用户在使用 Python 语言开发时提高其效率的工具，比如调试、语法高亮、项目管理、代码跳转、智能提示、自动完成、单元测试、版本控制等。此外，该 IDE 提供了一些高级功能，以用于支持 Django 框架下的专业 Web 开发，使界面编写代码和运行操作更加简单。

我们使用以下四种方式来运行 Python 代码，前提是已经下载好了 Python 解释器，下载链接为 https://www.python.org/getit/，下载后配置好其系统环境变量，解释器的作用就是将 Python 代码解释成机器可以识别并执行的语言。

1. 在命令窗口中运行

按快捷键<Win+R>→输入“cmd”到命令窗口→窗口内输入“python”，如图 3-31 所示。

```
C:\Windows\system32\cmd.exe - python
Microsoft Windows [版本 6.1.7601]
版权所有 (c) 2009 Microsoft Corporation。保留所有权利。

C:\Users\thinkpag>python
Python 3.6.5 |Anaconda, Inc.| (default, Mar 29 2018, 13:32:41) [MSC v.1900 64 bi
t (AMD64)] on win32
Type "help", "copyright", "credits" or "license" for more information.
>>> a=5
>>> b=3
>>> print(a+b)
8
>>>
```

图 3-31　命令窗口运行界面

2. 脚本方式运行

新建一个 A.txt 脚本文件，写完脚本之后把名称扩展名命名为.py，到命令窗口找到相应的文件目录，然后执行代码 python A.py，就可以运行了，如图 3-32 所示。

3. 使用 Python 自带的 IDLE 编辑器

IDLE 是 Python 原生自带的开发环境，是迷你版的 IDE，与以上方式不同的是它带有图

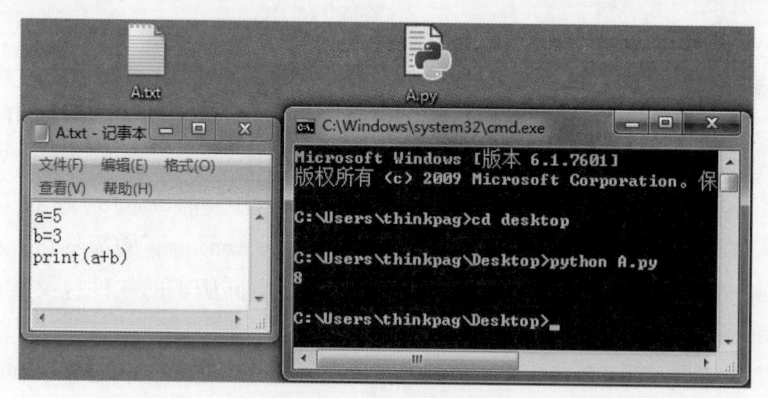

图 3-32 脚本运行界面

形界面，有简单的编辑和调试功能，但是操作起来比较麻烦。通过按快捷键<Win+R>→输入“IDLE”可以进入 IDLE 编辑器运行界面，如图 3-33 所示。

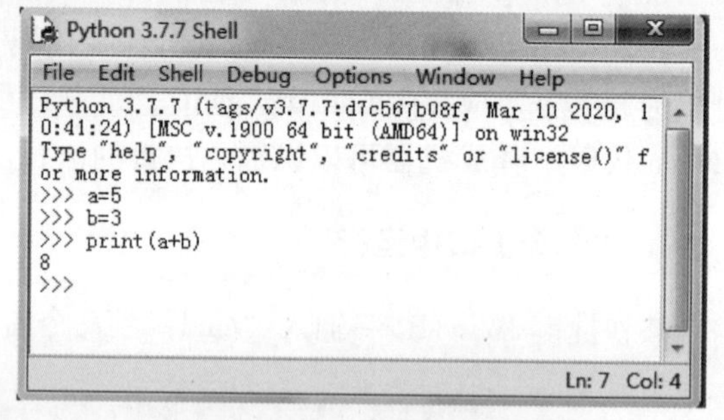

图 3-33 IDLE 编辑器运行界面

4. 使用第三方 Python 的 IDE 编辑器

使用第三方 Python 的 IDE，相对于 Python 自带的 IDE 而言，功能更加全面，界面更加美观，操作起来更加容易。目前比较流行的有 PyCharm、Vscode、Jupyter 等，这里推荐广泛使用的 PyCharm，如图 3-34 所示。

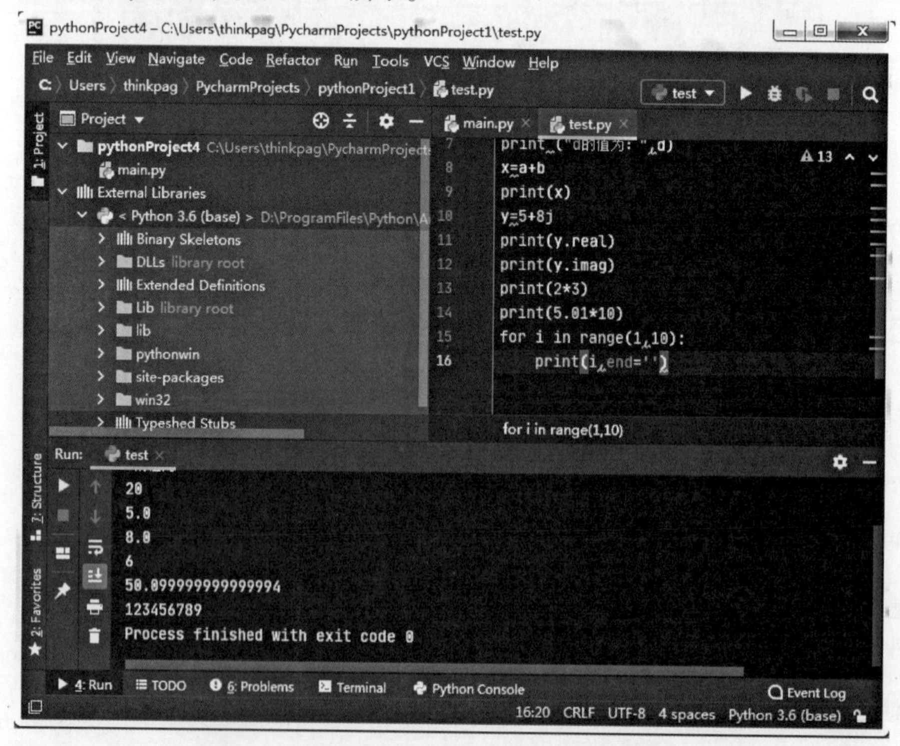

图 3-34 PyCharm 自带的 IDE 编辑器运行界面

3.3　Python 数据类型

根据数据所描述的信息，可将数据分为不同的类型，即数据类型。对于高级程序设计语言来说，其数据类型都明显或隐含地规定了程序执行期间一个变量或一个表达式的取值范围和在这些值上所允许的操作。

Python 语言提供了一些内置的数据类型，在程序中可以直接使用。Python 的数据类型通常包括数值型、布尔型、字符串型等最基本的数据类型，这也是一般编程语言都有的一些数据类型。此外，Python 还拥有列表、元组、字典和集合等特殊的复合数据类型，这是 Python 的特色。

3.3.1　数值类型

数值类型一般用来存储程序中的数值。Python 支持三种不同的数值类型，分别是整型（int）、浮点型（float）和复数型（complex）。

1. 整型

整型就是我们常说的整数，没有小数点，但是可以有正负号。在 Python 中，可以对整型数据进行（+）、减（-）、乘（*）、除（/）和幂（**）的操作，如下所示。

```
print(4+2)
print(8-5)
print(4 * 3)
print(8/2)
print(3 ** 2)
```

运行结果：

```
6
3
12
4.0
9
```

另外，Python 中还支持运算次序，不仅可以在同一个表达式中使用多种运算，还可以使用括号来修改运算次序，如下所示。

```
print((3+4) * 3)
print (3+4 * 3)
```

运行结果：

```
21
15
```

注意：在 Python 2. x 版本中有 int 型和 long 型之分。其中，int 表示的范围在 $-2^{31}\sim(2^{31}-1)$ 之间，而 long 型则没有范围限制。在 Python 3. x 中，只有一种整数类型，范围没有限制。

2. 浮点型

Python 将带小数点的数字都称为浮点数。大多数编程语言都使用这个术语，它可以用来表示一个实数，通常分为十进制小数形式和指数形式。相信大家都了解像 5. 32 这样的十进制小数。指数形式的浮点数用字母 e 或者（E）来表示以 10 为底的小数，e 之前为整数部分，之后为指数部分，而且两部分必须同时存在，如下所示。

```
print(72e-5)
print(5.6e3)
```

运行结果：

```
0.00072
5600.0
```

对于浮点数来说，Python 3. x 提供了 17 位有效数字精度。

另外请注意，上述例子的结果所包含的小数位数是不确定的，如下所示。

```
print(6.01*10)
```

运行结果：

```
60.099999999999994
```

这种问题存在于所有的编程语言中，虽说 Python 会尽可能找到一种精确的表示方法，但是由于计算机内部表示数字的方式，在一些情况下很难做到，然而这并不影响计算。

3. 复数型

在科学计算中经常会遇到复数型的数据，鉴于此，Python 提供了运算方便的复数类型。对于复数类型的数据，一般的形式是 $a+b$j，其中 a 为实部，b 为虚部，j 为虚数单位，如下所示。

```
x=4+5j
print(x)
```

运行结果：

```
(4+5j)
```

在 Python 中，可以通过 . real 和 . imag 来查看复数的实部和虚部，其结果为浮点型，如下所示。

```
print(x.real)
print(x.imag)
```

运行结果：

```
4
5
```

3.3.2　字符串类型

在 Python 中可以使用单引号、双引号、三引号来定义字符串，这为输入文本提供了很大便利，其基本操作如下。

```
str1="Hello Python"
print(str1)
print(str1[1])          #输出字符串 str1 的第二个字符
str2="I'm 'XiaoMing"    #在双引号的字符串中可以使用单引号表示特殊意义的词
print(str2)
```

运行结果：

```
Hello Python
e
I'm 'XiaoMing
```

在 Python 中，使用单引号或者双引号表示的字符串必须在同一行表示，而使用三引号表示的字符串可以多行表示，这种情况用于注释，如下所示。

```
str3="""Hello
Python!"""
print(str3)
```

运行结果：

```
Hello Python!
```

在 Python 中不可以对已经定义的字符串进行修改，只能重新定义字符串。

3.3.3　布尔类型

布尔（bool）类型的数据用于描述逻辑运算的结果，只有真（True）和假（False）两种值，在 Python 中一般用在程序中表示条件，满足为 True，不满足为 False，如下所示。

```
a=100
print(a<99)
print(a>99)
```

运行结果：

```
False
True
```

3.4 变量与常量

计算机中的变量类似于一个存储东西的盒子，在定义一个变量后，可以将程序中表达式所计算的值放入该盒子中，即将其保存到一个变量中。在程序运行过程中不能改变的数据对象称为常量。

在 Python 中使用变量要遵循一定的规则，否则程序会报错。基本的规则如下：

1）变量名只包含字母、数字和下划线。变量名可以以字母或下划线开头，但不能以数字开头。例如，可将变量命名为 singal_2，但不能将其命名为 2_singal。

2）变量名不包含空格，但可使用下划线来分隔其中的单词。例如，变量名 open_cl 可行，但变量名 open cl 会引发错误。

3）变量名应既简短又具有描述性。例如，name、age、number 等变量名简短又易懂。

4）不要将 Python 关键字和函数名用作变量名。例如，break、i、for 等关键字不能用作变量名。

3.5 运 算 符

在 Python 中，运算符用于在表达式中对一个或多个操作数进行计算并返回结果。一般可以将运算符分为两类，即算术运算符和逻辑运算符。

3.5.1 运算符简介

Python 中，如正负号运算符“+”和“-”接受一个操作数，可以将其称为一元运算符。而接受两个操作数的运算符可以称为二元运算符，如“*”和“/”等。

如果在计算过程中包含多个运算符，其计算的顺序需要根据运算符的结合顺序和优先级而定。优先级高的先运算，同级的按照结合顺序从左到右依次计算，如下所示。

```
print(a>99)
print(10+2 * 3)
print((10+2) * 3)
```

运行结果：

```
True
16
36
```

注意：赋值运算符为左右结合运算符，所以其计算顺序为从右向左计算。

3.5.2 运算符优先级

Python 语言定义了很多运算符，按照优先顺序排列，见表 3-1。

表 3-1　Python 运算符优先级

运算符	描述	运算符	描述
Or	布尔“或”	^	按位异或
And	布尔“与”	&	按位与
Not	布尔“非”	≪ , ≫	移位
in，not in	成员测试	+，-	加法与减法
is，is not	同一性测试	*，/，%，//	乘法，除法，取余，整数除法
<，<=，>，>=，!=，==	比较	~x	按位反转
|	按位或	**	指数/幂

3.6　选择与循环

在 Python 中，选择与循环都是比较重要的控制流语句。选择结构可以根据给定的条件是否满足来决定程序的执行路线，这种执行结构在求解实际问题时被大量使用。根据程序执行路线的不同，选择结构又可以分为单分支、双分支和多分支三种类型。要实现选择结构，就要解决条件表示问题和结构实现问题。而循环结构也是类似，需要有循环的条件和循环所执行的程序（即循环体）。

3.6.1　if 语句

最常见的控制流语句是 if 语句。if 语句的子句即 if 语句在条件成立时所要执行的程序，它将在语句的条件为 True 时执行。如果条件为 False，那么将跳过子句。

1. if 单分支结构

在 Python 中，if 语句可以实现单分支结构，其一般格式如下。

```
if 表达式(条件):
语句块(子句)
```

其执行过程如图 3-35 所示。

例如，判断一个人的名字是否为“xiaoming”：

```
if name=="xiaoming":
      print("he is xiaoming")
```

2. if 双分支结构

在 Python 中，if 子句后面有时也可以跟 else 语句。只有 if 语句的条件为 False 时，else 子句才会执行。

if 语句同样可以实现双分支结构，其一般格式为：

```
if 表达式(条件):
```

```
    语句块1(if子句)
else:
    语句块2(else子句)
```

其执行过程如图 3-36 所示。

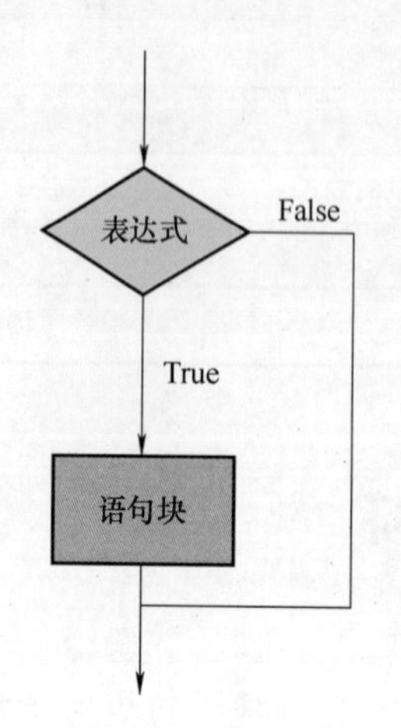

图 3-35　单分支 if 语句执行过程

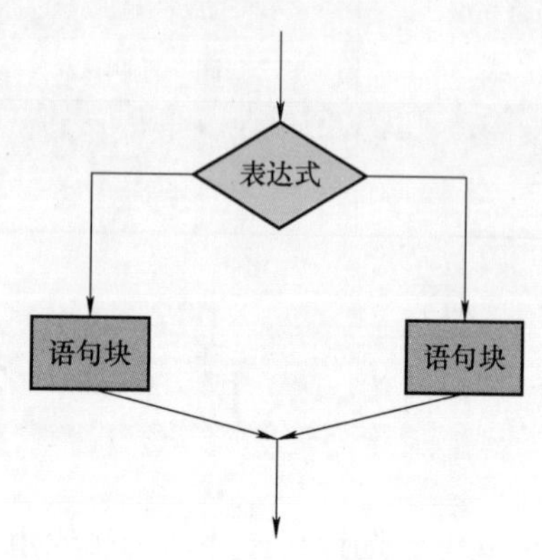

图 3-36　双分支 if 语句执行过程

回到上面的例子，当名字不是“xiaoming”时，else 关键字后面的缩进代码就会执行。

```
if name=="xiaoming":
    print("he is xiaoming")
else:
    print("he is not xiaoming")
```

3. if 多分支结构

虽然只有 if 或 else 子句会被执行，但当希望有更多可能的子句中有一个被执行时，elif 语句就派上用场了。elif 语句是“否则如果”，总是跟在 if 或另一条 elif 语句后面。它提供了另一个条件，仅在前面的条件为 False 时才检查该条件。

if 语句也可以实现多分支结构，它的一般格式如下。

```
if 表达式1(条件1):
    语句块1
elif 表达式2(条件2):
    语句块2
elif 表达式3(条件3):
    语句块3
        ⋮
elif 表达式m(条件m):
    语句块m
else:
    语句块n
```

其执行过程如图 3-37 所示。

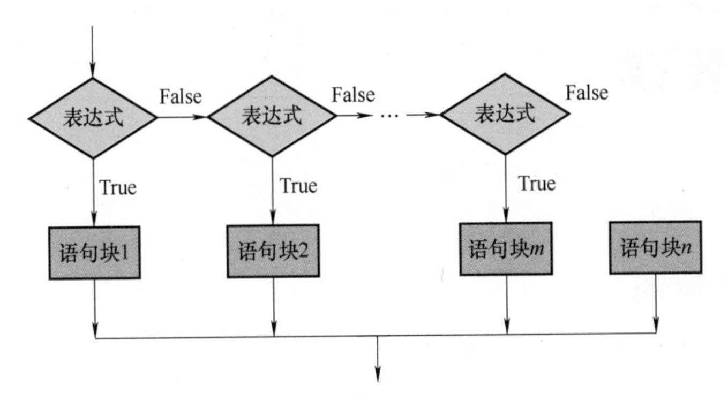

图 3-37　多分支 if 语句执行过程

回到上面的例子。当判断名字是否为“xiaoming”之后，结果为 False，还想继续判断其他条件，此时就可以使用 elif 语句。

```
if name=="xiaoming":
        print("he is xiaoming")
elif age>18
        print("he is an adult")
```

当 name="xiaoming" 为 False 时，会跳过 if 的子句转而判断 elif 的条件，当 age>18 为 True 时，会输出“he is an adult”。当然，如果还有其他条件，可以在后面继续增加 elif 语句，但是，一旦有一个条件满足，程序就会自动跳过余下的代码。下面分析一个完整的实例。

例 3-1　学生成绩等级判定。

输入学生的成绩，90 分以上为优秀，80~90 分为良好，60~80 分为及格，60 分以下为不及格。程序代码如下。

```
score m float(input("请输入学生成绩:")) #input 为 Python 内置函数
# if 多分支结构,判断输入学生成绩属于哪一级

if score>90:
      print("优秀")
elif score>80:
      print("良好")
elif score>60:
      print("及格")
else:
      print("不及格")
```

程序的一次运行结果如图 3-38 所示。

另外一次的运行结果如图 3-39 所示。

```
请输入学生成绩: 90
良好
```

图 3-38　学生成绩等级判定结果 1

```
请输入学生成绩: 66
及格
```

图 3-39　学生成绩等级判定结果 2

3.6.2 while 循环

while 循环结构是通过判断循环条件是否成立来决定是否要继续进行循环的一种循环结构，它可以先判断循环的条件是否为 True，若为 True 则继续进行循环，若为 False 则退出循环。

1. while 语句基本格式

在 Python 中，while 语句的一般格式如下。

```
while 表达式(循环条件):
    语句块
```

在 Python 中，while 循环的执行过程如图 3-40 所示。

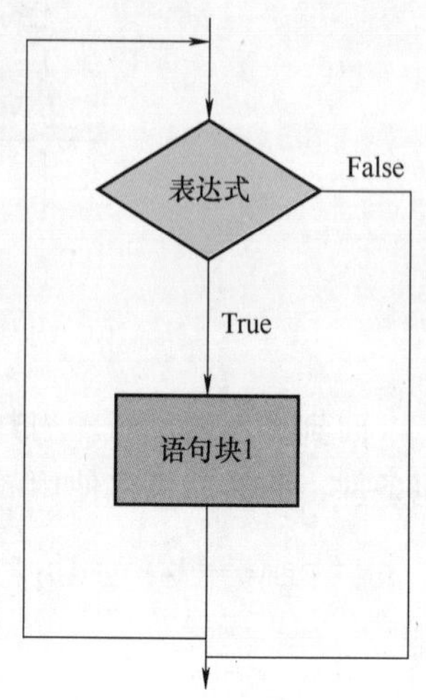

图 3-40　while 循环语句

while 语句会先计算表达式的值，判定是否为 True，如果为 True，则重复执行循环体中的代码，直到结果为 False，退出循环。

注意：在 Python 中，循环体的代码块必须用缩进对齐的方式组成语句块。

例 3-2　利用 while 循环求 1~99 的数字和。

```
i=1
sum_all=0
while i<=100:              #当 i<=100 时,条件为 True,执行循环体的语句块
    sum_all+=i             #对 i 进行累加
    i+=1                   #i 每次循环都要+1,这也是循环退出的条件
print(sum_all)             #输出累加的结果
```

运行结果：4950

注意：在使用 while 语句时，一般情况下要在循环体内定义循环退出的条件，否则会出现死循环。

例 3-3　死循环演示。

```
num1=10
num2=20
while num1<num2:
    print("死循环")
```

程序的运行结果如图 3-41 所示。

可以看出，程序会持续输出“死循环”。

死循环
死循环
死循环
死循环
死循环
死循环
死循环
死循环
死循环
死循环
死循环
⋮

图 3-41　死循环演示结果

2. while 语句中的 else 语句

在 Python 中可以在 while 语句之后使用 else 语句。在 while 语句的循环体正常循环结束退出循环后会执行 else 语句的子句，但是当循环用 break 语句退出时，else 语句的子句则不会被执行。

例 3-4　while…else 语句实例演示。

```
i=1
while i<6:
   print(i,"<6")
   i+=1             #循环计数作为循环判定条件


else:
    print(i,"不小于 6")
```

程序的运行结果如图 3-42 所示。

当程序改为如下代码时：

```
i=1
while i<6:
      print(i,"<6")
      i+=1              #循环计数作为循环判定条件
      if i==5:          #当 i=5 时,循环结束
           break
else:
      print(i,"不小于 6")
```

程序的运行结果如图 3-43 所示。

1<6 2<6 3<6 4<6 5<6 6不小于6

图 3-42　while…else 运行结果 1

1<6 2<6 3<6 4<6

图 3-43　while…else 运行结果 2

可以看出，当 i=5 时程序跳出循环，并不会执行 else 下面的语句块。

3.6.3　for 循环

当想要在程序中实现计数循环时，一般会采用 for 循环。在 Python 中，for 循环是一个通用的序列迭代器，可以遍历任何有序序列对象中的元素。

1. for 循环的格式

for 循环的一般格式为：

```
for 目标变量  in 序列对象:
      语句块
```

for 语句定义了目标变量和需要遍历的序列对象，接着用缩进对齐的语句块作为 for 循环的循环体，其具体执行过程如图 3-44 所示。

for 循环首先将序列中的元素依次赋给目标变量，每赋值一次都要执行一次循环体的代码。当序列的每一个元素都被遍历之后，循环结束。

2. range 在 for 循环中的应用

for 循环经常和 range 联用。range 是 Python 3. x 内部定义的一个迭代器对象，可以帮助 for 语句定义迭代对象的范围。其基本格式为：

```
range(start,stop,[step])
```

range 的返回值从 start 开始，以 step 为步长，到 stop 结束，step 为可选参数，默认为 1。

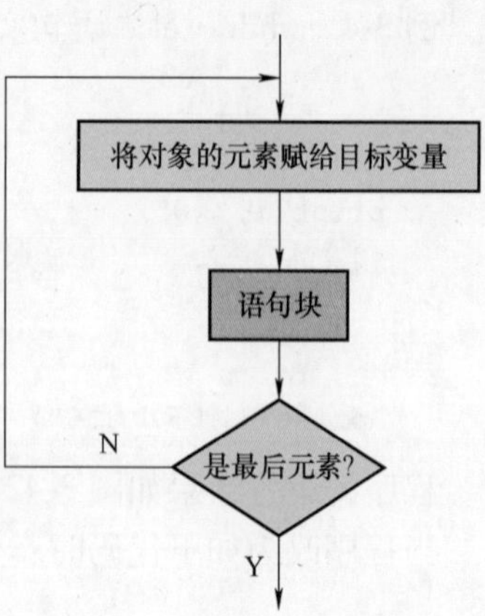

图 3-44 for 循环执行结构

例 3-5 for 循环与 range 的联用。

```
for i in range(1,10):
    print(i,end=' ')            # end=表示输出结果不换行
```

输出结果如图 3-45 所示。

参数改为间隔输出：

```
for i in range(1,10,2):
    print(i,end='  ')
```

输出结果如图 3-46 所示。

```
1 2 3 4 5 6 7 8 9
```

图 3-45 for 循环运行结果 1

```
1 3 5 7 9
```

图 3-46 for 循环运行结果 2

例 3-6 利用 for 循环求 1~100 中所有可以被 4 整除的数的和。

```
sum_4=0
for  i  in range(1,101):                    # for 循环,范围为 1~100
     if  i%4==0:                            # 判定能否被 4 整除
          sum_4+=i
print("1~100 内能被 4 整除的数的和为:",sum_4)
```

```
1~100内能被4整除的数的和为：1300
```

图 3-47 整除显示结果

程序输出结果如图 3-47 所示。

3.6.4 break 和 continue 语句

break 语句和 continue 语句都是循环控制语句，可以改变循环的执行路径。

1. break 语句

break 语句多用于 for、while 循环的循环体，作用是提前结束循环，即跳出循环体。当多个循环嵌套时，break 只是跳出最近的一层循环。

例 3-7 使用 break 语句终止循环。

```
i=1
while i<6:
     print("output number is",i)
```

```
    i=i+1                    # 循环计算作为循环判定条件
    if  i==3:                # i=3 时结束循环
        break
print("输出结束")
```

out number is 1
out number is 2
输出结果

图 3-48　break 终止循环显示结果

程序运行结果如图 3-48 所示。

例 3-8　判断所输入的任意一个正整数是否为素数。

素数是指除 1 和该数本身之外不能被其他任何数整除的正整数。如果要判断一个正整数 n 是否为素数，只能判断其是否可以被 $2\sim\sqrt{n}$ 之间的任何一个正整数整除即可，如果不能整除即为素数。

```
import math
n=int(input("请输入一个正整数:"))
k=int(math.sqrt(n))                 # 求出输入整数的平方根后取整
for i in range(2,k+2) :
      if n % i==0:                  # 判断是否被整除
            break
if i==k+1:
    print(n,"是素数")
else:
    print(n,"不是素数")
```

程序的一次运行结果如图 3-49 所示。

程序的另一次运行结果如图 3-50 所示。

请输入一个正整数：100
100不是素数

图 3-49　素数判断运行结果 1

请输入一个正整数：13
13 是素数

图 3-50　素数判断运行结果 2

2. continue 语句

continue 语句类似于 break 语句，必须在 for 和 while 循环中使用。但是，与 break 语句不同的是，continue 语句仅仅跳出本次循环，返回到循环条件判断处，并且根据判断条件来确定是否继续执行循环。

例 3-9　使用 continue 语句结束循环。

```
i=0
while i<6:
    i=i+1
    if i==3:          # 当 i=3 时,跳出本次循环
         continue
    print("output number is",i)
print("输出结果")
```

output number is 1
output number is 2
output number is 4
output number is 5
output number is 6
输出结果

图 3-51　continue 跳出循环显示结果

程序运行结果如图 3-51 所示。

例 3-10　计算 0~100 之间不能被 3 整除的数的平方和。

```
sum_all=0
for i in range(1,101):
    if 1%3==0:
        continue
    else:
        sum_all=sum_all+i**2
print("平方和为:",sum_all)
```

程序运行结果如图 3-52 所示。

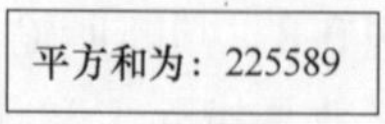

平方和为：225589

图 3-52　平方和显示结果

3.7　列表与元组

在数学里，序列也称为数列，是指按照一定顺序排列的一列数，而在程序设计中，序列是一种常用的数据存储方式，几乎每一种程序设计语言都提供了类似的数据结构，例如，C 语言或 Java 中的数组等。在 Python 中序列是最基本的数据结构，它是一块用于存放多个值的连续内存空间。Python 中内置了 5 个常用的序列结构，分别是列表、元组、集合、字典和字符串。在 Python 中，列表和元组这两种序列可以存储不同类型的元素。

对于列表和元组来说，它们的大部分操作是相同的，不同的是列表的值是可以改变的，而元组的值是不可改变的。在 Python 中，这两种序列在处理数据时各有优缺点。元组适用于不希望数据被修改的情况，而列表则适用于希望数据被修改的情况。

3.7.1　序列索引

在 Python 中，序列结构主要有列表、元组、集合、字典和字符串，对于这些序列结构遵循序列索引。序列中的每一个元素都有一个编号，称为索引。索引是从 0 开始递增的，即下标为 0 表示第一个元素，下标为 1 表示第 2 个元素，以此类推，如图 3-53 所示。

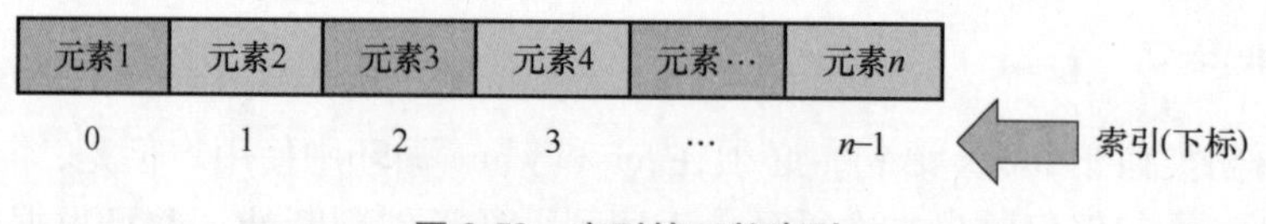

图 3-53　序列的正数索引

Python 的索引可以是负数。这个索引从右向左计数，也就是从最后一个元素开始计数，即最后一个元素的索引值是-1，倒数第二个元素的索引值是-2，以此类推，如图 3-54 所示。

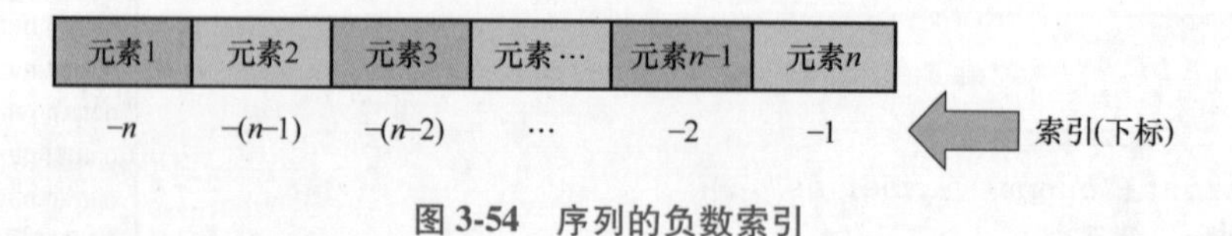

图 3-54　序列的负数索引

```
fusuoyin=["98","289","1780","3682"]
print(fusuoyin[2])
```

```
print(fusuoyin[-1])
```

执行结果：

```
1780
3682
```

3.7.2 序列切片

切片操作是访问序列中元素的另一种方法，它可以访问一定范围内的元素。通过切片操作可以生成一个新的序列。实现切片操作的语法格式如下。

```
qiepian[start:end:step]
```

参数说明：

qiepian：表示序列的名称；

start：表示切片的开始位置（包括该位置），如果不指定，则默认为0；

end：表示切片的截止位置（不包括该位置），如果不指定，则默认为序列的长度；

step：表示切片的步长，如果省略，则默认为1，当省略该步长时，最后一个冒号也可以省略。

```
qiepian=["91","289","1780","3682","100","120","122","126","138","169","170"]
print(qiepian[1:6])        #获取第 2 个到第 6 个元素
print(qiepian[0:9:2])      #获取第 1 个、第 3 个、第 5 个、第 7 个和第 9 个元素
```

执行结果：

```
['289','1780','3682','100','120']
['91','1780','100','122','138']
```

3.7.3 创建

本小节主要介绍列表与元组的创建。

1. 列表的创建

列表的创建采用在方括号中用逗号分隔的定义方式，基本形式如下。

```
[x1,[x2,…,xn]]
```

列表也可以通过 list 对象来创建，基本形式如下：

```
list()                   #创建一个空列表
list(iterable)           #创建一个空列表,iterable 为列举对象元素
```

列表创建实例如下。

```
>>> [ ]                  #创建一个空列表
>>> [1,2,3]              #创建一个元素为 1,2,3 的列表
>>> list( )              #使用 list 创建一个空列表
```

```
>>> list((1,2,3))          #使用 list 创建一个元素为 1,2,3 的列表
>>> list("a,b,c")          #使用 list 创建一个元素为 a,b,c 的列表
```

2. 元组的创建

元组的创建采用括号中逗号分隔的定义方式，其中，圆括号可以省略。基本形式如下。

```
(x1,[x2,…,xn])
```

或者为：

```
x1,[x2,…,xn]
```

注意：当元组中只有一个项目时，其后面的逗号可以省略，否则，Python 解释器会把（x1）当作 x1。

元组也可以通过 tuple 对象来创建，基本形式如下。

```
tuple()                    #创建一个空元组
tuple(iterable)            #创建一个空元组,iterable 为列举对象元素
```

元组创建实例如下。

```
>>>[ ]                     #创建一个空列表
>>>[1,2,3]                 #创建一个元素为 1,2,3 的列表
>>>tuple( )                #使用 tuple 创建一个空列表
>>>tuple((1,2,3))          #使用 tuple 创建一个元素为 1,2,3 的列表
>>>tuple("a,b,c")          #使用 tuple 创建一个元素为 a,b,c 的列表
```

3.7.4 查询

列表和元组都支持查询（访问）其中的元素。在 Python 中，序列的每一个元素被分配一个位置编号，称为索引（index）。第一个元素的索引是 0，序列中的元素都可以通过索引进行访问。一般格式如下。

```
序列名[索引]
```

列表与元组的正向索引查询如下所示。

```
list_1=[1,2,3]
print(list_1[1])
tuple_1=((1,2,3))
print(tuple_1[0])
```

运行结果：

```
2
1
```

另外，Python 序列还支持反向索引（负数索引）。这种索引方式可以从最后一个元素开始计数，即倒数第一个元素的索引是-1。这种方法可以在不知道序列长度的情况下访问序列最后面的元素。

列表与元组的反向索引查询如下所示。

```
list_1=[1,2,3]
print(list_1[-1])
tuple_1=((1,2,3))
print(tuple_1[-2])
```

运行结果：

```
3
2
```

3.7.5　修改

对于修改操作，由于元组的不可变性，元组的数据不可以被改变，除非将其改为列表类型。对于列表来说，要修改其中某一个值，可以采用索引的方式，这种操作也叫作赋值。例如：

```
list_1=[1,2,3]
list_1[1]=9
print(list_1)
```

运行结果：

```
[1,9,3]
```

注意：在对列表进行赋值操作时，不能为一个没有索引的元素赋值。

下面介绍两个 Python 自带的函数 append 和 extend。append 函数的作用是在列表末尾添加一个元素，例如：

```
list_1=[1,2,3]
list_1.append(4)
print(list_1)
```

运行结果：

```
[1,2,3,4]
```

在 Python 中，extend 函数用于将一个列表添加到另一个列表的尾部，例如：

```
list_1=[1,2,3]
list_1.extend('a,b,c')
print(list_1)
```

运行结果：

```
[1,2,3,a,b,c]
```

由于元组的不可变性，我们不能改变元组的元素，但是可以将元组转换为列表进行修改，例如：

```
tuple_1=[1,2,3]
list_1=list(tuple_1)                # 元组转列表
list_1[1]=8
tuple_1=tuple(list_1)               # 列表转元组
print(tuple_1)
```

运行结果：

```
[1,8,3]
```

列表作为一种可变对象，Python 中提供了很多方法对其进行操作，见表 3-2。

表 3-2　列表对象的主要操作方法

方法	解释说明
s. append(x)	把对象 x 追加到列表 s 的尾部
s. clear()	删除所有元素
s. copy()	复制列表
s. extend(t)	把序列 t 附加到列表 s 的尾部
s. insert(i,x)	在下标 i 的位置插入对象 x
s. pop([i])	返回并移除下标 i 位置的对象，省略 i 时为最后的对象
s. remove(x)	移除列表中第一个出现的 x
s. remove()	列表反转
s. sort()	列表排序，默认为升序

3.7.6　删除

元素的删除操作也只适用于列表，而不适用于元组，同样，将元组转换为列表就可以进行删除操作。从列表中删除元素很容易，可以使用 del、clear、remove 等操作，如下所示。

```
x=[1,2,3,'a']
del x[3]
print(x)
```

运行结果：

```
[1,2,3]
```

del 不仅可以删除某个元素，还可以删除对象，如下所示。

```
x=[1,2,3,'a']
del x
print(x)                            #语句错误
```

上面的程序中因为 x 对象被删除，所以会提示：

```
NameError:  name 'x'is not defined
```

clear 会删除列表中所有的元素。

```
x=[1,2,3,'a']
x.clear()
print(x)
```

运行结果：

```
[]
```

remove(x) 操作会将列表中出现的第一个 x 删除。

```
x=[1,2,3,'a']
x.remove(2)
print(x)
```

运行结果：

```
[1,3,'a']
```

列表的基本操作还有很多，在此不再一一列举，感兴趣的读者可以查阅相关文献。

3.8　Numpy 数组

由于 Python 访问列表中的项在计算上非常复杂难用，为了消除 Python 的列表特性的这个限制，Python 程序员求助于 Numpy。Numpy 是 Python 编程语言的扩展，它增加了对大型多维数组和矩阵的支持，以及对这些数组进行操作的大型高级数学函数库的支持。在 Numpy 中，数组的类型为 ndarray（n 维数组），所有元素必须具有相同的类型。

3.8.1　Numpy.array

在 OpenCV 中，很多 Python API 是基于 Numpy 的。

例 3-11　使用 Numpy 生成一个灰度图像，其中的像素均为随机数。

```
import cv2 as cv
import numpy as np
picturegray=np.random.randint(0,256,size=[256,256],dtype=np.uint8)
cv.imshow("picturegray",picturegray)
cv.waitKey()
cv.destroyAllWindows()
```

运行结果如图 3-55 所示。

例 3-12　使用 Numpy 生成一个彩色图像，其中的像素均为随机数。

```
import cv2 as cv
import numpy as np
picturecolor=np.random.randint(0,256,size=[256,256,3],dtype=np.uint8)
cv.imshow("picturecolor ",picturecolor)
cv.waitKey()
```

```
cv.destroyAllWindows()
```

运行结果如图 3-56 所示。

图 3-55　随机灰度图

图 3-56　随机彩色图

彩色图请扫码观看

3.8.2　创建 Numpy 数组

在使用 Numpy 之前，首先需要导入 numpy 包：

```
import numpy as np   #np 是 numpy 的别名
```

1. 使用 numpy 中的函数构建数组

（1）使用 arange( ) 函数构建数组

```
import numpy as np
a1 = np.arange(12)           #产生 0~11 一维数组
print(a1)                    #[0 1 2 3 4 5 6 7 8 9 10 11]
print(a1.shape)              #(12,)
```

（2）使用 zeros( ) 函数创建一个特定大小，全部填充为 0 的数组

```
import numpy as np
a2 = np.zeros(9)           #产生全是 0 的一维数组
print(a2)                  #[0 0 0 0 0 0 0 0 0]
print(a2.shape)            #(9,)
```

2. 从 Python 列表中创建数组

```
import numpy as np

list1 = [2,6,7,8,1]
b1 = np.array(list1)
print(b1)                 #[2,6,7,8,1]
print(b1.shape)           #(5,)
```

3.8.3　Numpy 数组切片

在 Python 中，可以使用像 m:n 这样的表达式来选择一系列元素，选择的是以 m 开头并以 n-1 结尾的元素（注意不包括第 n 个元素）。切片 m:n 也可以更明确地写为 m:n:1，其中数字 1 表示应该选择 m 和 n 之间的每个元素。要从 m 和 n 之间每两个元素选择一个，应使用 m:n:2；要从 m 和 n 之间每 p 个元素选择一个，则使用 m:n:p。

一维数组通过冒号（:）分隔切片参数 start:stop:step 来进行切片操作。例如：

```
import numpy as np
a=[1,2,3,4,5]
print(a)
[1,2,3,4,5]
```

（1）一个参数：a[i]

其中 i 为索引号，i 缺省时默认为 0，如 a[2]，将返回与该索引相对应的单个元素：3。

（2）两个参数：b=a[i:j]

b=a[i:j] 表示复制 a[i] 至 a[j-1]，以生成新的 list 对象。i 缺省时默认为 0，即 a[:n] 代表列表中的第一项到第 n 项，相当于 a[0:n]；j 缺省时默认为 len(alist)，即 a[m:] 代表列表中的第 m+1 项到最后一项，相当于 a[m:5]。

```
print(a[-1])            #取最后一个元素 5
print(a[:-1])           #除了最后一个全部取[1,2,3,4]
print(a[1:])            #取第二个到最后一个元素[2,3,4,5]
```

（3）三个参数：b=a[i:j:s]

三个参数时，i、j、s 为索引，通过冒号分隔切片参数 start:stop:step 来进行切片操作。为了说明通过冒号分割切片参数的作用，对于数组 a=[1,2,3,4,5]，切片操作如下。

```
print(a[::2])  [1,3,5]
print(a[1::2])  [2,4]
```

3.9　字　　典

本节将介绍能够将相关信息关联起来的 Python 字典，主要针对如何访问和修改字典中的信息进行介绍。鉴于字典可存储的信息量几乎不受限制，因此下面会演示如何遍历字典中的数据。

通过字典能够更准确地为各种真实物体建模。例如，可以创建一个表示人的字典，然后想在其中存储多少信息就存储多少信息，如姓名、年龄、地址、职业和要描述的其他方面。

3.9.1　字典的创建

字典就是用大括号括起来的“关键字：值”对的集合体，每一个“关键字：值”对被称为字典的一个元素。

创建字典的一般格式为

字典名={关键字1:值1,关键字2:值2,……,关键字n:值n}

其中，关键字与值之间用“:”分隔，元素与元素之间用逗号分隔。字典中关键字必须是唯一的，值可以不唯一。字典的元素是列表、元组和字典。

```
d1={'name':{'first':'Li','last':'Hua'},'age':18}
print(d1)
d2={'name':'LiHua','score':[80,65,99]}
print(d2)
d3={'name':'LiHua','score':[80,65,99]}
print(d3)
```

运行结果:

```
{'name':{'first':'Li','last':'Hua'},'age':18}
{'name':'LiHua','score':[80, 65, 99]}
{'name':'LiHua','score':[80, 65, 99]}
```

当“关键字:值”对都省略时会创建一个空的字典，如下所示。

```
d4={}
d5={'name':'LiHua','age':18}
print(d4,d5)
```

运行结果:

```
({}, {'name':'LiHua','age':18})
```

另外，在Python中还有一种创建字典的方法，即dict函数法。

```
d6=dict()                                 #使用dict创建一个空的字典
print(d6)
d7=dict((['LiHua',97],['LiMing',92]))     #使用dict和元组创建一个字典
print(d7)
d8=((['LiHua',97],['LiMing',92]))         #不使用dict
print(d8)
```

运行结果:

```
{}
{'liHua':97,'LiMing':92}
(['LiHua',97],['LiMing',92])
```

3.9.2 字典的常规操作

在Python中定义了很多字典的操作方法，下面介绍几个比较重要的方法。更多的字典操作可以上网查询。

1. 访问

在 Python 中可以通过关键字进行访问，一般格式如下。

```
字典[关键字]
```

例如：

```
dict_1={'name':'LiHua','score':95}
print(dict_1['score'])
```

运行结果：

```
95
```

2. 更新

在 Python 中更新字典的格式一般为

```
字典名[关键字]=值
```

如果在字典中已经存在该关键字，则修改它；如果不存在，则向字典中添加一个这样的新元素。

```
dict_2={'name':'LiHua','score':95}
dict_2['score']=80
print(dict_2)
dict_2['agr']=19
print(dict_2)
```

运行结果：

```
{ name':'LiHua','score':80}
{'name':'LiHua','score':80,'agr':19}
```

3. 删除

在 Python 中删除字典有很多种方法，这里介绍 del 和 clear 方法。del 方法的一般格式如下。

```
del 字典名[关键字]                    #删除关键字对应的元素
字典真名.Clear()                      #删除整个字典
```

字典的删除如下所示。

```
dict_3={'name':'LiHua','score':95,'age':19}
del dict_3['score']
print(dict_3)
dict_3.clear()
print(dict_3)
```

运行结果：

```
{ name':'LiHua','age':19}
{}
```

4. 其他操作方法

在 Python 中，字典实际上也是对象，因此，Python 定义了很多比较常用的字典操作方法，具体见表 3-3。

表 3-3　字典常用方法

方法	说明
d. copy( )	字典复制，返回 d 的副本
d. clear( )	字典删除，清空字典
d. pop(key)	从字典 d 中删除关键字 key 并返回删除的值
d. popitem( )	删除字典的“关键字：值”对，并返回关键字和值构成的元组
d. fromkeys( )	创建并返回一个新字典
d. keys( )	返回一个包含字典所有关键字的列表
d. values( )	返回一个包含字典所有值的列表
d. items( )	返回一个包含字典所有“关键字：值”对的列表
len( )	计算字典中所有“关键字：值”对的数目

3.9.3　字典的遍历

对字典进行遍历一般会使用 for 循环，但建议在访问之前使用 in 或 not in 判断字典的关键字是否存在。字典的遍历操作如下所示。

```
dict_4={'name':'LiHua','score':95}
for key in dict_4.keys():
    print(key,dict_4[key])
for value in dict_4.values():
    print(value)
for item in dict_4.items():
    print(item)
```

运行结果：

```
name LiHua
score 95
LiHua
95
('name','LiHua')
('score',95)
```

3.10　函　　数

本节将介绍如何编写函数。函数是带有名字的代码块，用于完成具体的任务。要执行函数定义的特定任务，可调用该函数。如果需要在程序中多次执行同一项任务，只需调用执行该任务的函数，让 Python 运行其中的代码即可。可以发现，通过使用函数，程序的编写、阅读、测试和修复都将更容易。此外，在本节中还可以学习向函数传递信息的方式。

3.10.1　函数的定义与调用

在 Python 中，函数是一种运算或处理过程，即将一个程序段完成的运算或处理过程放在一个自定义函数中完成。这种操作首先要定义一个函数，然后可以根据实际需要多次调用它，而不用再次编写，大大减少了工作量。

1. 函数的定义

下面来看一个编程语言中最经典的例子。

例 3-13　创建打招呼函数。

```
def greet():                      #定义一个 greet 函数
     print("Hello World")         #打印输出 Hello World
     print("Hello Python")        #打印输出 Hello Python
greet()                           #函数调用
```

程序运行结果如图 3-57 所示。

```
Hello World
Hello Python
```

图 3-57　打招呼函数运行结果

在上面的函数中，关键字 def 告诉 Python 要定义一个函数。它向 Python 指定函数名，这里函数名为 greet，该函数不需要任何信息就能完成其工作，因此括号是空的但必不可少。最后，定义以冒号结束。紧跟在 def greet ( )：后面的所有缩进构成了函数体。该函数只做一项工作：打印“Hello World”和“Hello Python”。

经过上面的实例分析可知，Python 函数定义的一般格式如下。

```
def 函数名([形式参数]):
    函数体
```

2. 函数的调用

有了函数的定义，在之后的编程中，只要用到该函数都可以直接调用它。调用函数的一般格式为：

```
函数名(实际参数表)
```

如果定义的函数有形式参数，那么可以在调用函数时传入实际参数，当然，如果没有，可以不传，只保留一个空括号。但需要注意的是，无论有没有参数的传递，函数名后的括号都不可以省略。

例 3-14 定义一个没有形参的函数，然后调用它。

```
def sayHello():                              #定义一个 sayHello 函数
    print("***************")               #打印分隔线
    print("Hello World")
    print("Hello Python")
    print("***************")
sayHello()                                   #调用 sayHello 函数
```

程序运行结果如图 3-58 所示。

例 3-15 已知三角形的三个边长为 a、b、c，求三角形的面积。

可根据海伦公式计算三角形的面积。

```
import math
def angle_area(a,b,c):                             #定义一个 angle_area 函数
    p=(a+b+c)/2
    s=math.sqrt(p*(p-a)*(p-b)*(p-c))               #利用海伦公式计算三角形面积
    return s
area_s=angle_area(3,4,5)                           #调用 angle_area 函数
print("三角形面积为:",area_s)
```

运行结果如图 3-59 所示。

```
***************
Hello World
Hello Python
***************
```

图 3-58 sayHello 函数运行结果

```
三角形面积为: 6.0
```

图 3-59 三角形面积显示结果

3.10.2 参数传递

在调用带有参数的函数时会有函数之间的数据传递。其中，形参是函数被定义时由用户定义的形式上的变量，实参是函数被调用时主调函数为被调函数提供的原始数据。

鉴于函数定义中可能包含多个形参，因此函数调用中也可能包含多个实参。向函数传递实参的方式有很多。可使用位置实参，这要求实参的顺序与形参的顺序相同；也可使用关键字实参，其中每个实参都由变量名和值组成。

1. 位置实参

在调用函数时，Python 必须将函数调用中的每个实参都关联到函数定义中的一个形参。因此，最简单的关联方式是基于实参的顺序，这种关联方式称为位置实参。

例 3-16 位置实参演示。

```
def  person(name_n,sex_o):                   #定义一个 person 函数
    print("My name is",name_n)
    print("I am a ",sex_o)
person('LiHua','man')                        #调用函数
```

程序运行结果如图 3-60 所示。

该函数的定义表明，它需要一个名字和一个性别参数。调用 person( ) 时，需要按顺序提供一个名字和一种性别。

可以根据需要调用该函数任意次。如果要再描述一个人，只需再次调用 person( ) 即可。

例 3-17　函数调用演示。

```
def  person(name_n,sex_o):                  #定义一个 person 函数
    print("My name is",name_n)              #输出名字
    print("I am a",sex_o)                   #输出性别
person('LiHua','man')                       #调用函数
person('xiaoming','man')
```

程序运行结果如图 3-61 所示。

```
My name is LiHua
I am a man
```

图 3-60　位置实参演示结果

```
My name is LiHua
I am a man
My name is xiaoming
I am a man
```

图 3-61　函数调用演示结果

在函数中，可根据需要使用任意数量的位置实参，Python 将按顺序将函数调用中的实参关联到函数定义中相应的形参。

2. 关键字参数

关键字参数是传递给函数的名称。由于直接在实参中将名称和值关联起来，因此向函数传递实参时不会混淆。使用关键字参数时无须考虑函数调用中的实参顺序，而且关键字参数还清楚地指出了函数调用中各个值的用途。

在 Python 中，关键字参数的形式为

形参名=实参值

例 3-18　关键字参数演示。

```
def  person(name_n,sex_o):                  #定义一个 person 函数
    print("My name is",name_n)
    print("I am a ",sex_o)
person(name_n='LiHua',sex_o='man')          #调用函数
```

程序运行结果如图 3-62 所示。

3. 默认值参数

编写函数时，可以为每个形参指定默认值。在调用函数中为形参提供了实参时，Python 将使用指定的实参值；否则，将使用形参的默认值。因此，为形参指定默认值后，可在函数调用中省略相应的实参。

在 Python 中，默认值参数的形式为

形参名=默认值

例 3-19 默认值参数演示。

```
def  person(name_n,sex_o='man'):                    #定义一个 person 函数
    print("My name is",name_n)
    print("I am a ",sex_o)
person(name_n='LiHong',sex_o='woman')               #调用函数,修改第二个参数
person(name_n='LiHua')                              #采用默认参数
```

程序运行结果如图 3-63 所示。

```
My name is LiHua
I am a man
```

图 3-62 关键字参数演示结果

```
My name is LiHong
I am a woman
My name is LiHua
I am a man
```

图 3-63 默认值参数演示结果

在调用带默认值参数的函数时，可以不对默认值参数赋值，也可以通过赋值来代替默认值参数的值。

注意：在使用默认值参数时，默认值参数必须出现在形参表的最右端，否则会出错。

3.11 面向对象的编程

面向对象的编程是最有效的软件编写方法之一。在面向对象编程中，首先编写表示现实世界中事物和情景的类，并基于这些类来创建对象。在编写类时，往往要定义一大类对象都有的通用行为，基于类创建对象时，每个对象都自动具备这种通用行为，然后可根据需要赋予每个对象独特的个性。

根据类来创建对象称为实例化，实例化是面向对象编程中不可或缺的一部分。本节将会编写一些类并创建其实例。理解面向对象编程有助于我们像程序员那样看世界，还可以帮助我们真正理解自己编写的代码。了解类背后的概念可培养逻辑思维，让我们能够通过编写程序来解决遇到的问题。

3.11.1 类与对象

类是一种广义的数据，这种数据类型的元素既包含数据，也包含操作数据的函数。

1. 类的创建

在 Python 中，可以通过 class 关键字来创建类。类的格式一般如下：

```
class 类名:
    类体
```

类一般由类头和类体两部分组成。类头由关键字 class 开头，后面紧跟着类名，类体包

括所有细节，向右缩进对齐。

下面来编写一个表示小狗的简单类 Dog，它表示的不是特定的小狗，而是任何小狗。对于小狗来说，它们都有名字和年龄；另外，大多数小狗还会蹲下和打滚。由于大多数小狗都具备上述两项信息和两种行为，我们的 Dog 类将包含它们。编写这个类后，我们将使用它来创建表示特定小狗的实例。

例 3-20　创建 Dog 类。

```
class Dog():
    def _init_(self,name,age):                # 初始化 Dog 类
        self.name=name
        self.age=age
    def sit(self):                            # 定义类方法
        print(self.name.title()+" is now sitting.")
    def roll_over(self):                      # 定义类方法
        print(self.name.title()+" rolled over!")
```

根据 Dog 类创建的每个实例都将存储名字和年龄，我们赋予每只小狗蹲下 sit() 和打滚 roll_over() 的能力。

类中的函数称为方法，之前或今后学习的方法都适用于它。_init_() 是一个特殊的方法，每当根据 Dog 类创建新实例时，Python 都会自动运行该方法。

2. 类的使用（实例化）

我们可将类视为有关如何创建实例的说明。例如，Dog 类是一系列说明，让 Python 知道如何创建表示特定小狗的实例。下面根据 Dog 类创建一个实例。

紧接例 3-20，进行 Dog 类的实例化。程序运行结果如图 3-64 所示。

```
my_dog=Dog('wangcai',6)
print("My dog's name is "+my_dog.name.title())
print("My dog is "+str(my_dog.age)+" years old.")
```

程序运行结果如图 3-64 所示。

```
My dog's name is wangcai
My dog is 6 years old.
```

图 3-64　Dog 类实例化显示结果

3. 属性和方法的访问

要访问实例的属性和方法，可使用句点表示法。例如，这两句代码可以访问 Dog 类中定义的 name 和 age 属性。

```
my_dog.name
my_dog.age
```

根据 Dog 类创建实例后，可以使用句点表示法来调用 Dog 类中定义的任何方法。例如：

```
my_dog=Dog('wangcai',6)
my_dog.sit()
my_dog.roll_over()
```

上面的代码可以访问 Dog 类中定义的 sit() 和 roll_over() 方法。

3.11.2 继承与多态

继承和多态是类的特点，我们在前面简单介绍了类的创建和使用，下面继续介绍类的继承与多态。

1. 继承

如果要编写的类是另一个现成类的特殊版本，则可使用继承的方法。一个类继承另一个类时，它将自动获得另一个类的所有属性和方法。原有的类称为父类，新创建的类称为子类。子类除了继承父类的属性和方法之外，同时也有自己的属性和方法。

在 Python 中定义继承的一般格式为：

```
Class  子类名(父类名)
            类体
```

例 3-21 类的继承实例演示。

以学校成员为例，定义一个父类 SchoolMember，然后定义子类 Teacher 和 Student 继承 SchoolMember。

程序代码如下：

```
class SchoolMember(object):                              #定义一个父类
      member=0                                           #定义一个变量记录成员的数值
      def__init__(self,name,age,sex):                    #初始化父类的属性
          self.name=name
          self.age=age
          self.sex=sex
          self.enroll()
      def enroll(self):                                  #定义一个父类的方法,用于注册成员
          '注册成员信息'
          print('just enrolled a new school member [%s]'%self.name)
          SchoolMember.member+=1
    def tell(self):                                      #定义一个父类方法,用于输出新增成
                                                           员的基本信息
          print('----%s----'%self.name)
          for k,v in self.__dict__.items():              #使用字典保存信息
               print(k,v)
          print('----end----')                           #分割信息
    def __del__(self):
          print('开除了[%s]'%self.name)                   #删除成员
          SchoolMember.member-=1
class Teacher(SchoolMember):                             #定义一个子类,继承 SchoolMember 类
    '教师信息'
    def __init__(self,name,age,sex,salary,course):
          SchoolMember.__init__(self,name,age,sex) #继承父类属性
          self.salary=salary
          self.course=course                             #定义子类自身的属性
```

```
    def teaching(self):                               # 定义子类的方法
        print('Teacher [%s] is teaching [%s] '%(self.name,self.course))
class Student(SchoolMember):                          # 定义一个子类,继承 SchoolMember 类
    '学生信息'
    def __init__(self,name,age,sex,course,tuition):
        SchoolMember.__init__(self,name,age,sex) # 继承父类属性
        self.course=course                            # 定义子类自身的属性
        self.tuition=tuition
        self.amount=0
    def pay_tution(self,amount):                      # 定义子类的方法
        print('student [%s] has just paied [%s]'%(self.name,amount))
        self.amount+=amount                           #实例化对象
t1=Teacher('Mike',48,'M',8000,'python')
t1.tell()
s1=Student('Joe',18,'M','python',5000)
s1.tell()
s2=Student('LiHua',16,'M','python',5000)
print(SchoolMember.member)                            # 输出此时父类中的成员数目
del s2                                                # 删除对象
print(SchoolMember.member)                            # 输出此时父类中的成员数目
```

程序运行结果如图3-65所示。

```
just enrolled a new school member [Mike]
----Mike----
name Mike
age 48
sex M
salary 8000
course python
----end----
just enrolled a new school member [Joe]
----Joe----
name Joe
age 18
sex M
course python
tuition 5000
amount 0
----end----
just enrolled a new school member [LiHua]
3
开除了[LiHua]
2
```

图3-65　类的继承显示结果

2. 多态

多态是指不同的对象收到同一种消息时产生不同的行为。在 Python 中，消息是指函数的调用，不同的行为是指执行不同的函数。

下面介绍一下多态的实例。

例 3-22 多态程序实例。

```
class Animal(object):                      #定义一个父类 Animal
     def __init__(self,name):              #初始化父类属性
         self.name=name
     def talk(self):                       #定义父类方法,抽象方法,由具体而定
         pass
class Cat(Animal):                         #定义一个子类,继承父类 Animal
     def talk(self):                       #继承重构类方法
         print('%s:喵! 喵! 喵! '%self.name)
class Dog(Animal):                         #定义一个子类,继承父类 Animal
     def talk(self):                       #继承重构类方法
         print('%s:汪! 汪! 汪! '%self.name)
def func(obj):                             #一个接口,多种形态
     obj.talk()                            #实例化对象
c1=Cat('Tom')
d1=Dog('Wangcai')
func(c1)
func(d1)
```

程序运行结果如图 3-66 所示。

```
Tom：喵！喵！喵！
Wangcai：汪！汪！汪！
```

图 3-66　多态显示结果

在上面的程序中，Animal 类和两个子类中都有 talk( ) 方法，虽然同名，但是在每个类中调用的函数是不一样的。当调用该方法时，所得结果取决于不同的对象，同样的信息在不同的对象下所得的结果不同，这就是多态的体现。

3.12　Python 调用 MATLAB 程序

Python 中可以调用 MATLAB 脚本或者 MATLAB 的函数，本书采用 MATLAB R2017b、Windows 7 操作系统。

1. Python 调用 MATLAB 函数

首先要找到 MATLAB R2017b 中 Python 所在的安装路径，如 D:\ProgramFiles\MATLAB\

R2017b\extern\engines\python，打开这个文件夹，如图 3-67 所示。

图 3-67　MATLAB 安装路径下的 Python

图 3-67 中的 setup. py 是 Python 调用 MATLAB 所需要的文件。MATLAB 提供了一套 Python 接口，即 MATLAB API for Python，需要我们自行安装，在命令行中输入下列命令，如图 3-68 所示。

```
cd:D:\ProgramFiles\MATLAB\R2017b\extern\engines\python
python setup.py install
```

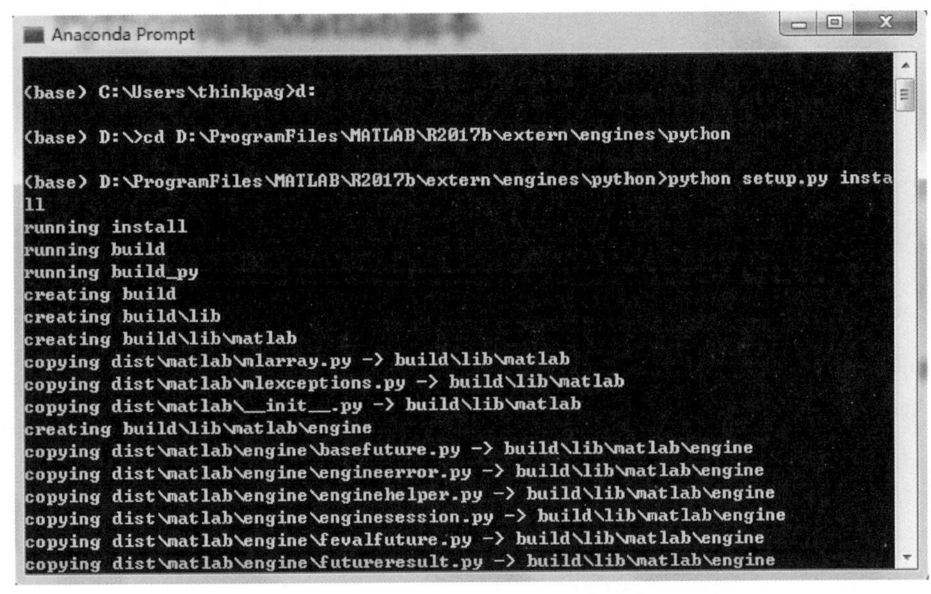

图 3-68　在命令窗口执行 python setup. py install 命令

路径 D:\ProgramFiles\MATLAB\R2017b\extern\engines\python 中的 python 文件夹下的文件如图 3-69 所示。

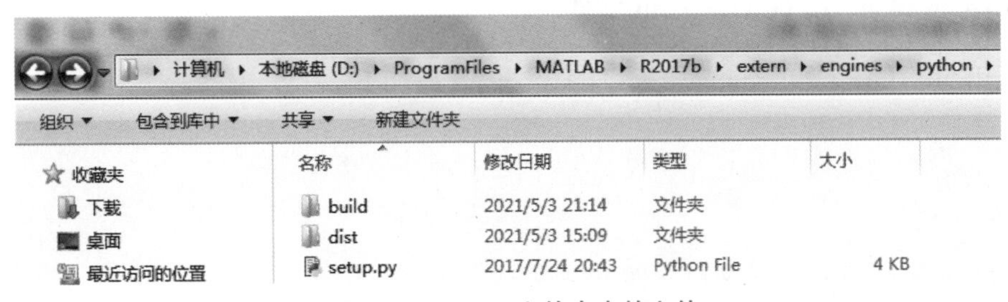

图 3-69　python 文件夹中的文件

打开 MATLAB 中的 build 目录，将目录中的 matlab 文件夹复制到 D:\ProgramFiles\Python\Anaconda3\Lib 文件夹下。在 Python 中加载 matlab. engine 和 matlab，如图 3-70 所示。

```
1573    import matlab.engine
1574    import matlab
```

图 3-70　在 Python 中加载 MATLAB 模块

启动 MATLAB 引擎，如图 3-71 所示。

```
1576    eng=matlab.engine.start_matlab()
```

图 3-71　启动 MATLAB 引擎

例 3-23　在 Python 中调用 MATLAB 函数 sqrt。

```
import matlab.engine
import matlab
eng=matlab.engine.start_matlab()
a=matlab.double([1,4,9,16,25])
b=eng.sqrt(a)
print(b)
```

程序执行结果：[[1.0,2.0,3.0,4.0,5.0]]

例 3-24　在 Python 中调用 MATLAB 函数 sub。

利用 MATLAB 建立名称为 sub. m 的文件，代码如下：

```
function c=sub(a,b)
c=a-b
```

将 sub. m 复制到 Python 项目文件下。

Python 调用 sub 函数，Python 端代码如下：

```
import matlab
import matlab.engine
import numpy as np
eng=matlab.engine.start_matlab()
c=eng.sub(6.0,1.0)
print(c)
```

程序执行结果：5

2. Python 调用 MATLAB 的 .m 文件

如调用 MATLAB 代码 add. m，MATLAB 端的代码如下：

```
a=1.0;
b=2.0;
c=a+b
```

将 add. m 复制到 Python 项目文件下。

Python 调用 add. m，Python 端代码如下：

```
import matlab
import matlab.engine
#import numpy as np
eng=matlab.engine.start_matlab()
eng.add(nargout=0)
```

执行结果：3

第4章

基于 OpenCV 和 Python 的机器学习

机器视觉技术已得到广泛的应用，其原理是通过摄像头获取被检测物体的图像信息，通过图像处理算法对获取的图像进行分析处理，实现对物体的感知，确定机器人的位置，完成定位。在机器视觉领域中，一般根据摄像头的数量来对其进行分类，有单目、双目和多目视觉系统。

生产领域应用机器视觉技术的主要目的是进行测量、检测和驱动控制。基于视觉的机器人抓取系统关键的就是对工件的定位，以及对机器人位姿的调整。在工件生产的设备中利用机器视觉，将视觉系统作为引导系统，进而完成一些生产工艺的自动化操作，比如将视觉系统应用在点胶机中，完成对点胶位置的定位；在采摘机器人中利用视觉系统对在果树上的果子进行准确定位，实现对机械手的引导，完成对水果的采摘。

工件的检测在自动化生产线上是非常重要的环节，可以检测工件的合格与否，通过检测识别工件或零件的种类。将机器视觉应用在工件检测上，组成机器人-视觉识别检测系统是最常见的方式。如可在生产线上对小零件垫片的内外直径进行尺寸测量。利用机器视觉检测系统，实现对工件或者设备进行在线检测，能够有效保证加工过程中的产品生产质量和生产效率。

4.1　Marr 视觉计算理论

Marr 视觉计算理论立足于计算机科学，系统地概括了心理生理学、神经生理学等方面已取得的所有重要成果，是视觉研究中迄今为止最为完善的视觉理论。Marr 建立的视觉计算理论，使计算机视觉研究有了一个比较明确的体系，并大大推动了计算机视觉研究的发展。人们普遍认为，计算机视觉这门学科的形成与 Marr 的视觉理论有着密切的关系。事实上，尽管 20 世纪 70 年代初期就有人使用计算机视觉这个名词，但正是 Marr 于 20 世纪 70 年代末建立的视觉理论促使计算机视觉这一名词的流行。下面将简要地介绍 Marr 视觉理论的基本思想及其框架。

4.1.1　视觉理论的三个层次

Marr 认为，视觉是一个信息处理系统，对此系统研究应分为三个层次：计算理论层次、表示（expression）与算法层次、物理实现层次，见表 4-1。

表 4-1　Marr 视觉理论的三个层次

计算理论	表示与算法	物理实现
计算的目的是什么？ 为什么这一计算是合适的？ 执行计算的策略是什么？	如何实现这个计算理论？ 输入、输出的表示是什么？ 表示与表示之间的变换是什么？	在物理上如何实现这些表示和算法？

按照 Marr 的理论，**计算理论层次**要回答视觉系统的计算目的和策略是什么，视觉系统的输入和输出是什么，如何由系统的输入求出系统的输出。在这个层次上，信息系统的特征，是将一种信息（输入）映射为另一种信息（输出）。比如，系统输入是二维灰度图像，输出则是三维物体的形状、位置和姿态，视觉系统的任务就是研究如何建立输入与输出之间的关系和约束，如何由二维灰度图像恢复物体的三维信息。

表示与算法层次是要进一步回答如何表示输入和输出信息，如何实现计算理论所对应的功能的算法，以及如何由一种表示变换成另一种表示，比如创建数据结构和符号。一般来说，不同的输入、输出和计算理论对应不同的表示，而同一种输入、输出或计算理论可能对应若干种表示。

在解决了理论问题和表示问题后，最后一个层次**物理实现层次**，是解决用硬件实现上述表示和算法的问题。比如计算机体系结构及具体的计算装置及其细节。从信息处理的观点来看，至关重要的乃是最高层次，即计算理论层次。这是因为构成知觉的计算本质，取决于解决计算问题本身。而不取决于用来解决计算问题的特殊硬件。换句话说，通过正确理解待解决问题的本质，将有助于理解并创造算法。如果考虑解决问题的机制和物理实现，则对理解算法往往无济于事。

上述三个层次之间存在着逻辑的因果关系，但它们之间的联系不是十分紧密。因此，某些现象只能在其中一个或两个层次上进行解释。比如神经解剖学原则上与第三层次（即物理实现）联系在一起。突触机制、动作电位抑制性相互作用都在第三个层次上。心理物理学与第二层次（即表示与算法）有着更直接的联系。更一般地说，不同的现象必须在不同的层次上进行解释，这会有助于人们把握正确的研究方向。例如，人们常说，人脑完全不同于计算机，因为前者是并行加工的，后者是串行的。对于这个问题，应该这样回答：并行加工和串行加工是在算法这个层次上的区别，而不是根本性的区别，因为任何一个并行的计算程序都可以写成串行的程序。因此，并行与串行的区别并不支持“人脑的运行与计算机的运算是不同的，因而人脑所完成的任务是不可能通过编制程序用计算机来完成的”这种观点。

4.1.2 视觉表示框架

视觉过程可划分为三个阶段，见表4-2。第一阶段（也称为早期阶段）是将输入的原始图像进行处理，抽取图像中诸如角点、边缘、纹理、线条、边界等基本特征。这些特征的集合称为基元图（primitive sketch）；第二阶段（中期阶段）是指在以观测者为中心的坐标系中，由输入图像和基元图恢复场景可见部分的深度、法线方向、轮廓等，这些信息包含了深度信息，但不是真正的物体三维表示。因此，称为二维半图（2.5 dimensional sketch）；在以物体为中心的坐标系中，由输入图像、基元图、二维半图来恢复、表示和识别三维物体的过程称为视觉的第三阶段（后期阶段）。

Marr理论是计算机视觉研究领域的划时代成就，但该理论不是十分完善的，许多方面还存在争议。比如，该理论所建立的视觉处理框架基本上是自下而上，没有反馈。还有，该理论没有足够地重视知识的应用。尽管如此，Marr理论给我们研究计算机视觉提供了许多珍贵的哲学思想和研究方法，同时也给计算机视觉研究领域奠定了研究起点。

表4-2　由图像恢复形状信息的表示框架

名称	目的	基元
图像	亮度表示	图像中每一点的亮度值
基元图	表示二维图像的重要信息，主要是图像中的亮度变化位置及其几何分布和组织结构	零交叉、斑点，端点和不连接点，边缘，有效线段，组合群，曲线组织，边界
二维半图	在以观测者为中心的坐标系中，表示可见表面的方向、深度值和不连续的轮廓	局部表面朝上（“针”基元） 离观测者的距离 深度上的不连续点 表面朝上的不连续点

（续）

名称	目的	基元
三维模型表示	在以物体为中心的坐标系中，用三维体积基元面积构成的模块化多层次表示，描述形状及空间组织形式	分层次组成若干三维模型，每个三维模型都是在几个轴线空间的基础上构成的，所有体积基元或面积形状基元都附着在轴线上

4.2　图像的表示和可视化

4.2.1　图像的表示

经过采样和量化之后，图像 $\boldsymbol{I}$ 的空间位置和响应值都是离散的数字图像。图像上的每个位置（x,y）以及其对应量化响应值成为一个像素，如图 4-1 所示。

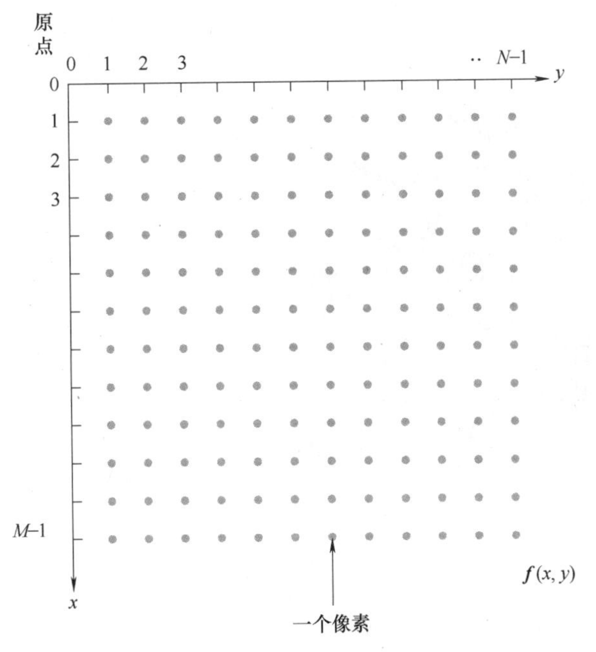

图 4-1　数字图像表示

通过采样和量化，原本连续的图像 $\boldsymbol{I}=\boldsymbol{f}(x,y)$ 转换为一个二维阵列 $\boldsymbol{f}(x,y)$，该阵列具有 M 行 N 列，其中（x,y）是离散坐标。

$$\boldsymbol{I}=\boldsymbol{f}(x,y)=\begin{pmatrix} f(0,0) & f(0,1) & \cdots & f(0,N-1) \\ f(1,0) & f(1,1) & \cdots & f(1,N-1) \\ \vdots & \vdots & & \vdots \\ f(M-1,0) & f(M-1,1) & \cdots & f(M-1,N-1) \end{pmatrix} \tag{4-1}$$

一般地，直接用二维矩阵 $\boldsymbol{A}$ 表示量化后的图像更方便。

$$
\boldsymbol{A}=\begin{pmatrix} A(0,0) & A(0,1) & \cdots & A(0,N-1) \\ A(1,0) & A(1,1) & \cdots & A(1,N-1) \\ \vdots & \vdots & & \vdots \\ A(M-1,0) & A(M-1,1) & \cdots & A(M-1,N-1) \end{pmatrix} \tag{4-2}
$$

二维矩阵是表示数字图像的重要数学形式。一幅 $M\times N$ 的图像可以表示为矩阵，矩阵中的每个元素称为图像的像素。每个像素都有它自己的空间位置和值，值是这一位置像素的颜色或者强度。与图像表示相关的重要指标是图像分辨率。图像分辨率是指组成一幅图像的像素密度。对同样大小的一幅图，组成该图的图像像素数目越多，说明图像的分辨率越高，看起来越逼真。相反，像素越少，图像越粗糙。图像分辨率包括空间分辨率和灰度级（响应幅度）分辨率。空间分辨率是图像中可辨别的最小空间细节，取样值多少是决定图像空间分辨率的主要参数。灰度级分辨率是指在灰度级别中可分辨的最小变化。灰度级数通常是2的整数次幂。通常把大小为 $M\times N$、灰度为 L 级的数字图像称为空间分辨率为 $M\times N$ 像素、灰度级分辨率为 L 级的数字图像。

按照图像矩阵包含元素的不同，大致可以分为二值图像、灰度图像、彩色图像 3 类。二值图像也称单色图像或 1 位图像，即颜色深度为 1 的图像。颜色深度为 1 表示每个像素点仅占 1 位，一般用 0 表示黑，1 表示白。典型二值图像及其矩阵表示如图 4-2 所示。

0	1	0	1	0
1	0	1	0	1
0	1	0	1	0
1	0	1	0	1
0	1	0	1	0

图 4-2　典型二值图像及其矩阵表示

灰度图像是包含灰度级（亮度）的图像，每个像素由 8 位组成，其值的范围为 0~255，表示 256 种不同的灰度级，用数值区间［0,255］来表示，其中数值“255”表示纯白色，数值“0”表示纯黑色，其余的数值表示从纯白色到纯黑色之间不同级别的灰度。与二值图像相比，灰度图像可以呈现出图像的更多细节信息。

彩色图像与二值图像和灰度图像相比，彩色图像可以表示出更多的图像信息。每个像素也会呈现 0~255 共 256 个灰度级。与灰度图像不同的是，彩色图像每个像素由 3 个 8 位灰度值组成，分别对应红、绿、蓝 3 个颜色通道。

图像在计算机内以文件的形式进行存储，图像文件内除图像数据本身外，一般还有对图像的描述信息，以方便读取、显示图像。文件内图像表示一般分为矢量表示和栅格表示两类。矢量表示中，图像用一系列线段或线段的组合体表示。矢量文件类似程序文件，里面有一系列命令和数据，执行这些命令可根据数据画出图案。常用的工程绘图软件如

AutoCAD、Visio 都属于矢量图应用。栅格图像又称为位图图像或像素图像，使用矩阵或离散的像素点表示图像，栅格图像进行放大后会出现方块效应，常见的图像格式 BMP 是栅格图像的典型代表。

4.2.2　图像的格式

图像数据文件的格式有很多，不同的系统平台和软件常使用不同的图像文件格式。常用的图像数据文件格式有 BMP 图像格式、JPEG 图像格式、GIF 图像格式和 PNG 图像格式等。

1. BMP 图像格式

该格式是微软公司为 Windows 环境设计的一种图像标准，全称是 Microsoft 设备独立位图（device independent bitmap，DIB），也称位图（bitmap），现已成为较流行的常用图像格式。位图文件由 3 部分组成：位图头部分、位图信息部分、位图数据部分。位图头部分定义了位图文件的类型、位图文件占用的存储空间大小、位图文件的数据起始位置等基础信息，用于位图文件的解析。位图信息部分定义了图像的水平宽度、垂直高度、水平分辨率、垂直分辨率、位图颜色表等信息，主要用于图像显示阶段。位图数据部分按照从上到下、从左到右的方式对图像中的像素进行记录，保持图像中的每个位置的像素值。

2. JPEG 图像格式

JPEG（joint photographic experts group）是由国际标准化组织（ISO）旗下的联合专家小组提出的。该标准主要针对静止灰度图像或彩色图像的压缩，属于有损压缩编码方式。由于其对数字化照片和表达自然景观的色彩丰富的图片具有非常好的处理效果，已经是图像存储和传输的主流标准，目前大部分数字成像设备都支持这种格式。由于该标准针对的图像为压缩图像，所以在进行图像显示和处理的过程中一般要经过压缩和解压过程。

3. GIF 图像格式

GIF（graphics interchange formal）图像是另外一种压缩图像标准，其主要目的是为了方便网络传输。GIF 格式图像中的像素用 8 位表示，所以最多只能存储 256 色，在灰度图像的呈现中表现效果较好。由于 GIF 文件中的图像数据均为压缩过的数据，且 GIF 文件可以同时存储多张图像，所以该格式常被用于动态图片的存储。

4.2.3　图像的基本属性

图像的基本属性包括：图像像素数量、图像分辨率、图像大小、图像颜色、图像深度、图像色调、图像饱和度、图像亮度、图像对比度、图像层次等。

1. 图像像素数量

图像像素数量是指在位图图像的水平和垂直方向上包含的像素数量。单纯增加像素数量并不能提升图像的显示效果，图像的显示效果由像素数量和显示器的分辨率共同决定。

2. 图像分辨率

图像分辨率是指图像在单位打印长度上分布的像素的数量，主要用以表征数字图像信息的密度，它决定了图像的清晰程度。在单位大小面积上，图像的分辨率越高，包含的像素点的数量越多，像素点越密集，数字图像的清晰度也就越高。

3. 图像大小

图像大小决定了存储图像文件所需的存储空间，一般以字节（B）进行衡量，计算公式为：字节数=(位图高×位图宽×图像深度)/8。从计算公式可以看出，图像文件的存储大小与像素数目直接相关。

4. 图像颜色

图像颜色是指数字图像中具有的最多数量的可能颜色种类，通过改变红、绿、蓝三原色的比例，可以非常容易地混合成任意一种颜色。

5. 图像深度

图像深度又称为图像的位深，是指图像中每个像素点所占的位数。图像的每个像素对应的数据通常可以用 1 位或多位字节表示，数据深度越深，所需位数越多，对应的颜色表示也就越丰富。

6. 图像色调

图像色调指各种图像颜色对应原色的明暗程度（如 RGB 格式的数字图像的原色包括红、绿、蓝 3 种），日常所说的色调的调整也就是对原色的明暗程度的调节。色调的范围为 0~255，总共包括 256 种色调，如最简单的灰度图像将色调划分为从白色到黑色的 256 个色调。RGB 图像中则需要对红、绿、蓝 3 种颜色的明暗程度进行表征，如将红色调加深图像就趋向于深红，将绿色调加深图像就趋向于深绿。

7. 图像饱和度

图像饱和度表明了图像中颜色的纯度。自然景物照片的饱和度取决于物体反射或投射的特性。在数字图像处理中一般用纯色中混入白光的比例衡量饱和度，纯色中混入的白光越多，饱和度越低，反之饱和度越高。

8. 图像亮度

图像亮度是指数字图像中包含色彩的明暗程度，是人眼对物体本身明暗程度的感觉，取值范围一般为 0%~100%。

9. 图像对比度

图像对比度指的是图像中不同颜色的对比或者明暗程度的对比。对比度越大，颜色之间的亮度差异越大或者黑白差异越大。例如，增加一幅灰度图像的对比度，会使得图像的黑白差异更加鲜明，图像显得更锐利。当对比度增加到极限时，灰度图像就会变成黑白两色图像。

10. 图像层次

在计算机设计系统中，为更加便捷有效地处理图像素材，通常将它们置于不同的层中，而图像可看作由若干层图像叠加而成。利用图像处理软件，可对每层进行单独处理，而不影响其他层的图像内容。新建一个图像文件时，系统会自动为其建立一个背景层，该层相当于一块画布，可在上面做一些其他图像处理工作。若一个图像有多个图层，则每个图层均具有相同的像素、通道数及格式。

4.2.4 常用机器视觉软件

1. 开源的 OpenCV（Intel Open Source Computer Vision Library）

OpenCV 最大的优点是开源，是开源的计算机视觉和机器学习库，提供了 C++、C、Python、Java 接口，并支持 Windows、Linux、Android、Mac OS 平台，可以进行二次开发，目前有 2.0 版本和 3.2 版本，二者在语法上有一定的区别。

2. VisionPro 系统

VisionPro 是一款快速开发、功能强大的应用系统。由康耐视公司（Cognex）推出，VisionPro 系统使得制造商、系统集成商、工程师可以快速开发和配置出强大的机器视觉应用系统。

3. LabVIEW 软件

美国 NI 公司的应用软件 LabVIEW 机器视觉软件编程速度是最快的。LabVIEW 是基于程序代码的一种图形化编程语言，其提供了大量的图像预处理、图像分割、图像理解函数库和开发工具，用户只要在流程图中用图标连接器将所需要的子 VI（virtual instruments LabVIEW 开发程序）连接起来就可以完成目标任务。任何一个 VI 都由 3 部分组成：可交互的用户界面、流程图和图标连接器。LabVIEW 编程简单，而且对工件的正确识别率很高，目前在尺寸测量方面应用比较广泛，如一键式测量仪等产品。

4. 德国的 MVTec HALCON 视觉软件

HALCON 是德国 MVTec 公司开发的一套完善的、标准的机器视觉算法包，拥有应用广泛的机器视觉集成开发环境。它节约了产品成本，缩短了软件开发周期。HALCON 灵活的架构便于机器视觉、医学图像和图像分析应用的快速开发。在欧洲以及日本的工业界已经是公认具有最佳效能的机器视觉软件。

5. MATLAB 相关的工具箱

在 MATLAB 中的视觉工具箱有：Image Processing Toolbox（图像处理工具箱）、Computer Vision System Toolbox（计算机视觉工具箱）、Image Acquisition Toolbox（图像采集工具箱）。

4.3 阈值处理及图像滤波

图像阈值处理是指剔除图像内像素高于一定值或低于一定值的像素点。常用的阈值处理方法有全局阈值处理、自适应阈值处理和 Otsu 处理。

实际中任何一幅图像都或多或少地包含噪声，过滤掉图像内部的噪声称为图像滤波。常用的图像滤波方法有高斯滤波、均值滤波、中值滤波、方框滤波、双边滤波、2D 卷积滤波。

4.3.1 自适应阈值处理

对于色彩均衡的图像，直接使用一个阈值就能完成对图像的阈值化处理。但是，有时图像的色彩是不均衡的。如果只使用一个阈值，就无法得到清晰的阈值分割图像。通过使用变化的阈值完成对图像的阈值处理，称为自适应阈值处理。自适应阈值处理的方法是通过计算每个像素点周围临近区域的加权平均值获得阈值，并使用该阈值对当前像素点进行处理。与普通阈值处理方法相比，自适应阈值处理能够更好地处理明暗差异较大的图像。

OpenCV 中实现自适应阈值处理的函数是 cv2. adaptiveThreshold( )，该函数的语法格式为

```
dst = cv2.adaptiveThreshold (src, maxValue, adaptiveMethod, thresholdType, block-
Size,C)
```

其中，

① dst 表示返回自适应阈值处理后的结果。

② src 表示原始图像，即需要处理的图像。

③ maxValue 表示最大值。

④ adaptiveMethod 代表自适应方法，包含 cv2. ADAPTIVE_THRESH_MEAN_C 和 cv2. ADAPTIVE_THRESH_GAUSSIAN_C 两种不同的方法。两种方法都逐个像素计算自适应阈值，自适应阈值等于每个像素由参数 blockSize 所指定邻域加权平均值减去常量 C。

⑤ thresholdType 表示阈值处理方式，该值必须是 cv2. THRESH_BINARY 或者cv2. THRESH_BINARY_INV中的一个。

⑥ blockSize 表示块的大小，也就是一个像素在计算其阈值时所使用的邻域尺寸，一般是 3、5、7 等。

⑦ C 表示常量。

例 4-1 对一幅图像分别使用二值化阈值函数 cv2. threshold( ) 和自适应阈值函数 cv2. adaptiveThreshold( ) 进行处理，显示处理的结果。

代码如下：

```
import cv2
img1=cv2.imread("D:Python\pic\yuantu1.jpg",0)
cv2.imshow("original",img1)
t1,thd=cv2.threshold(img1,127,255,cv2.THRESH_BINARY)
athMEAN=cv2.adaptiveThreshold(img1,255,cv2.ADAPTIVE_THRESH_MEAN_C,cv2.THRESH_
BINARY,5,3)
```

```
    athGAUSS = cv2.adaptiveThreshold(img1, 255, cv2.ADAPTIVE_THRESH_GAUSSIAN_C,
cv2.THRESH_BINARY,5,3)
    cv2.imshow("thd",thd)
    cv2.imshow("athMEAN",athMEAN)
    cv2.imshow("athGAUSS",athGAUSS)
    cv2.waitKey()
    cv2.destroyAllWindows()
```

扫码看彩图

程序运行结果如图 4-3 所示。

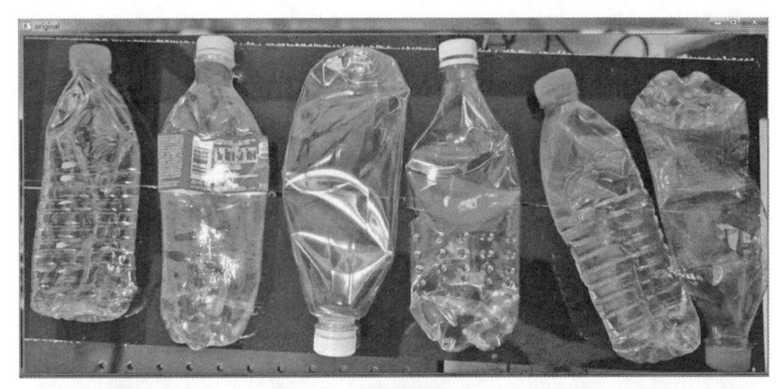
a) 原始图像

b) 原始图像调整为单通道灰度图像

c) 二值化阈值处理

图 4-3　自适应阈值处理后的图像

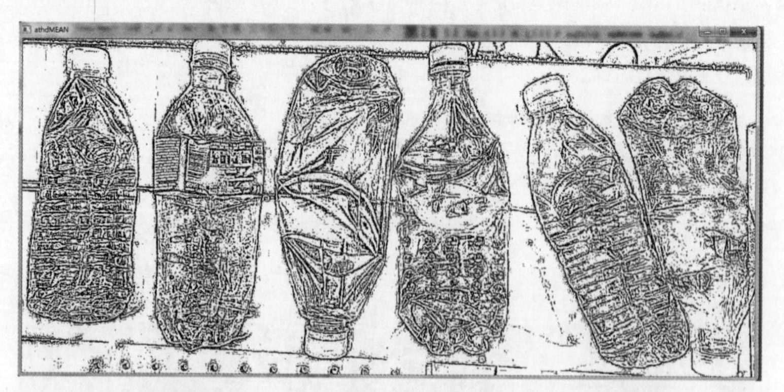

d) 自适应阈值采用cv2.ADAPTIVE_THRESH_MEAN_C处理后的图像

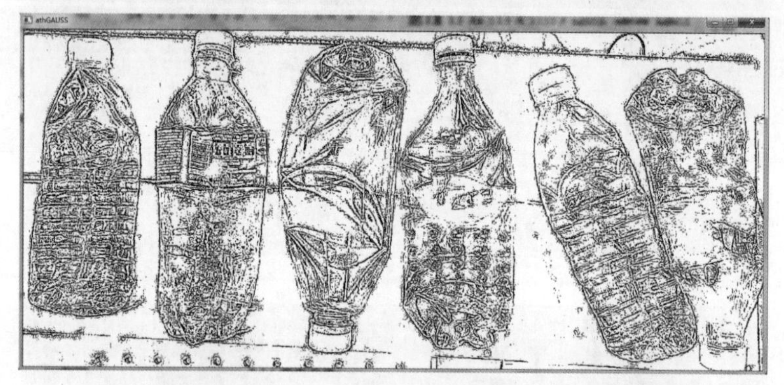

e) 自适应阈值采用cv2.ADAPTIVE_THRESH_GAUSSIAN_C处理后的图像

图 4-3　自适应阈值处理后的图像（续）

图 4-3a 所示是原始图像；图 4-3b 所示是将原始图像进行灰度处理后的结果；图 4-3c 所示是二值化阈值处理结果，可以看出，这种阈值处理会丢失大量的信息；图 4-3d 所示是自适应阈值采用 cv2. ADAPTIVE_THRESH_MEAN_C 处理后的图像；图 4-3e 所示是自适应阈值采用 cv2. ADAPTIVE_THRESH_GAUSSIAN_C 处理后的图像。图 4-3d 和图 4-3e 所示的阈值处理保留了更多的细节信息。

4.3.2　Otsu 阈值处理

在使用函数 cv2. threshold( ) 进行阈值处理时，需要自定义一个阈值。这个阈值对于色彩均衡的图像较为容易选择，但是对于色彩不均衡的图像，阈值的选择会变得很复杂，使用 Otsu 方法可以方便地选择出图像处理的最佳阈值，它会遍历当前图像的所有阈值，选取最佳阈值。

Otsu 方法（Otsu and Threshold）是最受欢迎的最优阈值处理方法之一。Otsu 方法把图像分割成目标和背景。Otsu 方法的基本原理是利用正规化直方图，其中每个亮度级 l 的值为该亮度级 l 的点数除以图像总点数。因此，亮度级的概率分布为

$$p(l)=\frac{N(l)}{N} \tag{4-3}$$

式中，$p(l)$ 表示亮度级的概率；$N(l)$ 表示亮度级为 l 的点数；N 表示亮度级的总点数。

由式（4-3）可以计算第 k 个亮度级的零阶和一阶累积矩，分别如式（4-4）和式（4-5）所示。

$$\omega(k)=\sum_{l=1}^{k} p(l) \tag{4-4}$$

$$\mu(k)=\sum_{l=1}^{k} l \cdot p(l) \tag{4-5}$$

图像的总平均级计算为

$$\mu_{\mathrm{T}}=\sum_{l=1}^{N_{\max}} l \cdot p(l) \tag{4-6}$$

类分离方差为

$$\sigma_{\mathrm{B}}^{2}(k)=\frac{[\mu_{\mathrm{T}} \cdot \omega(k)-\mu(k)]^{2}}{\omega(k)[1-\omega(k)]} \quad \forall k \in 1, N_{\max} \tag{4-7}$$

因此，最优阈值是类分离方差最大时的亮度级，也即是说，最优阈值 T_{opt} 的方差满足

$$\sigma_{\mathrm{B}}^{2}(T_{\mathrm{opt}})=\max_{1 \leqslant k<N_{\max}}(\sigma_{\mathrm{B}}^{2}(k)) \tag{4-8}$$

OpenCV 中实现 Otsu 处理的函数是 cv2. threshold( )，只不过参数 type 多传递一个参数 “cv2. THRESH_OTSU”，即可实现 Otsu 的阈值处理。需要注意的是，在使用 Otsu 方法时，需要把阈值设为 0。此时的函数 cv2. threshold( ) 会自动寻找最优阈值，并将该阈值返回。该函数的语法格式为

```
t,Otsu=cv2.threshold (src,0,255,cv2.THRESH_BINARY+cv2.THRESH_OTSU)
```

其中，src 表示原始图像，即需要处理的图像。

例 4-2　对一幅图像分别使用二值化阈值函数 cv2. threshold( )、自适应阈值函数 cv2. adaptiveThreshold( ) 和 Otsu 阈值进行处理，显示处理的结果。

代码如下：

```
import cv2
img1=cv2.imread("D:Python\pic\yuantu1.jpg",0)
cv2.imshow("original",img1)
t1,thd=cv2.threshold(img1,127,255,cv2.THRESH_BINARY)
t2,Otsu=cv2.threshold(img1,0,255,cv2.THRESH_BINARY+cv2.THRESH_OTSU)
cv2.imshow("thd",thd)
cv2.imshow("Otsu",Otsu)
cv2.waitKey()
cv2.destroyAllWindows()
```

程序运行结果如图 4-4 所示。

图 4-4a 所示是原始图像；图 4-4b 所示是将原始图像进行灰度处理后的结果；图 4-4c 所示是二值化阈值处理结果，可以看出，这种阈值处理会丢失大量的信息；图 4-4d 所示是 Otsu 阈值采用 cv2. THRESH_BINARY+cv2. THRESH_OTSU 类型，通过最优阈值，得到了较好的处理结果。

扫码看彩图

a) 原始图像

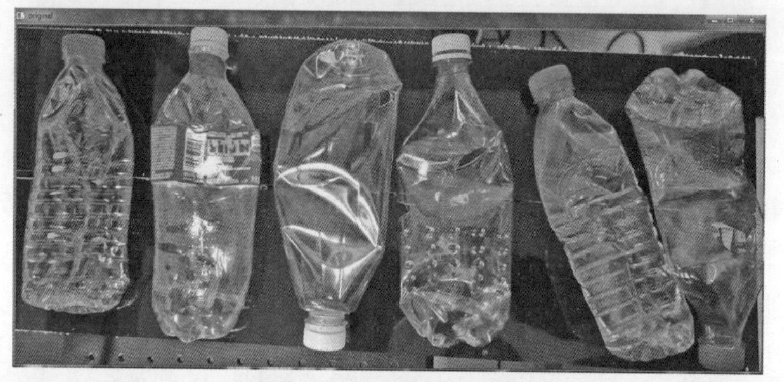
b) 原始图像调整为单通道灰度图像

c) 二值化阈值处理

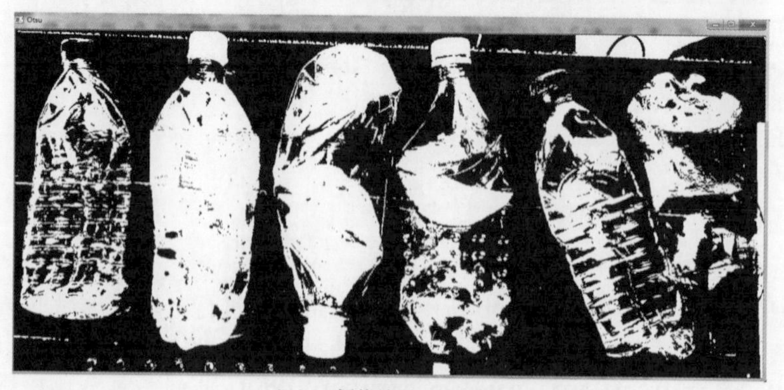
d) Otsu 阈值处理后的图像

图 4-4 灰度、二值化和 Otsu 阈值处理后的图像

4.3.3　高斯滤波

在高斯滤波中，卷积核中的值按照距离中心点的远近分别赋予不同的权重，卷积核中的值不再都是 1，例如，一个 3×3 的卷积核可能如图 4-5 所示。

1	3	1
3	2	7
1	3	1

a) 卷积核1

0.01	0.03	0.1
0.03	0.4	0.2
0.1	0.03	0.1

b) 卷积核2

图 4-5　高斯卷积核

针对图 4-5b 中的卷积核，如果采用小数定义权重，其各个权重的累加值要等于 1。在高斯滤波中，核的宽度和高度可以不相同，但是它们都必须是奇数。

在 OpenCV 中实现高斯滤波的函数是 cv2. GaussianBlur( )，该函数的语法格式为

```
dst=cv2.GaussianBlur(src,ksize,sigmaX,sigmaY,borderType)
```

其中，

① dst 表示返回高斯滤波处理后的结果。

② src 表示原始图像，即需要处理的图像。

③ ksize 表示滤波卷积核的大小，滤波卷积核的大小是指在滤波处理过程中，其邻域图像的高度和宽度，需要注意的是滤波卷积核的数值必须是奇数。

④ sigmaX 表示卷积核在水平方向上的权重值。

⑤ sigmaY 表示卷积核在垂直方向上的权重值，如果 sigmaY 被设置为 0，则只采用 sigmaX 的值；如果 sigmaX 和 sigmaY 都是 0，则通过 ksize. width 和 ksize. height 计算得到：

$$\text{sigmaX}=0.3\times[(\text{ksize.width}-1)\times 0.5-1]+0.8$$

$$\text{sigmaY}=0.3\times[(\text{ksize.height}-1)\times 0.5-1]+0.8$$

⑥ borderType 表示以何种方式处理边界值，一般情况下，不需要考虑该值，直接采用默认值即可。

例 4-3　对图像进行高斯滤波，显示滤波的结果。

代码如下：

```
import cv2
img1=cv2.imread("D:Python\pic\dog5.jpg")
cv2.imshow("original",img1)
r=cv2.GaussianBlur(img1,(5,5),0,0)
cv2.imshow("Gauss",r)
cv2.waitKey()
cv2.destroyAllWindows()
```

程序运行结果如图 4-6 所示。

a) 原始图像

b) 高斯滤波后的图像

扫码看彩图

图 4-6 高斯滤波图像

4.3.4 均值滤波

均值滤波是用当前像素点周围 $N×N$ 个像素值的均值来代替当前像素值。使用该方法遍历处理图像内的每一个像素点，即可完成整幅图像的均值滤波。一般来说，选取行列数相等的卷积核进行均值滤波。在均值滤波中，卷积核中的权重是相等的。选取的卷积核越大，参与运算的像素点数量就越多，图像的失真情况就越严重。

在 OpenCV 中实现均值滤波的函数是 cv2. blur( )，该函数的语法格式为

```
dst=cv2.blur(src,ksize,anchor,borderType)
```

其中，

① dst 表示返回均值滤波处理后的结果。

② src 表示原始图像，即需要处理的图像。

③ ksize 表示滤波卷积核的大小，滤波卷积核的大小是指在滤波处理过程中，其邻域图像的高度和宽度。

④ anchor 表示图像处理的锚点，默认值为（-1,-1），表示当前计算均值的点位于卷积核的中心点位置。

⑤ borderType 表示以何种方式处理边界值，一般情况下，不需要考虑该值，直接采用默认值即可。

一般情况下，使用均值滤波函数时，锚点 anchor 和边界样式 borderType 采用默认值时，函数 cv2. blur( ) 的一般形式为

```
dst=cv2.blur(src,ksize)
```

其中，ksize 采用默认值即可。

例 4-4 使用函数 cv2. blur 对图像进行均值滤波，显示原始图像和滤波的图像。

代码如下：

```
import cv2
img1=cv2.imread("D:Python\pic\dog5.jpg")
```

```
cv2.imshow("original",img1)
r5=cv2.blur(img1,(5,5))
r30=cv2.blur(img1,(30,30))
r50=cv2.blur(img1,(50,50))
cv2.imshow("mean5",r5)
cv2.imshow("mean30",r30)
cv2.imshow("mean50",r50)
cv2.waitKey()
cv2.destroyAllWindows()
```

程序运行结果如图 4-7 所示。

图 4-7a 所示是原始图像；图 4-7b 所示是在卷积核大小为 5×5 时的滤波图像；图 4-7c 所示是在卷积核大小为 30×30 时的滤波图像；图 4-7d 所示是在卷积核大小为 50×50 时的滤波图像。因此，随着卷积核的增大，图像的失真情况越来越严重。

a) 原始图像

b) 均值滤波后的图像(ksize=5)

扫码看彩图

c) 均值滤波后的图像(ksize=30)

d) 均值滤波后的图像(ksize=50)

图 4-7　均值滤波图像

4.3.5　中值滤波

中值滤波不同于前面介绍的滤波方法，不再采用加权求均值的方式计算滤波的结果。它用中心点邻域内所有像素值（一共有奇数个像素点）的中间值代替当前像素点的像素值。

在 OpenCV 中实现中值滤波的函数是 cv2. medianBlur( )，该函数的语法格式为

```
dst=cv2.medianBlur (src,ksize)
```

其中，

① dst 表示返回中值滤波处理后的结果。

② src 表示原始图像，即需要处理的图像。

③ ksize 表示滤波卷积核的大小，滤波卷积核的大小是指在滤波处理过程中，其邻域图像的高度和宽度。滤波卷积核的大小必须是大于 1 的奇数，如 3、5、7 等。

例 4-5 使用函数 cv2. medianBlur 对图像进行中值滤波，显示原始图像和滤波后的图像。

代码如下：

```
import cv2
img1=cv2.imread("D:Python\pic\dog5.jpg")
cv2.imshow("original",img1)
r15=cv2.medianBlur(img1,15)
cv2.imshow("median15",r15)
cv2.waitKey()
cv2.destroyAllWindows()
```

程序运行结果如图 4-8 所示。

图 4-8a 所示是原始图像；图 4-8b 所示是在卷积核大小为 15 时的滤波图像。

扫码看彩图

a) 原始图像

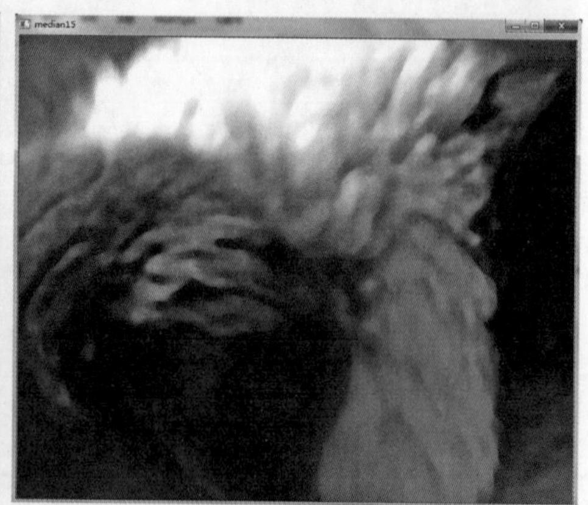

b) 中值滤波后的图像(ksize=15)

图 4-8 中值滤波图像

4.3.6 双边滤波

双边滤波不同于前面介绍的滤波方法，它综合考虑了空间信息和色彩信息，在滤波过程中有效地保护图像内的边缘信息。

上面介绍的高斯滤波、均值滤波处理会造成边缘信息模糊，边界模糊是滤波处理过程中对邻域像素取均值所造成的结果，上述滤波处理过程只考虑了空间信息，造成了边界信息模糊和部分信息丢失。双边滤波综合考虑了距离和色彩的权重结果，既能够有效地去除噪声，

又能够较好地保护边缘信息。

在 OpenCV 中实现双边滤波的函数是 cv2. bilateralFilter( )，该函数的语法格式为

```
dst=cv2.bilateralFilter (src,d,sigmaColor,sigmaSpace,borderType)
```

其中，

① dst 表示返回双边滤波处理后的结果。

② src 表示原始图像，即需要处理的图像。

③ d 表示在滤波时选取的空间距离参数，表示以当前像素点为中心点的直径。在实际应用中，一般取 d=5；对于较大噪声的离线滤波，d=9。

④ sigmaColor 表示双边滤波时选取的色差范围，如果该值为 0，滤波失去意义；该值为 255 时，指定直径内的所有点都能够参与运算。

⑤ sigmaSpace 表示坐标空间中的 sigma 值，它的值越大，表示越多的点参与滤波。

⑥ borderType 表示以何种方式处理边界，一般情况下，不需要考虑该值，直接采用默认值即可。

例 4-6　使用函数 cv2. bilateralFilter( ) 对图像进行双边滤波，显示原始图像和滤波的图像。

代码如下：

```
import cv2
img1=cv2.imread("D:Python\pic\dog5.jpg")
cv2.imshow("original",img1)
r=cv2.bilateralFilter(img1,55,100,100)
cv2.imshow("bilateralFilter",r)
cv2.waitKey()
cv2.destroyAllWindows()
```

程序运行结果如图 4-9 所示。

图 4-9a 所示是原始图像，图 4-9b 所示是在距离参数 d=55 时的双边滤波图像。

a) 原始图像

b) 双边滤波后的图像

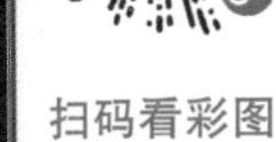

扫码看彩图

图 4-9　双边滤波图像

4.4 基于 OpenCV 和 Python 的机器学习

4.4.1 主成分分析(PCA)

PCA 是 principal component analysis 的缩写，即主成分分析。PCA 主要用于数据降维，对于高维的向量，PCA 方法求得一个 k 维特征的投影矩阵，这个投影矩阵可以将特征从高维降到低维。投影矩阵也可以叫作变换矩阵。新的低维特征向量都是正交的。通过求样本矩阵的协方差矩阵，然后求出协方差矩阵的特征向量，这些特征向量构成投影矩阵。特征向量的选择取决于协方差矩阵的特征值大小。

假设图像的大小为 $n×p$，将其按照列相连构成一个 $M=n×p$ 维的列向量。设一共有 N 张图像，$\boldsymbol{X}_i$ 为第 i 张图像的列向量，$\boldsymbol{X}$ 为 N 张图像所构成的图像矩阵，则协方差矩阵 $\boldsymbol{V}$ 为

$$\boldsymbol{V}=\frac{1}{N}\sum_{i=1}^{N}(\boldsymbol{X}_i-\boldsymbol{\mu})(\boldsymbol{X}_i-\boldsymbol{\mu})^{\mathrm{T}} \tag{4-9}$$

式中，$\boldsymbol{\mu}$ 为样本集图像的平均图像向量，$\mu=\frac{1}{N}\sum_{i=1}^{N}X_i$。通过 QR 或 SVD 计算 $\boldsymbol{V}$ 的前 m 个特征值 $\lambda_1 \geqslant \lambda_2 \geqslant \cdots \geqslant \lambda_m$ 和对应的特征向量 $\boldsymbol{a}_1$，$\boldsymbol{a}_2$，…，$\boldsymbol{a}_m$，要求它们是标准正交的。前 m 个特征向量构成投影矩阵 $\boldsymbol{T}=(\boldsymbol{a}_1,\boldsymbol{a}_2,\cdots,\boldsymbol{a}_m)$，$m$ 的取值可以根据特征值的累计贡献率来确定：

$$\frac{\sum_{i=1}^{m}\lambda_i}{\sum_{i=1}^{p}\lambda_i} \geqslant \alpha \tag{4-10}$$

式中，$\alpha=90\%\sim99\%$。

主要函数：

```
from PIL import Image
from numpy import
im=array(Image.open('test_pic/test.jpg'))
```

shape：用于计算矩阵的维数

说明：因为 im 为三维函数，故得到的结果格式为（片数，行数，列数）。

mean( )：求取矩阵均值

说明：mean(array,axis=n) 中，n 可以等于 0、1、空，默认求整个矩阵的均值。n=0 时，压缩行对各列求均值；n=1 时，压缩列，对各行求均值。

dot( )：计算矩阵乘积。

矩阵 .T( )：求该矩阵的转置。

linalg.eigh( )：求特征值和特征向量。

数据中心化：用矩阵减去平均值。

```
#主成分分析(PCA)
import numpy as np
import matplotlib.pyplot as plt
import cv2
from sklearn import decomposition
mean=[20,20]                                   #均值
cov=[[5,0],[25,25]]                            #协方差矩阵
x,y=np.random.multivariate_normal(mean,cov,5000).T
#x,y=np.random.multivariate_normal(mean,cov,100000).T
plt.style.use('ggplot')
plt.plot(x,y,'o',zorder=1)
plt.xlabel('feature1')
plt.ylabel('feature2')
plt.show()                                     #原始图像
X=np.vstack((x,y)).T                           #把特征向量x和y组合成一个特征矩阵X
mu,eig=cv2.PCACompute(X,np.array([]))          #在特征X上计算PCA,指定一个空的np.array([])
                                                数组用作模板参数,告诉OpenCV使用特征矩阵上的
                                                所有数据点

#  print(eig)
#[[ 0.71956079  0.69442946]                    #返回两个值:投影前减去的平均值和协方差矩阵的
                                                特征向量(eig)
#[-0.69442946  0.71956079]]                    #这些特征向量指向PCA认为最有信息性的方向
#通过上面得出的特征向量,画出的图与原数据分布是一致的
plt.plot(x,y,'o',zorder=1)
plt.quiver(mean[0],mean[1],eig[:,0],eig[:,1],zorder=3,scale=0.2,units='xy')
plt.text(mean[0]+5*eig[0,0],mean[1]+5*eig[0,1],'u1',zorder=5,
         fontsize=16,bbox=dict(facecolor='white',alpha=0.6))
plt.text(mean[0]+7*eig[1,0],mean[1]+4*eig[1,1],'u2',zorder=5,
         fontsize=16,bbox=dict(facecolor='white',alpha=0.6))
plt.axis([0,40,0,40])
plt.xlabel('feature 1')
plt.ylabel('feature 2')
plt.show()
X2=cv2.PCAProject(X,mu,eig)                    #旋转数据,最大分布方向的两个坐标轴将会与xy
                                                轴对齐

plt.figure(figsize=(10,6))
plt.plot(X2[:,0],X2[:,1],'o')
plt.xlabel('first principal component')
plt.ylabel('second principal component')
plt.axis([-20,20,-10,10])
plt.show()
#实现独立主成分分析,基于sklearn
ica=decomposition.FastICA()
X3=ica.fit_transform(X)
plt.figure(figsize=(10,6))
plt.plot(X3[:,0],X3[:,1],'o')
```

```
plt.xlabel('first independent component')
plt.ylabel('second independent component')
plt.axis([-0.2,0.2,-0.2,0.2])
plt.savefig('ica.png')
plt.show()                                    # sklearn 提供的快速 ICA 分析
# 实现非负矩阵分解,基于 sklearn
nmf=decomposition.NMF()
X4=nmf.fit_transform(X)
plt.figure(figsize=(10,6))
plt.plot(X4[:,0],X4[:,1],'o')
plt.xlabel('first non-negative component')
plt.ylabel('second non-negative component')
plt.axis([-5,15,-5,15])
plt.show()
```

基于 sklearn 的主成分分析如图 4-10 所示，实现了 X 轴与 Y 轴方向的最大特征值分布，根据特征值的累计贡献率确定了第一主成分和第二主成分，同时实现了第一非负主成分和第二非负主成分。

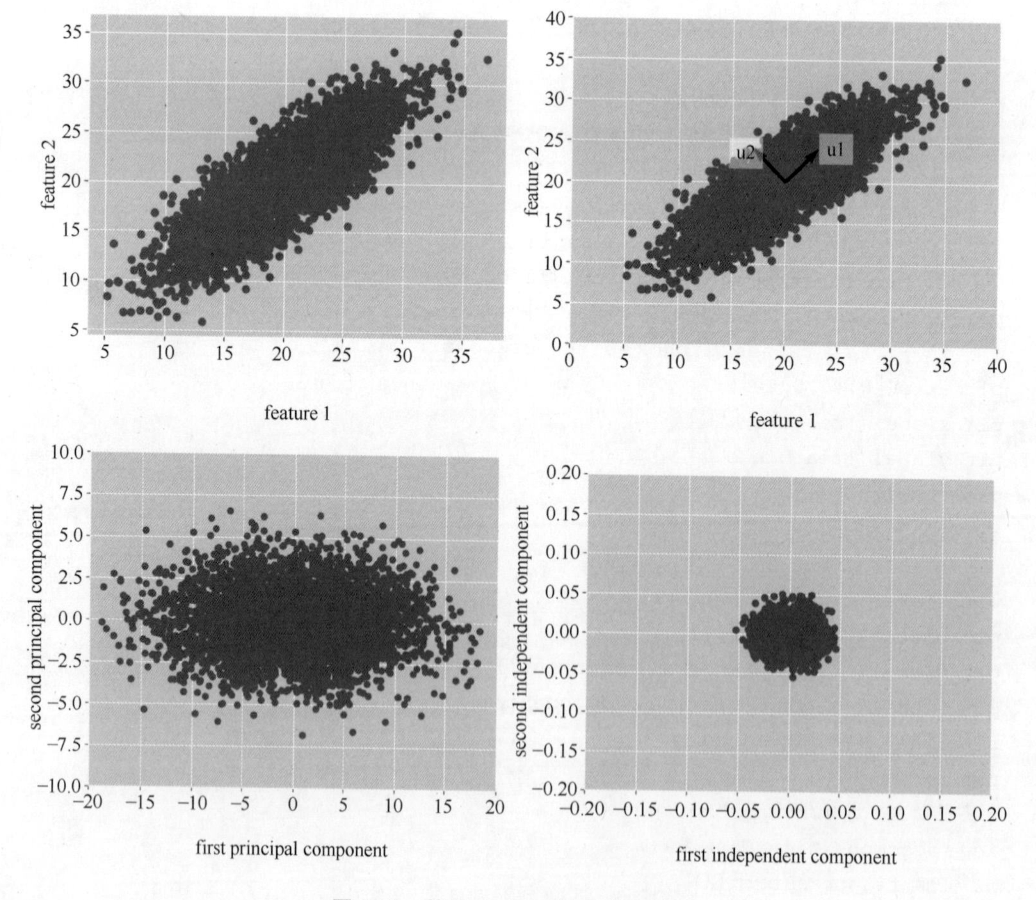

图 4-10　基于 sklearn 的主成分分析

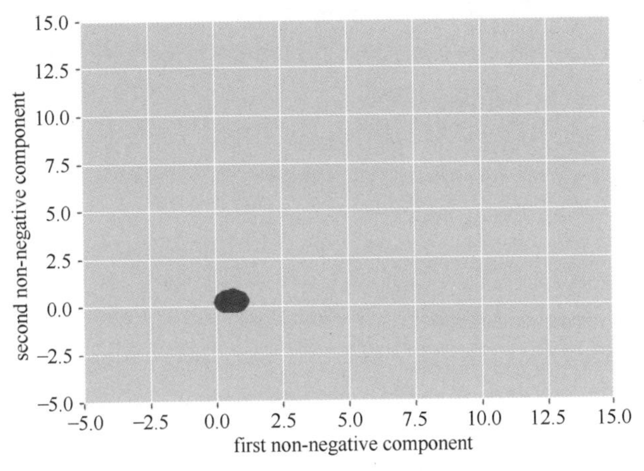

图 4-10　基于 sklearn 的主成分分析（续）

4.4.2　SIFT（尺度不变特征变换）

由 David Lower 提出的尺度不变特征变换（scale invariant feature transform，SIFT）是近十年来最成功的图像局部描述子之一，其应用范围包含物体辨识、机器人地图感知与导航、影像缝合、3D 模型建立、手势辨识、影像追踪和动作比对，SIFT 的目标是解决低层次特征提取及其在图像匹配应用中的很多实际问题。SIFT 特征包括两个步骤：特征提取（兴趣点检测器）和描述子。SIFT 方法中的低层次特征提取是选取那些显著特征，这些特征具有图像尺度、旋转和亮度不变性。因此，它可以用于三维视角和噪声的可靠匹配。

1. 兴趣点检测

神经生理学实验表明，人类视网膜以神经节细胞实施的操作与 LOG（laplacian of gaussian）算子 $\nabla^2 G$（G 代表高斯滤波器）极为相似，视网膜对图像的操作可以描述为图像与 $\nabla^2 G$ 算子的卷积。SIFT 特征使用高斯差分函数来定位兴趣点：

$$\begin{aligned} D(x,y,\sigma) &= (g(x,y,k\sigma)-g(x,y,\sigma)) * P \\ &= L(x,y,k\sigma)-L(x,y,\sigma) \end{aligned} \tag{4-11}$$

函数 L 是一个尺度空间函数，可以用来定义不同尺度的平滑图像，兴趣点是在图像位置和尺度变化下，$D(x,y,\sigma)$ 的最大值和最小值点。

2. 描述子

为了实现旋转不变性，基于每个点周围图像梯度的方向和大小，SIFT 描述子引入了参考方向。SIFT 描述子使用主方向描述参考方向。主方向使用方向直方图来度量。为了描述每个尺度上经过滤波的兴趣点（关键点）特征，梯度幅度和方向如式（4-12）所示。

$$\begin{cases} M_{\text{SIFT}}(x,y)=\sqrt{(L(x+1,y)-L(x-1,y))^2+(L(x,y+1)-L(x,y-1))^2} \\ \theta_{\text{SIFT}}(x,y)=\arctan\left(\dfrac{L(x,y+1)-L(x,y-1)}{L(x+1,y)-L(x-1,y)}\right) \end{cases} \tag{4-12}$$

以下给出基于 OpenCV 和 Python 的 SIFT 算法实现过程：

```
import numpy as np
import cv2
from matplotlib import pyplot as plt
imgname1="D:\Python\pic\smalldog51.jpg"
imgname2="D:\Python\pic\smalldog52.jpg"
sift=cv2.xfeatures2d.SIFT_create()
#FLANN 参数设计
FLANN_INDEX_KDTREE=0
index_params=dict(algorithm=FLANN_INDEX_KDTREE,trees=5)
search_params=dict(checks=50)
flann=cv2.FlannBasedMatcher(index_params,search_params)
img1=cv2.imread(imgname1)
gray1=cv2.cvtColor(img1,cv2.COLOR_BGR2GRAY)                  #灰度处理图像
kp1,des1=sift.detectAndCompute(img1,None)                    #des 是描述子
img2=cv2.imread(imgname2)
gray2=cv2.cvtColor(img2,cv2.COLOR_BGR2GRAY)
kp2,des2=sift.detectAndCompute(img2,None)
hmerge=np.hstack((gray1,gray2))                              #水平拼接
cv2.imshow("gray",hmerge)                                    #拼接显示为灰度
cv2.waitKey(0)
img3=cv2.drawKeypoints(img1,kp1,img1,color=(255,0,255))
img4=cv2.drawKeypoints(img2,kp2,img2,color=(255,0,255))
hmerge=np.hstack((img3,img4))                                #水平拼接
cv2.imshow("point",hmerge)                                   #拼接显示为灰度
cv2.waitKey(0)
matches=flann.knnMatch(des1,des2,k=2)
matchesMask=[[0,0] for i in range(len(matches))]
good=[]
for m,n in matches:
    if m.distance<0.9*n.distance:
            good.append([m])
    #img5=cv2.drawMatchesKnn(img1,kp1,img2,kp2,matches,None,flags=2)
     img5=cv2.drawMatchesKnn(img1,kp1,img2,kp2,good,None,flags=2)
     cv2.imshow("FLANN",img5)
     cv2.waitKey(0)
     cv2.destroyAllWindows()
```

图 4-11 为经过灰度处理后的图像进行水平拼接，右图为左图尾部处理后缩小的图像。其具体特征点和特征点匹配如图 4-12 和图 4-13 所示。

FLANN(Fast_Library_for_Approximate_Nearest_Neighbors）为快速最近邻搜索包，它是一个对大数据集和高维特征进行最近邻搜索的算法的集合，而且这些算法都已经被优化过了。在面对大数据集时它的效果要好于暴力匹配。经验证，FLANN 比其他的最近邻搜索方式快 10 倍。使用 FLANN 匹配，需要传入两个字典作为参数。一个是 IndexParams=dict(algorithm=FLANN_INDEX_KDTREE,trees=5)，指定待处理核密度树的数量（理想的数量在 1~16）。第二个是 search_params=dict(checks=50) 指定递归遍历的次数，值越高结果越准确，但是消耗的时

间也越多。实际上，匹配效果很大程度上取决于输入。

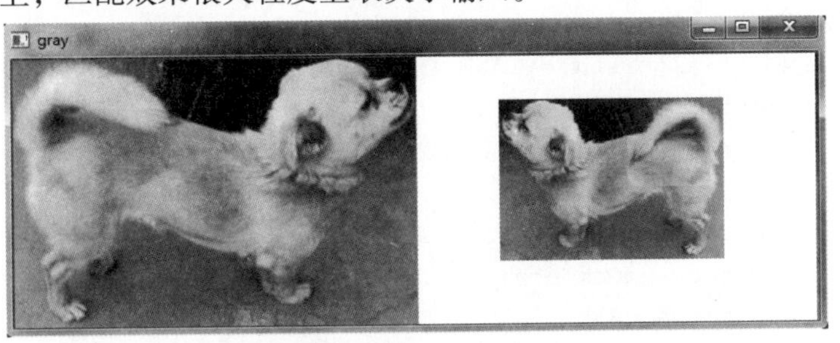

扫码看彩图

图 4-11　图像拼接及灰度化

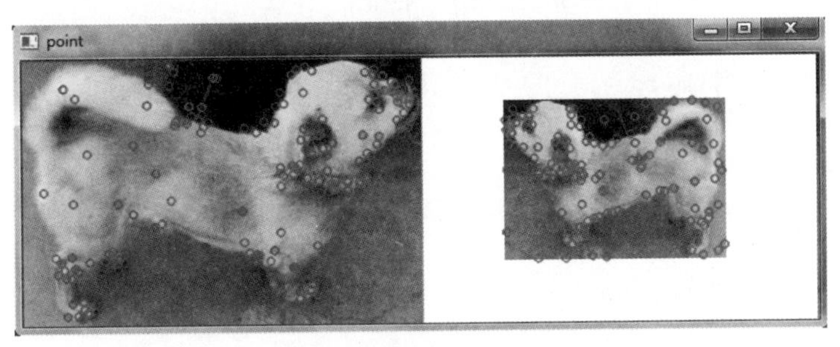

图 4-12　基于 SIFT 的图像特征点标注（用圆圈表示）

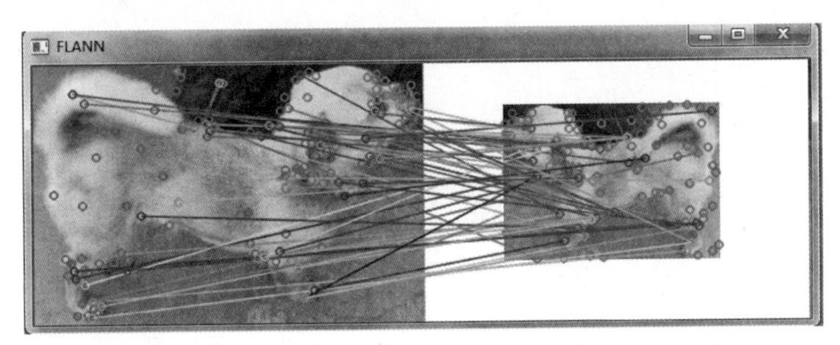

图 4-13　基于 SIFT 的图像特征点匹配

4.4.3　SURF（加速鲁棒特征）

SURF 全称为“加速鲁棒特征”（speeded up robust feature），不仅是尺度不变的特征，而且是具有较高计算效率的特征。SURF 是尺度不变特征变换算法（SIFT 算法）的加速版。SURF 最大的特征在于采用了 haar 特征以及积分图像的概念，SIFT 采用的是 DOG 图像，而 SURF 采用的是 Hessian 矩阵（SURF 算法核心）行列式近似值图像。SURF 借鉴了 SIFT 算法中简化近似的思想，实验证明，SURF 算法较 SIFT 算法在运算速度上要快 3 倍，综合性优于 SIFT 算法，SURF 算法如下，如图 4-14～图 4-16 所示。

```
#基于 FlannBasedMatcher 的 SURF 实现
import numpy as np
import cv2
from matplotlib import pyplot as plt
imgname1 = "D:\Python\pic\smalldog51.jpg"
imgname2 = "D:\Python\pic\smalldog54.jpg"
```

```
surf=cv2.xfeatures2d.SURF_create()
FLANN_INDEX_KDTREE=0
index_params=dict(algorithm=FLANN_INDEX_KDTREE,trees=5)
search_params=dict(checks=50)
flann=cv2.FlannBasedMatcher(index_params,search_params)
img1=cv2.imread(imgname1)
gray1=cv2.cvtColor(img1,cv2.COLOR_BGR2GRAY)                # 灰度处理图像
kp1,des1=surf.detectAndCompute(img1,None)                  # des 是描述子
img2=cv2.imread(imgname2)
gray2=cv2.cvtColor(img2,cv2.COLOR_BGR2GRAY)
kp2,des2=surf.detectAndCompute(img2,None)
hmerge=np.hstack((gray1,gray2))                            # 水平拼接
cv2.imshow("gray",hmerge)                                  # 拼接显示为灰度
cv2.waitKey(0)
img3=cv2.drawKeypoints(img1,kp1,img1,color=(255,0,255))
img4=cv2.drawKeypoints(img2,kp2,img2,color=(255,0,255))
hmerge=np.hstack((img3,img4))                              # 水平拼接
cv2.imshow("point",hmerge)                                 # 拼接显示为灰度
cv2.waitKey(0)
matches=flann.knnMatch(des1,des2,k=2)
good=[]
for m,n in matches:
    if m.distance<0.9*n.distance:
            good.append([m])
img5=cv2.drawMatchesKnn(img1,kp1,img2,kp2,good,None,flags=2)
cv2.imshow("SURF",img5)
cv2.waitKey(0)
cv2.destroyAllWindows()
```

扫码看彩图

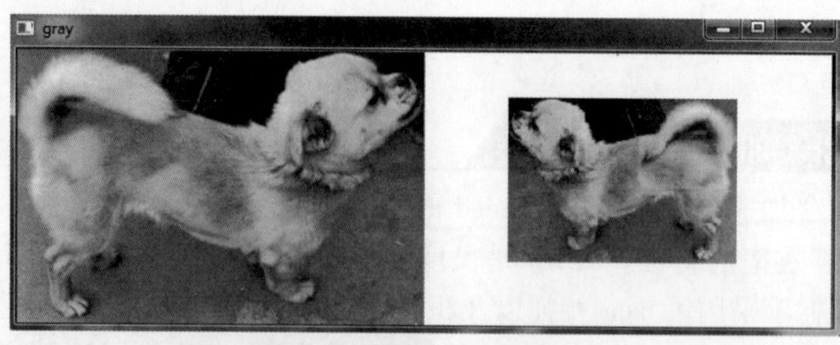

图 4-14　图像拼接及灰度化

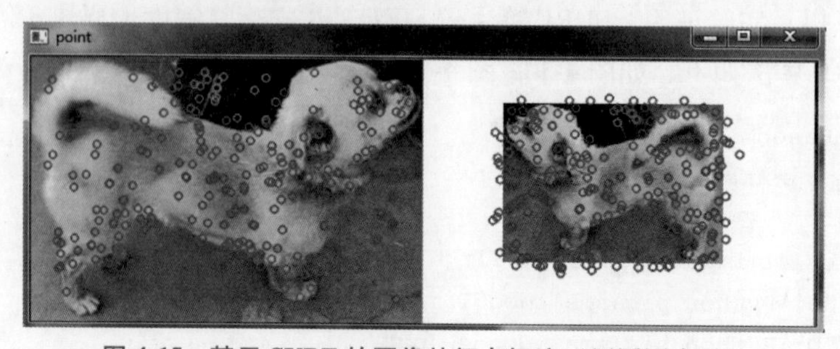

图 4-15　基于 SURF 的图像特征点标注（用圆圈表示）

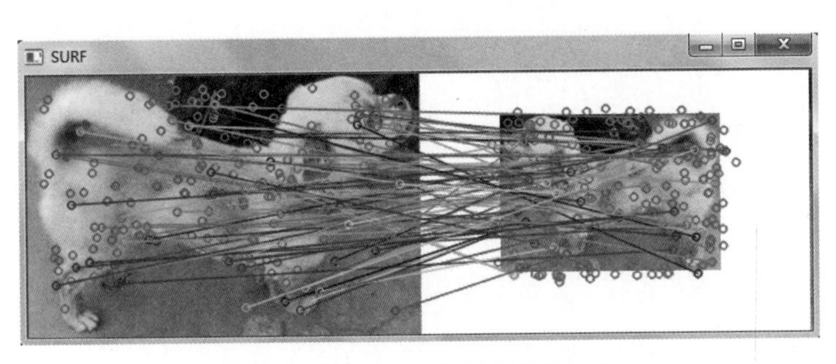

图 4-16　基于 SURF 的图像特征点匹配

4.4.4　ORB（定向 FAST 和旋转 BRIEF）

ORB（oriented FAST and rotated BRIEF），结合 FAST 与 BRIEF 算法，并给 FAST 特征点增加了方向性，使得特征点具有旋转不变性，并提出了构造金字塔方法，解决尺度不变性。特征提取是由 FAST（features from accelerated segment test）算法发展来的，特征点描述是根据 BRIEF（binary robust independent elementary features）特征描述算法改进的。ORB 特征是将 FAST 特征点的检测方法与 BRIEF 特征描述子结合起来，并在它们原来的基础上做了改进与优化。ORB 主要解决 BRIEF 描述子不具备旋转不变性的问题。实验证明，ORB 远优于之前的 SIFT 与 SURF 算法，ORB 算法的速度是 SIFT 的 100 倍，是 SURF 的 10 倍。ORB 算法如下，如图 4-17～图 4-19 所示。

```
import numpy as np
import cv2
from matplotlib import pyplot as plt
imgname1="D:\Python\pic\smalldog51.jpg"
imgname2="D:\Python\pic\smalldog54.jpg"
orb=cv2.ORB_create()
img1=cv2.imread(imgname1)
gray1=cv2.cvtColor(img1,cv2.COLOR_BGR2GRAY)             #灰度处理图像
kp1,des1=orb.detectAndCompute(img1,None)                #des 是描述子
img2=cv2.imread(imgname2)
gray2=cv2.cvtColor(img2,cv2.COLOR_BGR2GRAY)
kp2,des2=orb.detectAndCompute(img2,None)
hmerge=np.hstack((gray1,gray2))                         #水平拼接
cv2.imshow("gray",hmerge)                               #拼接显示为灰度
cv2.waitKey(0)
img3=cv2.drawKeypoints(img1,kp1,img1,color=(255,0,255))
img4=cv2.drawKeypoints(img2,kp2,img2,color=(255,0,255))
hmerge=np.hstack((img3,img4))                           #水平拼接
cv2.imshow("point",hmerge)                              #拼接显示为灰度
cv2.waitKey(0)
#BFMatcher 解决匹配
bf=cv2.BFMatcher()
matches=bf.knnMatch(des1,des2,k=2)
```

```
# 调整 ratio
good=[]
for m,n in matches:
    if m.distance<1.0 * n.distance:
        good.append([m])
img5=cv2.drawMatchesKnn(img1,kp1,img2,kp2,good,None,flags=2)
cv2.imshow("ORB",img5)
cv2.waitKey(0)
cv2.destroyAllWindows()
```

扫码看彩图

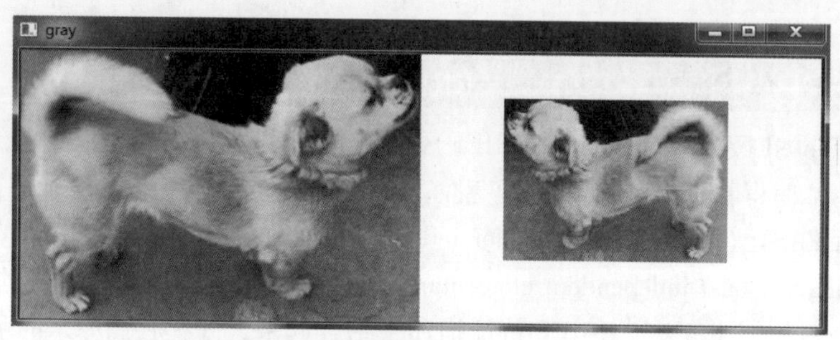

图 4-17 图像拼接及灰度化

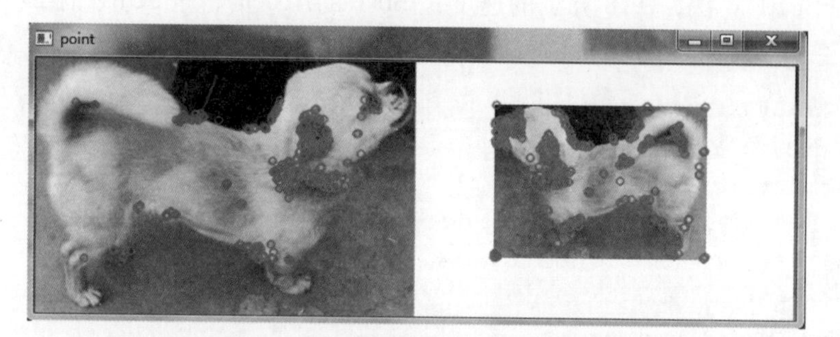

图 4-18 基于 ORB 的图像特征点标注（用圆圈表示）

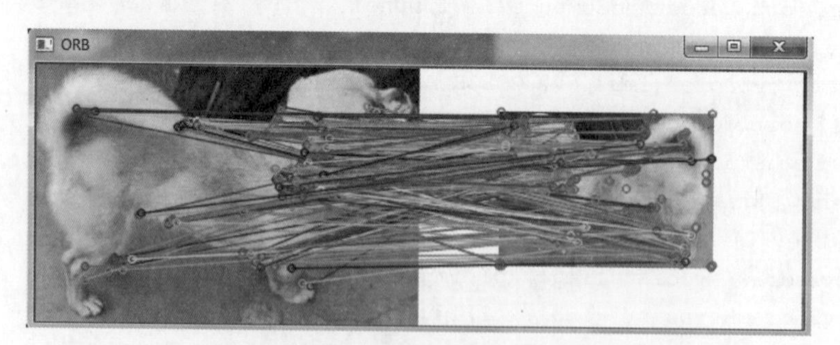

图 4-19 基于 ORB 的图像特征点匹配

如下为使用 FAST 作为特征描述的关键代码和提取图像显示（见图 4-20）：

```
import numpy as np
import cv2
```

```
from matplotlib import pyplot as plt
img=cv2.imread('E:/other/gakki102.',0)
fast=cv2.FastFeatureDetector_create()                     #获取 FAST 角点探测器
kp=fast.detect(img,None)                                  #描述符
img=cv2.drawKeypoints(img,kp,img,color=(255,255,0))       #画到 img 上面
print ("Threshold: ",fast.getThreshold())                 #输出阈值
print ("nonmaxSuppression: ",fast.getNonmaxSuppression()) #是否使用非极大值抑制
print ("Total Keypoints with nonmaxSuppression: ",len(kp)) #特征点个数
cv2.imshow('fast',img)
cv2.waitKey(0)
```

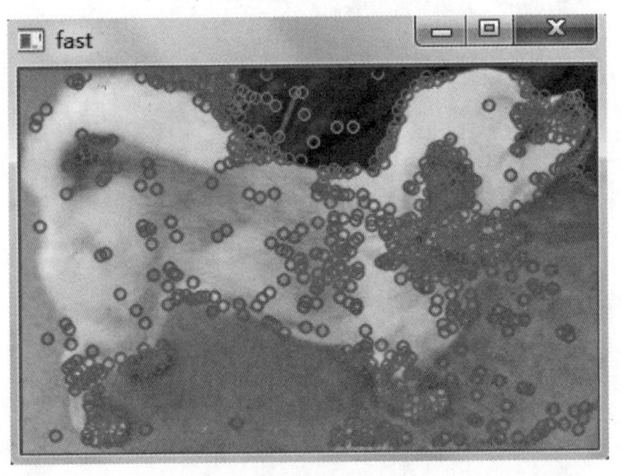

扫码看彩图

图 4-20　基于 FAST 的图像特征点标注（用圆圈表示）

第5章 极大似然估计

第 2 章已经讨论了概率分布的性质。然而，在实践中，概率分布通常是未知的，只有样本可用。本章将介绍用于从样本中识别潜在概率分布的统计估计。

5.1　统计估计基础

在样本中估计的量被称为估计量并且用“帽子”表示。例如，当通过样本平均值来估计概率分布的期望 μ 时，其估计量被表示为

$$\hat{\mu}=\frac{1}{n}\sum_{i=1}^{n}x_i \tag{5-1}$$

估计量是样本 $\{x_i\}_{i=1}^{n}$ 的函数，因此是随机变量。另一方面，如果在估计量中插入特定值，则所获得的值被称为估计。

用有限维参数 θ 描述的一组概率质量/密度函数被称为参数模型，并由 $g(x,\theta)$ 表示。在符号 $g(x,\theta)$ 中，逗号之前的 x 是随机变量，逗号后的是参数 θ。例如，对应于 d-维正态分布的参数模型为

$$g(\boldsymbol{x},\boldsymbol{\mu},\boldsymbol{\Sigma})=\frac{1}{(2\pi)^{d/2}\sqrt{\det(\boldsymbol{\Sigma})}}\exp\left(-\frac{1}{2}(\boldsymbol{x}-\boldsymbol{\mu})^{\mathrm{T}}\boldsymbol{\Sigma}^{-1}(\boldsymbol{x}-\boldsymbol{\mu})\right) \tag{5-2}$$

式中，期望向量 $\boldsymbol{\mu}$ 和方差-协方差矩阵 $\boldsymbol{\Sigma}$ 作为参数。

通过识别参数模型中的参数来进行统计估计的方法被称为参数方法，而非参数方法则不使用参数模型或使用具有无限多个参数的参数模型。

以下几节中，假设样本 $D=\{x_i\}_{i=1}^{n}$ 为关于 $f(x)$ 的函数且服从独立同分布（详细见 2.2 节大数定律）。

5.2　点　估　计

点估计给出了来自样本的未知参数的最佳估计，本节仅提供了一个简要的概述。

5.2.1　参数密度估计

极大似然估计样本 $D=\{x_i\}_{i=1}^{n}$ 似然函数为

$$L(\theta)=\prod_{i=1}^{n}g(x_i,\theta) \tag{5-3}$$

极大似然估计使式（5-3）最大化：

$$\hat{\theta}_{ML}=\underset{\theta}{\operatorname{argmax}}L(\theta) \tag{5-4}$$

式中，$\underset{\theta}{\operatorname{argmax}}L(\theta)$ 是取得最大值时，相应的 θ 值。有关极大似然估计，详细参见 5.4 节。

参数 θ 在极大似然估计中被认为是确定变量，而在贝叶斯推理中被认为是随机变量。令 $p(\theta)$ 为先验概率，$p(D|\theta)$ 代表似然性，$p(\theta|D)$ 表示后验概率。后验概率可以通过贝叶斯定理计算，如式（5-5）所示。

$$p(\theta \mid D)=\frac{p(D \mid \theta)p(\theta)}{p(D)}=\frac{p(D \mid \theta)p(\theta)}{\int p(D \mid \theta')p(\theta')\mathrm{d}\theta'} \tag{5-5}$$

因此，给出似然性 $p(D \mid \theta)$ 和先验概率 $p(\theta)$，可以计算后验概率 $p(\theta \mid D)$。然而，后验概率 $p(\theta \mid D)$ 取决于先验概率 $p(\theta)$ 的主观选择，并且如果后验概率 $p(\theta \mid D)$ 表达式较复杂，则其计算变得烦琐。

5.2.2 非参数密度估计

核概率估计（KDE）是一种非参数方法，将来自样本 $D=\{x_i\}_{i=1}^n$ 的概率密度函数 $f(x)$ 近似为

$$\hat{f}_{\mathrm{KDE}}(x)=\frac{1}{n}\sum_{i=1}^{n}K(x,x_i) \tag{5-6}$$

式中，$K(x,x_i)$ 是核函数。通常使用高斯核函数，如式（5-7）所示。

$$K(x,x_i)=\frac{1}{(2\pi h^2)^{d/2}}\exp\left(-\frac{\|x-x_i\|^2}{2h^2}\right) \tag{5-7}$$

式中，$h>0$ 是高斯函数的带宽，d 表示 $\boldsymbol{x}$ 的维数，$\|\boldsymbol{x}\|=\sqrt{\boldsymbol{x}^{\mathrm{T}}\boldsymbol{x}}$ 表示欧几里得范数。

最近邻密度估计（NNDE）是另一种非参数方法，表达式为

$$\hat{f}_{\mathrm{NNDE}}(x)=\frac{k\Gamma\left(\frac{d}{2}+1\right)}{n\pi^{\frac{d}{2}}\|x-\tilde{x}_k\|^d} \tag{5-8}$$

式中，$\tilde{x}_k$ 表示 x_1，…，x_k 中第 k 个最接近 x 的样本，$\Gamma(\cdot)$ 表示伽马函数。

有关非参数密度估计的推导和性质，请参见第 7 章。

5.2.3 回归和分类

基于输入-输出对样本 $\{(x_i,y_i)\}_{i=1}^n$ 回归即估计一个 d 维输入值 x 和实际量 y 的函数。

最小二乘法（LS）通过最小化残差的二次方和将数据拟合为回归模型 $r(x,\alpha)$。

$$\hat{\alpha}_{\mathrm{LS}}=\underset{\alpha}{\operatorname{argmax}}\sum_{i=1}^{n}(y_i-r(x_i,\alpha))^2 \tag{5-9}$$

在回归模型中，非参数高斯核函数模型是一种普遍的选择，如式（5-10）所示。

$$r(x,\alpha)=\sum_{j=1}^{n}\alpha_j\exp\left(-\frac{\|x-x_j\|^2}{2h^2}\right) \tag{5-10}$$

式中，$h>0$ 是高斯内核的带宽，采用式（5-11）正则化，能有效避免过度拟合噪声样本。

$$\hat{\alpha}_{\mathrm{RLS}}=\underset{\alpha}{\operatorname{argmin}}\left[\sum_{i=1}^{n}(y_i-r(x_i,\alpha))^2+\lambda\|\alpha\|^2\right] \tag{5-11}$$

式中，$\lambda\geqslant 0$ 是正则化参数。

若输出的 y 服从正态分布，且有期望 $r(x,\alpha)$，则最小二乘法等价于极大似然估计。

$$\frac{1}{\sigma\sqrt{2\pi}}\exp\left(-\frac{(y-r(x,\alpha))^2}{2\sigma^2}\right) \tag{5-12}$$

类似地，如果正态分布先验概率

$$\frac{1}{(2\pi\lambda^2)^{n/2}}\exp\left(-\frac{\|\boldsymbol{\alpha}\|^2}{2\lambda^2}\right) \tag{5-13}$$

用于参数 $\boldsymbol{\alpha}=(\alpha_1,\cdots,\alpha_n)^{\mathrm{T}}$，是正则化 LS 方法等效于贝叶斯最大后验概率估计。

当输出 y 取 c 种离散分类值时，函数估计问题被称为分类。当 $c=2$ 时，设 $y=\pm1$，在分类中可以初步使用（正则化的）最小二乘法回归。

5.2.4　模型选择

统计估计方法的性能取决于调谐参数的选择，例如正则化参数和高斯带宽。基于样本选择调谐参数的值被称为**模型选择**。

在频率论的方法中，交叉检验是最流行的模型选择方法：首先，将样本 $D=\{x_i\}_{i=1}^n$ 分割成 k 个不相交的子集 D_1，…，D_k。然后，对 $D\backslash D_j$（即除了 D_j 外的所有样本）进行统计估计，并且计算其关于 D_j 的估计误差（如密度估计中的对数似然，回归分析中的平方误差和分类中的分类失误率），对所有的 $j=1$，…，k 重复该过程，选择平均估计误差最小的模型作为最优模型。

在贝叶斯方法中，**边际似然**最大化的模型 M 表示为

$$p(D\mid M)=\int p(D\mid\theta,M)p(\theta\mid M)\mathrm{d}\theta \tag{5-14}$$

式（5-14）被选作最优模型。这种方法称为Ⅱ-型极大似然估计或经验贝叶斯方法。

5.3　区间估计

由于估计量 $\hat{\theta}$ 是样本 $D=\{x_i\}_{i=1}^n$ 的函数，它的值取决于样本的实际值。因此，如果既提供点估计值，又提供其估计的可靠性，所进行的估计将更加有效。包含估计量 $\hat{\theta}$ 的最小概率为 $1-\alpha$ 的区间被称为具有置信水平 $1-\alpha$ 的置信区间。本节将介绍估计置信区间的方法。

5.3.1　基于正态样本期望的区间估计

对于具有正态分布 $N(\mu,\sigma^2)$ 的一维样本 x_1，…，x_n，如果期望 μ 由式（5-15）所示的样本平均值估计

$$\hat{\mu}=\frac{1}{n}\sum_{i=1}^{n}x_i \tag{5-15}$$

那么标准化估计量

$$z=\frac{\hat{\mu}-\mu}{\sigma/\sqrt{n}} \tag{5-16}$$

服从标准正态分布 $N(0,1)$。由此，可以得到 $\hat{\mu}$ 的置信水平 $1-\alpha$ 的置信区间：

$$\left[\hat{\mu}-\frac{\sigma}{\sqrt{n}}z_{\alpha/2},\hat{\mu}+\frac{\sigma}{\sqrt{n}}z_{\alpha/2}\right]$$

式中，$[-z_{\alpha/2},+z_{\alpha/2}]$ 对应于标准正态密度的中间 $1-\alpha$ 的概率（见图 5-1）。然而，为了在实际中计算置信区间，我们需要知道标准差 σ。

当 σ 未知时，采用式（5-17）进行估计。

$$\hat{\sigma}=\sqrt{\frac{1}{n-1}\sum_{i=1}^{n}(x_i-\hat{\mu})^2} \tag{5-17}$$

在这种情况下，用 $\hat{\sigma}$ 标准化的估计量

$$t=\frac{\hat{\mu}-\mu}{\hat{\sigma}/\sqrt{n}} \tag{5-18}$$

服从自由度为 $n-1$ 的 t 分布。使用 $\hat{\sigma}$ 的标准化有时被称为学生化（studentization）。

图 5-1 中密度中间 $1-\alpha$ 的概率给出置信水平为 $1-\alpha$ 的置信区间 $1-\alpha$：

$$\left[\hat{\mu}-\frac{\sigma}{\sqrt{n}}t_{\alpha/2},\hat{\mu}+\frac{\sigma}{\sqrt{n}}t_{\alpha/2}\right]$$

式中，$[-t_{\alpha/2},+t_{\alpha/2}]$ 对应于具有 $n-1$ 个自由度的 t 密度的中间 $1-\alpha$ 概率（见图 5-1）。

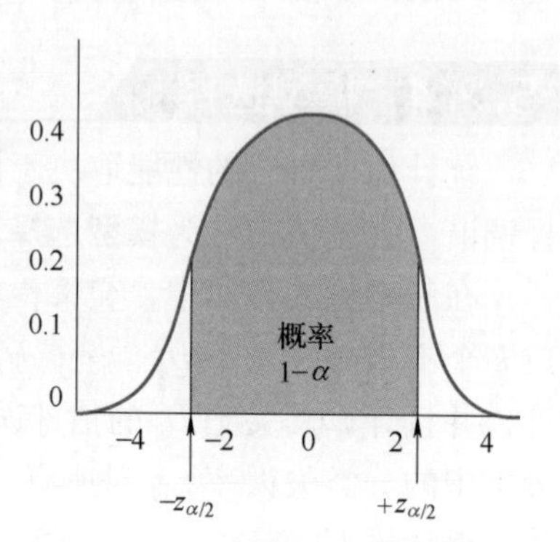

图 5-1　正态样本的置信区间

5.3.2 Bootstrap 置信区间

上述计算置信区间的方法仅适用于正态样本的平均值。对于服从非正态分布的样本，除了能对期望估计外，通常不能明确地获得估计量的概率分布。在这种情况下，使用 Bootstrap 能够以数值计算置信区间。

Bootstrap 方法通过从原始样本集合 $D=\{x_i\}_{i=1}^{n}$ 中进行替换采样来得到 n 个伪样本 $D'=\{x'_i\}_{i=1}^{n}$。由于进行替换采样，一些原始集合 $D=\{x_i\}_{i=1}^{n}$ 中的样本可能被多次采样，而另一些样本也可能并未被样本集 $D'=\{x'_i\}_{i=1}^{n}$ 选中（见图 5-2）。

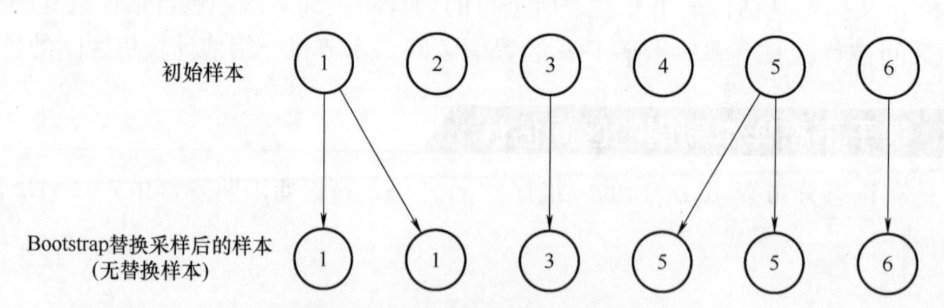

图 5-2　Bootstrap 替换采样取样

从 Bootstrap 样本 $D'=\{x'_i\}_{i=1}^{n}$ 中，可以计算某些目标统计量，如估计量 $\hat{\theta}'$，重复多次替换采样和估计，可以构造出估计量 $\hat{\theta}'$ 的直方图。从直方图中提取 $1-\alpha$ 概率（见图 5-1），可以得到置信水平为 $1-\alpha$ 的置信区间 $[-b_{\alpha/2},+b_{\alpha/2}]$。

如上所述，Bootstrap 方法允许我们为任意统计量和任意概率分布构建置信区间。此外，不仅置信区间，其他任意的统计量，例如任意估计量的方差和高阶矩，也都可以通过 Bootstrap 方法进行数值估计。然而，由于替换采样和估计过程需要重复多次，Bootstrap 方法

的计算成本可能会非常高。

5.3.3 贝叶斯置信区间

在贝叶斯推理中，后验概率 $p(\theta | D)$ 的中间 1-α 概率对应于置信水平为 1-α 的置信区间，这通常被称为贝叶斯置信区间。因此，贝叶斯推理中，在没有额外计算的情况下可以得到置信区间。然而，如果后验概率 $p(\theta | D)$ 的形式复杂，那么置信区间的计算可能会很麻烦。此外，置信区间对先验概率 $p(\theta)$ 的主观选择的依赖性在实践中也可能是一个问题。

5.4 基于高斯模型的极大似然估计

20 世纪早期提出来的极大似然估计（MLE）是一种用于参数估计的通用方法。由于其极佳的理论和实践特性，它至今为止一直是最热门的技术之一，且是许多先进的机器学习技术的构成基础。本节中，将会介绍 MLE 的定义、MLE 在高斯模型中的应用，以及 MLE 在模式识别中的使用。

5.4.1 极大似然估计的定义

参数化模型（parametric model）是指有限个参数表示的概率密度函数集合，用 $q(x,\theta)$ 表示，定义 $\boldsymbol{\theta}$ 是位于整个参数空间 Θ 中的参数向量，维度为 b，则 θ 是 $\boldsymbol{\theta}$ 的参数之一，有：

$$\boldsymbol{\theta}=(\theta^{(1)},\cdots,\theta^{(b)})^{\mathrm{T}} \tag{5-19}$$

在 $q(x,\theta)$ 中，逗号前的 x 表示随机变量，逗号后的 θ 表示参数。

确定 θ 值的一种简单想法是最大化获得当前训练样本 $\{x_i\}_{i=1}^{n}$ 的概率。因此，在指定参数 θ 下产生训练样本 $\{x_i\}_{i=1}^{n}$ 的概率可看作是参数 θ 的函数，称为似然函数（likelihood），用 $L(\theta)$ 表示。似然函数在独立同分布（i. i. d）的假设下，可表示为

$$L(\theta)=\prod_{i=1}^{n} q(x_i,\theta) \tag{5-20}$$

MLE 要找到似然函数的最大值

$$\hat{\theta}_{\mathrm{ML}}=\underset{\theta\in\Theta}{\operatorname{argmax}} L(\boldsymbol{\theta}) \tag{5-21}$$

同时对应的密度估计为

$$\hat{p}(x)=q(x,\hat{\theta}_{\mathrm{ML}}) \tag{5-22}$$

如果参数模型 $q(x,\theta)$ 关于 θ 可微，则 $\hat{\theta}_{\mathrm{ML}}$ 满足

$$\left.\frac{\partial}{\partial\theta}L(\theta)\right|_{\theta=\hat{\theta}_{\mathrm{ML}}}=\boldsymbol{0}_b \tag{5-23}$$

式中，$\boldsymbol{0}_b$ 表示 b 维的零向量，而 $\frac{\partial}{\partial\theta}$ 表示对 θ 的偏微分（partial derivative），对 θ 的偏微分是一个 b 维向量，其中第 l 个元素为 $\frac{\partial}{\partial\theta^{(l)}}$，则：

$$\frac{\partial}{\partial\theta}=\left(\frac{\partial}{\partial\theta^{(1)}},\cdots,\frac{\partial}{\partial\theta^{(b)}}\right)^{\mathrm{T}} \tag{5-24}$$

式（5-23）被称为似然方程（likelihood equation），它是求极大似然的解的必要条件（necessary condition）。注意，这并不是一个充分条件（sufficient condition），也就是说，极大似然的解通常满足方程式（5-23），但是方程式（5-23）的解却不一定是极大似然的解，如图 5-3 所示。

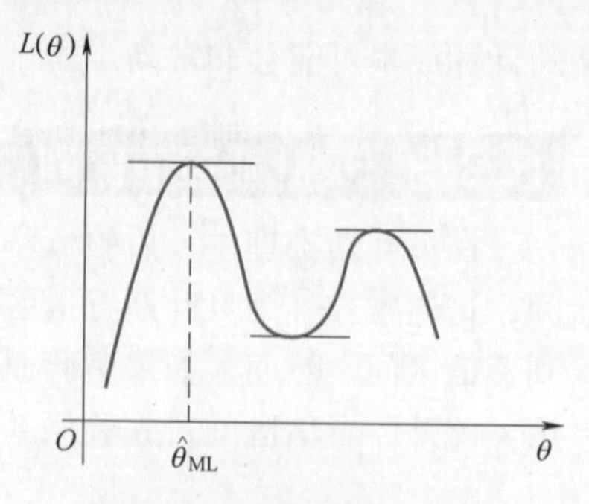

图 5-3 似然函数 $L(\theta)$ 与参数 θ 的变化曲线

由于 log 函数是单调递增的，所以使似然函数达到最大值还可以通过最大化 log 似然函数（log-likelihood）来获得，如图 5-4 所示。

$$\hat{\theta}_{\mathrm{ML}}=\underset{\theta\in\Theta}{\operatorname{argmax}}\log L(\theta)=\underset{\theta\in\Theta}{\operatorname{argmax}}\left[\sum_{i=1}^{n}\log q(x_i,\theta)\right] \tag{5-25}$$

由图 5-3 可见，在似然方程中，将似然函数的导数设为零，这是求解极大似然估计的一个必要条件而非充分条件。

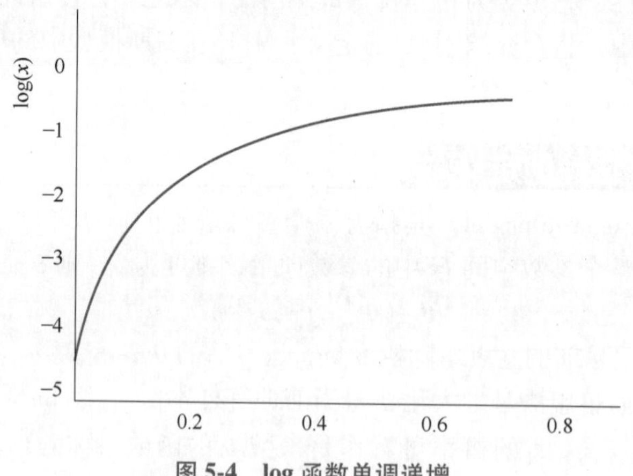

图 5-4 log 函数单调递增

于是，原似然函数中的概率密度的乘积就变为 log 似然函数中的概率密度之和，简化了实际中的计算，log 似然函数的似然方程为

$$\left.\frac{\partial}{\partial\theta}\log L(\theta)\right|_{\theta=\hat{\theta}_{\mathrm{ML}}}=\boldsymbol{0}_b$$

下一节详细介绍高斯模型的极大似然估计。高斯混合模型的极大似然估计将会在第 6 章介绍。

5.4.2 高斯模型

在前面已经介绍了高斯模型。高斯模型（Gaussian model）对应的是高斯分布的参数化模型，d 维模式 x 的高斯模型为

$$q(\boldsymbol{x},\boldsymbol{\mu},\boldsymbol{\Sigma})=\frac{1}{(2\pi)^{\frac{d}{2}}\det(\boldsymbol{\Sigma})^{\frac{1}{2}}}\exp\left(-\frac{1}{2}(\boldsymbol{x}-\boldsymbol{\mu})^{\mathrm{T}}\boldsymbol{\Sigma}^{-1}(\boldsymbol{x}-\boldsymbol{\mu})\right) \tag{5-26}$$

此处，d 维向量 $\boldsymbol{\mu}$ 和 $d\times d$ 的矩阵 $\boldsymbol{\Sigma}$ 都是高斯模型的参数，$\det(\cdot)$ 是行列式。$\boldsymbol{\mu}$ 和 $\boldsymbol{\Sigma}$ 分别对应期望矩阵和方差-协方差矩阵：

$$\begin{cases}\boldsymbol{\mu}=E[\boldsymbol{x}]=\int \boldsymbol{x}q(\boldsymbol{x},\boldsymbol{\mu},\boldsymbol{\Sigma})\mathrm{d}x \\ \boldsymbol{\Sigma}=V[\boldsymbol{x}]=\int (\boldsymbol{x}-\boldsymbol{\mu})(\boldsymbol{x}-\boldsymbol{\mu})^{\mathrm{T}}q(\boldsymbol{x},\boldsymbol{\mu},\boldsymbol{\Sigma})\mathrm{d}x\end{cases} \tag{5-27}$$

对于独立同分布的训练样本 $\{x_i\}_{i=1}^n$ 而言，其高斯模型为 $q(\boldsymbol{x},\boldsymbol{\mu},\boldsymbol{\Sigma})$，log 似然函数估计为

$$\log L(\boldsymbol{\mu},\boldsymbol{\Sigma})=-\frac{nd\log 2\pi}{2}-\frac{n\log(\det(\boldsymbol{\Sigma}))}{2}-\frac{1}{2}\sum_{i=1}^{n}(\boldsymbol{x}_i-\boldsymbol{\mu})^{\mathrm{T}}\boldsymbol{\Sigma}^{-1}(\boldsymbol{x}_i-\boldsymbol{\mu}) \tag{5-28}$$

高斯模型的似然方程为

$$\begin{cases}\left.\dfrac{\partial}{\partial\boldsymbol{\mu}}\log L(\boldsymbol{\mu},\boldsymbol{\Sigma})\right|_{\boldsymbol{\mu}=\hat{\boldsymbol{\mu}}_{\mathrm{ML}}}=\boldsymbol{0}_d \\ \left.\dfrac{\partial}{\partial\boldsymbol{\Sigma}}\log L(\boldsymbol{\mu},\boldsymbol{\Sigma})\right|_{\boldsymbol{\Sigma}=\hat{\boldsymbol{\Sigma}}_{\mathrm{ML}}}=\boldsymbol{0}_{d\times d}\end{cases} \tag{5-29}$$

式中，$\boldsymbol{0}_{d\times d}$表示 $d\times d$ 的零矩阵。

向量和矩阵的偏导推导公式为

$$\frac{\partial\boldsymbol{\mu}^{\mathrm{T}}\boldsymbol{\Sigma}^{-1}\boldsymbol{\mu}}{\partial\boldsymbol{\mu}}=2\boldsymbol{\Sigma}^{-1}\boldsymbol{\mu},\frac{\partial\boldsymbol{x}^{\mathrm{T}}\boldsymbol{\Sigma}^{-1}\boldsymbol{\mu}}{\partial\boldsymbol{\mu}}=\boldsymbol{\Sigma}^{-1}\boldsymbol{x} \tag{5-30}$$

$$\frac{\partial\boldsymbol{x}^{\mathrm{T}}\boldsymbol{\Sigma}^{-1}\boldsymbol{x}}{\partial\boldsymbol{\Sigma}}=-\boldsymbol{\Sigma}^{-1}\boldsymbol{x}\boldsymbol{x}^{\mathrm{T}}\boldsymbol{\Sigma}^{-1},\frac{\partial\log(\det(\boldsymbol{\Sigma}))}{\partial\boldsymbol{\Sigma}}=\boldsymbol{\Sigma}^{-1},\frac{\partial\mathrm{tr}(\widetilde{\boldsymbol{\Sigma}}^{-1}\boldsymbol{\Sigma})}{\partial\boldsymbol{\Sigma}}=\widetilde{\boldsymbol{\Sigma}}^{-1} \tag{5-31}$$

可以利用式（5-30）和式（5-31）推导出极大似然解。因此，式（5-28）中 log 似然函数对向量$\boldsymbol{\mu}$ 和矩阵 Σ 的偏导为

$$\begin{cases}\dfrac{\partial\log L}{\partial\boldsymbol{\mu}}=n\boldsymbol{\Sigma}^{-1}\boldsymbol{\mu}+\boldsymbol{\Sigma}^{-1}\sum\limits_{i=1}^{n}\boldsymbol{x}_i \\ \dfrac{\partial\log L}{\partial\boldsymbol{\Sigma}}=-\dfrac{n}{2}\boldsymbol{\Sigma}^{-1}+\dfrac{1}{2}\boldsymbol{\Sigma}^{-1}\left(\sum\limits_{i=1}^{n}(\boldsymbol{x}_i-\boldsymbol{\mu})(\boldsymbol{x}_i-\boldsymbol{\mu})^{\mathrm{T}}\right)\boldsymbol{\Sigma}^{-1}\end{cases} \tag{5-32}$$

于是，极大似然估计值$\hat{\boldsymbol{\mu}}_{\mathrm{ML}}$和$\hat{\boldsymbol{\Sigma}}_{\mathrm{ML}}$为

$$\begin{cases}\hat{\boldsymbol{\mu}}_{\mathrm{ML}}=\dfrac{1}{n}\sum\limits_{i=1}^{n}\boldsymbol{x}_i \\ \hat{\boldsymbol{\Sigma}}_{\mathrm{ML}}=\dfrac{1}{n}\sum\limits_{i=1}^{n}(\boldsymbol{x}_i-\hat{\boldsymbol{\mu}}_{\mathrm{ML}})(\boldsymbol{x}_i-\hat{\boldsymbol{\mu}}_{\mathrm{ML}})^{\mathrm{T}}\end{cases} \tag{5-33}$$

式（5-33）中的$\hat{\boldsymbol{\mu}}_{\mathrm{ML}}$和$\hat{\boldsymbol{\Sigma}}_{\mathrm{ML}}$分别为样本均值（sample mean）和样本协方差（sample variance-covariance）。这里假设有足够的训练样本，所以$\hat{\boldsymbol{\Sigma}}_{\mathrm{ML}}$是可逆的。

上面的高斯模型中，用到的是广义的协方差矩阵$\boldsymbol{\Sigma}$，但是在稍简单的不相关的高斯模型中，$\boldsymbol{\Sigma}$ 可用一个对角矩阵表示：

$$\boldsymbol{\Sigma}=\mathrm{diag}((\sigma^{(1)})^2,\cdots,(\sigma^{(d)})^2)$$

因此，不相关的高斯模型可表达为

$$q(\boldsymbol{x},\boldsymbol{\mu},\sigma^{(1)},\cdots,\sigma^{(d)})=\prod_{j=1}^{d}\frac{1}{\sqrt{2\pi(\sigma^{(j)})^2}}\exp\left(-\frac{(x^{(j)}-\mu^{(j)})^2}{2(\sigma^{(j)})^2}\right) \tag{5-34}$$

式中，$x^{(j)}$和$\boldsymbol{\mu}^{(j)}$分别表示d维向量$\boldsymbol{x}$和$\boldsymbol{\mu}$的第j个元素。$\boldsymbol{\sigma}^{(j)}$的极大似然估计值为

$$\hat{\sigma}_{\mathrm{ML}}^{(j)}=\sqrt{\frac{1}{n}\sum_{i=1}^{n}(x^{(j)}-\mu_i^{(j)})^2} \tag{5-35}$$

根据二维正态分布$N(\mu,\Sigma)$的概率密度函数（见图5-5）及Python程序（见图5-6）可知，式（5-34）的高斯模型还可以进一步简化，如果所有的方差$(\sigma^{(j)})^2$都相等。用σ^2表示共同的方差，那么高斯模型可表示为

$$q(\boldsymbol{x},\boldsymbol{\mu},\sigma)=\frac{1}{(2\pi\sigma^2)^{\frac{d}{2}}}\exp\left(-\frac{(\boldsymbol{x}-\boldsymbol{\mu})^{\mathrm{T}}(\boldsymbol{x}-\boldsymbol{\mu})}{2\sigma^2}\right) \tag{5-36}$$

以及σ的极大似然估计值为

$$\hat{\sigma}_{\mathrm{ML}}=\sqrt{\frac{1}{nd}\sum_{i=1}^{n}(\boldsymbol{x}_i-\boldsymbol{\mu})^{\mathrm{T}}(\boldsymbol{x}_i-\boldsymbol{\mu})}=\sqrt{\frac{1}{d}\sum_{j=1}^{d}(\hat{\sigma}_{\mathrm{ML}}^{(j)})^2} \tag{5-37}$$

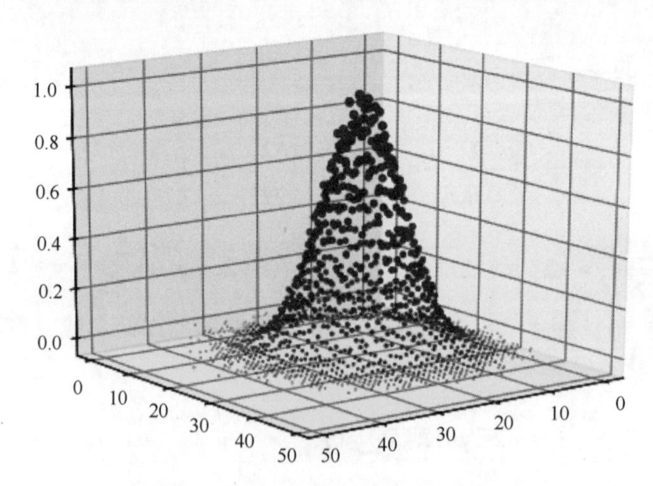

图5-5　二维正态分布的概率密度函数

```
import numpy as np
from scipy import stats
import math
import matplotlib as mpl
import matplotlib.pyplot as plt
from mpl_toolkits.mplot3d import Axes3D
from matplotlib import cm
def calc_statistics(x):
    n=x.shape[0] #样本个数
    m=0#期望
    m2=0#二次方的期望
    m3=0#三次方的期望
    m4=0#四次方的期望
```

图5-6　二维正态分布的Python程序

```
        for t in x:
        #向量的加法
            m+=t
            m2+=t*t
            m3+=t**3
            m4+=t**4
        m/=n
        m2/=n
        m3/=n
        m4/=n
        sigma=np.sqrt(m2-m*m)
        #求偏度
        skew=(m3 - 3*m*sigma**2 - m**3)/sigma**3
        #求峰度
        kurtosis=m4/sigma**4 - 3
        print('手动计算均值、标准差、偏度、峰度：',m,sigma,skew,kurtosis)
        #使用系统函数验证
        mu=np.mean(x,axis=0)
        sigma=np.std(x,axis=0)
        skew=stats.skew(x)
        kurtosis=stats.kurtosis(x)
        return mu,sigma,skew,kurtosis
    if __name__=='__main__':
    print("二维正态分布")
    d=np.random.randn(100000,2)
    mu,sigma,skew,kurtosis=calc_statistics(d)
    print('函数计算均值、标准差、偏度、峰度：',mu,sigma,skew,kurtosis)
    # 二维图像
    N=50
    density,edges=np.histogramdd(d,bins=[N,N])
    print('样本总数：',np.sum(density))
    density/=density.max()
    x=y=np.arange(N)
    t=np.meshgrid(x,y)
    fig=plt.figure(facecolor='gray')
    ax=fig.add_subplot(111,projection='3d')
    ax.scatter(t[0],t[1],density,c='r',s=15*density,marker='o',
depthshade=True)
    plt.show()
```

图5-6　二维正态分布的Python程序（续）

计算一维高斯模型的 MLE 的 Python 和 MATLAB 代码如图 5-7 所示，它的图形表示如图 5-8所示。

```
n=5;m=0;s=1;x=s*randn(n,1)+m;mh=mean(x);sh=std(x,1);
X=linspace(-4,4,100);Y=exp(-(X-m).^2./(2*s^2))/(2*pi*s);
Yh=exp(-(X-mh).^2./(2*sh^2))/(2*pi*sh);

figure(1);clf;hold on;
plot(X,Y,'r-',X,Yh,'b--',x,zeros(size(x)),'ko');
legend('True','Estimated');
```

```
#Python 调用 MATLAB 的 m 文件,一维高斯分布
import matlab
import matlab.engine
#import numpy as np
eng=matlab.engine.start_matlab()
eng.OneDGaussian(nargout=0)
Input()  #使图像保持
```

图 5-7 计算一维高斯模型的 MLE 的 Python 和 MATLAB 代码

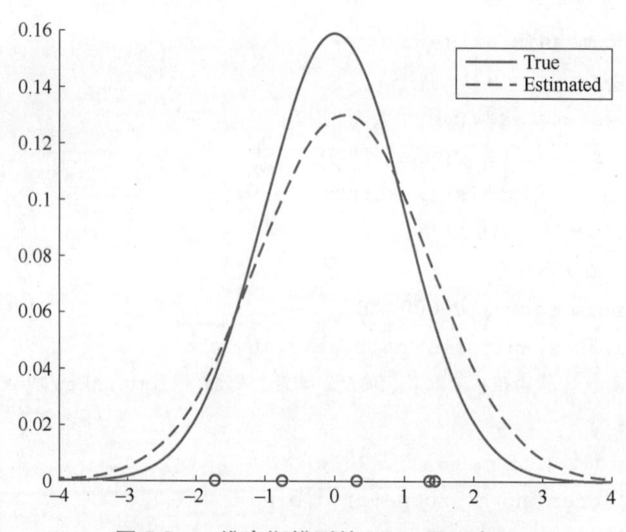

图 5-8 一维高斯模型的 MLE 图形表示

5.4.3 类-后验概率的计算

现在回到模式识别问题，用高斯模型通过 MLE 学习类-条件概率密度 $p(\boldsymbol{x} \mid \boldsymbol{y})$：

$$\hat{p}(\boldsymbol{x} \mid \boldsymbol{y})=\frac{1}{(2\pi)^{\frac{d}{2}}\det(\hat{\boldsymbol{\Sigma}}_y)^{\frac{1}{2}}}\exp\left(-\frac{1}{2}(\boldsymbol{x}-\hat{\boldsymbol{\mu}}_y)^{\mathrm{T}}\hat{\boldsymbol{\Sigma}}_y^{-1}(\boldsymbol{x}-\hat{\boldsymbol{\mu}}_y)\right) \tag{5-38}$$

式中，$\hat{\mu}$ 和 $\hat{\Sigma}_y$ 分别是类 y 的期望和方差-协方差矩阵的极大似然估计值：

$$\hat{\boldsymbol{\mu}}_y=\frac{1}{n_y}\sum_{i=1}^{n}\boldsymbol{x}_i \tag{5-39}$$

$$\hat{\boldsymbol{\Sigma}}_y=\frac{1}{n_y}\sum_{i=1}^{n}(\boldsymbol{x}_i-\hat{\boldsymbol{\mu}}_y)(\boldsymbol{x}_i-\hat{\boldsymbol{\mu}}_y)^{\mathrm{T}} \tag{5-40}$$

式中，n_y 表示类 $\boldsymbol{y}$ 中训练样本的数目。如图 5-4 所示，log 函数是单调递增的，并且最大化 log 类-后验概率比最大化普通类-后验概率更方便。根据贝叶斯公式，有

$$p(\boldsymbol{y}\mid\boldsymbol{x})=\frac{p(\boldsymbol{x}\mid\boldsymbol{y})p(\boldsymbol{y})}{p(\boldsymbol{x})} \tag{5-41}$$

于是 log 类-后验概率可表示为

$$\log p(\boldsymbol{y}\mid\boldsymbol{x})=\log p(\boldsymbol{x}\mid\boldsymbol{y})+\log p(\boldsymbol{y})-\log p(\boldsymbol{x}) \tag{5-42}$$

式（5-42）中的类-先验概率 $p(\boldsymbol{y})$ 可以用训练样本的比例简单估计：

$$\hat{p}(\boldsymbol{y})=\frac{n_y}{n} \tag{5-43}$$

式中，n_y 表示训练样本中类 $\boldsymbol{y}$ 的个数；n 表示训练样本总数。于是，log 类-后验概率 $\log p(\boldsymbol{y}\mid\boldsymbol{x})$ 可以用下式估计：

$$\begin{aligned}\log\hat{p}(\boldsymbol{y}\mid\boldsymbol{x})&=\log\hat{p}(\boldsymbol{x}\mid\boldsymbol{y})+\log\hat{p}(\boldsymbol{y})-\log\hat{p}(\boldsymbol{x})\\&=-\frac{d}{2}\log(2\pi)-\frac{1}{2}\log(\det(\hat{\boldsymbol{\Sigma}}_y))-\frac{1}{2}(\boldsymbol{x}-\hat{\boldsymbol{\mu}}_y)^{\mathrm{T}}\hat{\boldsymbol{\Sigma}}_y^{-1}(\boldsymbol{x}-\hat{\boldsymbol{\mu}}_y)+\log\frac{n_y}{n}-\log p(\boldsymbol{x})\\&=-\frac{1}{2}(\boldsymbol{x}-\hat{\boldsymbol{\mu}}_y)^{\mathrm{T}}\hat{\boldsymbol{\Sigma}}_y^{-1}(\boldsymbol{x}-\hat{\boldsymbol{\mu}}_y)-\frac{1}{2}\log(\det(\hat{\boldsymbol{\Sigma}}_y))+\log\frac{n_y}{n}+C\end{aligned} \tag{5-44}$$

式中，C 是独立于 $\boldsymbol{y}$ 的常数。如上所述，如果用高斯模型估计 $p(\boldsymbol{y}\mid\boldsymbol{x})$，那么 $\log\hat{p}(\boldsymbol{y}\mid\boldsymbol{x})$ 就变成 $\boldsymbol{x}$ 的二次方程，上述公式的第一项 $(\boldsymbol{x}-\hat{\boldsymbol{\mu}}_y)^{\mathrm{T}}\hat{\boldsymbol{\Sigma}}^{-1}(\boldsymbol{x}-\hat{\boldsymbol{\mu}}_y)$ 被称为 $\boldsymbol{x}$ 和 $\hat{\boldsymbol{\mu}}_y$ 间的马氏距离（Mahalanobis distance）。马氏距离是指存在于超椭球体（hyperellipsoid）表面的点的集合，该超椭球体表面上任意一点与 $\hat{\Sigma}$ 的距离相等。为了理解这一点，我们对方差-协方差矩阵 $\hat{\boldsymbol{\Sigma}}$ 进行特征值分解，如式（5-45）所示。

$$\hat{\boldsymbol{\Sigma}}\boldsymbol{\phi}=\lambda\boldsymbol{\phi} \tag{5-45}$$

式中，λ 为 $\{\lambda_j\}_{j=1}^{d}$，是 $\hat{\boldsymbol{\Sigma}}_y$ 的特征值，$\boldsymbol{\phi}$ 为 $\{\boldsymbol{\phi}_j\}_{j=1}^{d}$，是对应的特征向量，且已经被归一化成了单位向量，于是 $\hat{\boldsymbol{\Sigma}}$ 可被表示为

$$\hat{\boldsymbol{\Sigma}}=\sum_{j=1}^{d}\lambda_j\boldsymbol{\phi}_j\boldsymbol{\phi}_j^{\mathrm{T}} \tag{5-46}$$

且 $\hat{\boldsymbol{\Sigma}}^{-1}$ 可以写作

$$\hat{\boldsymbol{\Sigma}}^{-1}=\sum_{j=1}^{d}\frac{1}{\lambda_j}\boldsymbol{\phi}_j\boldsymbol{\phi}_j^{\mathrm{T}}$$

由于 $\boldsymbol{\phi}$ 是相互正交的，因此马氏距离可以表示为

$$(\boldsymbol{x}-\hat{\boldsymbol{\mu}})^{\mathrm{T}}\hat{\boldsymbol{\Sigma}}^{-1}(\boldsymbol{x}-\hat{\boldsymbol{\mu}})=\sum_{j=1}^{d}\frac{(\boldsymbol{\phi}_j^{\mathrm{T}}(\boldsymbol{x}-\hat{\boldsymbol{\mu}}))^2}{\lambda_j}$$

$\boldsymbol{\phi}_j^{\mathrm{T}}(\boldsymbol{x}-\hat{\boldsymbol{\mu}})$ 是 $\boldsymbol{x}-\hat{\boldsymbol{\mu}}$ 投影到 $\boldsymbol{\phi}_j$ 上的长度，如图 5-9 所示。因此，马氏距离就是投影长度的平方和除以 λ_j，于是满足相同马氏距离（比如：1）的点的集合满足

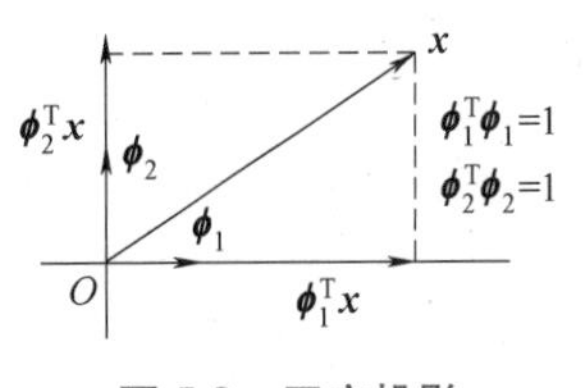

图 5-9　正交投影

$$\sum_{j=1}^{d}\frac{1}{\lambda_j}(\boldsymbol{\phi}_j^{\mathrm{T}}(\boldsymbol{x}-\hat{\boldsymbol{\mu}}))^2=1$$

这表示超椭球体的长轴（principal axis）与 $\{\boldsymbol{\phi}_j\}_{j=1}^{d}$平行，长度为 $\{\sqrt{\boldsymbol{\lambda}_j}\}_{j=1}^{d}$。当 x 的维度为 $d=2$ 时，超椭球体就退化成了椭圆，如图 5-10 所示。

当类的数目为 $c=2$ 时，拥有相同类-后验概率（如 1/2）的点集合的决策边界为

$$p(\boldsymbol{y}=1\mid\boldsymbol{x})=p(\boldsymbol{y}=2\mid\boldsymbol{x})$$

因此，如果用高斯模型估计 $p(\boldsymbol{x}\mid\boldsymbol{y})$，该决策边界为二次超平面（quadratic hypersurface）。

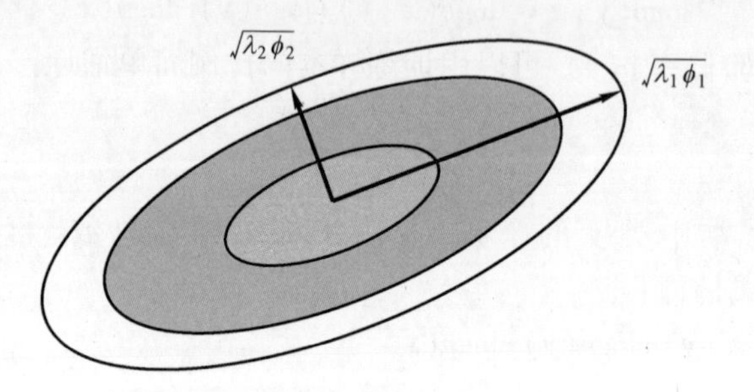

图 5-10　用超椭球体轮廓表示马氏距离

第6章 高斯混合模型的极大似然估计

在实际应用中，通过高斯模型来近似类条件概率密度是很受限制的。本章将介绍一个更有表现力的模型——高斯混合模型（参数估计），并且讨论它的极大似然估计。

6.1 高斯混合模型

如果一个类中的模式分布在不同的聚类中，通过一个高斯模型去近似类条件分布是不合适的。比如说，图 6-1a 所示的情形，通过一个高斯模型去近似单峰模型分布，其结果是准确的估计。但是如图 6-1b 所示，如果用一个高斯模型去近似多峰模型分布，即使在训练样本足够多的情况下，其表现依旧会很差。

定义高斯混合模型为

$$q(\boldsymbol{x},\boldsymbol{\theta})=\sum_{l=1}^{m}\omega_l N(\boldsymbol{x},\boldsymbol{\mu}_l,\boldsymbol{\Sigma}_l) \tag{6-1}$$

其很适合多峰模型分布。式中，$N(\boldsymbol{x},\boldsymbol{\mu},\boldsymbol{\Sigma})$ 表示一个期望为$\boldsymbol{\mu}$ 和方差-协方差矩阵为 $\boldsymbol{\Sigma}$ 的高斯模型：

$$N(\boldsymbol{x},\boldsymbol{\mu},\boldsymbol{\Sigma})=\frac{1}{(2\pi)^{d/2}\det(\boldsymbol{\Sigma})^{1/2}}\exp\left(-\frac{1}{2}(\boldsymbol{x}-\boldsymbol{\mu})^{\mathrm{T}}\boldsymbol{\Sigma}^{-1}(\boldsymbol{x}-\boldsymbol{\mu})\right) \tag{6-2}$$

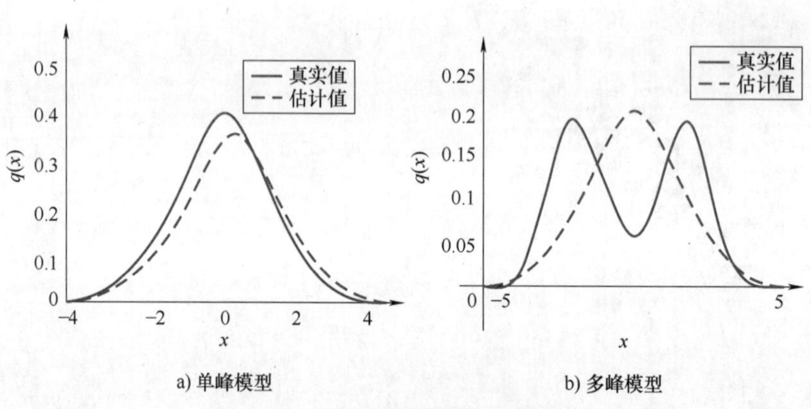

a) 单峰模型　　b) 多峰模型

图 6-1　高斯模型的极大似然估计

所以，高斯混合模型是 m 个高斯模型根据 $\{\omega_l\}_{l=1}^{m}$ 加权线性组合而成。高斯混合模型的参数 $\boldsymbol{\theta}$ 为

$$\boldsymbol{\theta}=(\omega_1,\cdots,\omega_m,\mu_1,\cdots,\mu_m,\Sigma_1,\cdots,\Sigma_m)$$

高斯混合模型 $q(x,\boldsymbol{\theta})$ 如果要成为一个概率密度函数，就应该满足下面的条件：

$$\forall x\in\mathcal{X},q(x,\boldsymbol{\theta})\geqslant 0 \text{ 且} \int_{\mathcal{X}}q(x,\boldsymbol{\theta})\mathrm{d}x=1$$

同时 $\{\omega_l\}_{l=1}^{m}$ 需要满足：

$$\omega_1,\cdots,\omega_m\geqslant 0 \text{ 且} \sum_{l=1}^{m}\omega_l=1 \tag{6-3}$$

通过多个高斯模型的线性组合，高斯混合模型能够表示一个多峰模型分布，如图 6-2 所示。

为了更清晰地表达高斯混合模型，使用 MATLAB 编制高斯混合模型程序，通过 Python 调用 MATLAB 的 m 文件，在 Python 中为了使输出图像保持，使用 input( ) 函数，如图 6-3

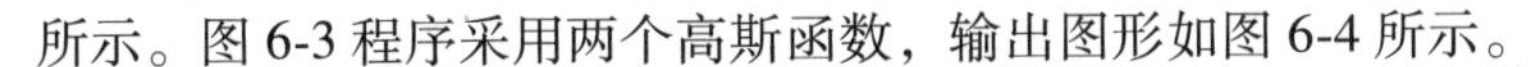

所示。图 6-3 程序采用两个高斯函数，输出图形如图 6-4 所示。

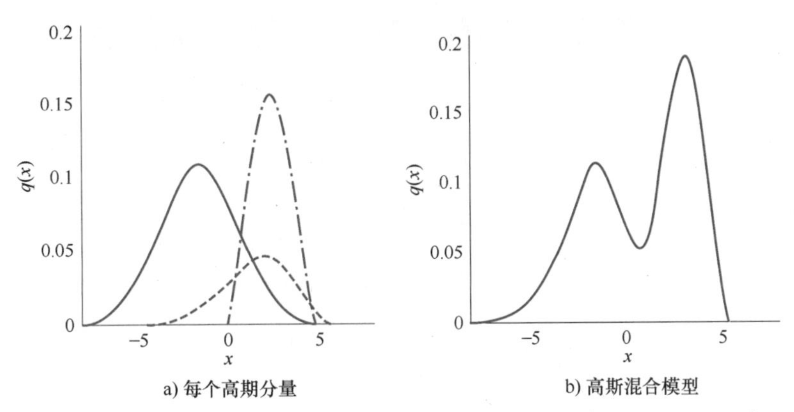

图 6-2　高斯混合模型 $q(x)=0.4N(x,-2,1.5^2)+0.2N(x,2,2^2)+0.4N(x,3,1^2)$ 示例

```
mu=[1 2;-3 -5];
sigma=cat(3,[2 0;0 .5],[1 0;0 1]);
p=ones(1,2)/2;
obj=gmdistribution(mu,sigma,p);
ezsurf(@(x,y)pdf(obj,[x y]),[-10 10],[-10 10])
```

```
#Python 调用 MATLAB 的 m 文件,高斯混合模型
import matlab
import matlab.engine
#import numpy as np
eng=matlab.engine.start_matlab()
eng.gmdistribution (nargout=0)
input()   #使图像保持
```

图 6-3　高斯混合模型的 Python 和 MATLAB 程序

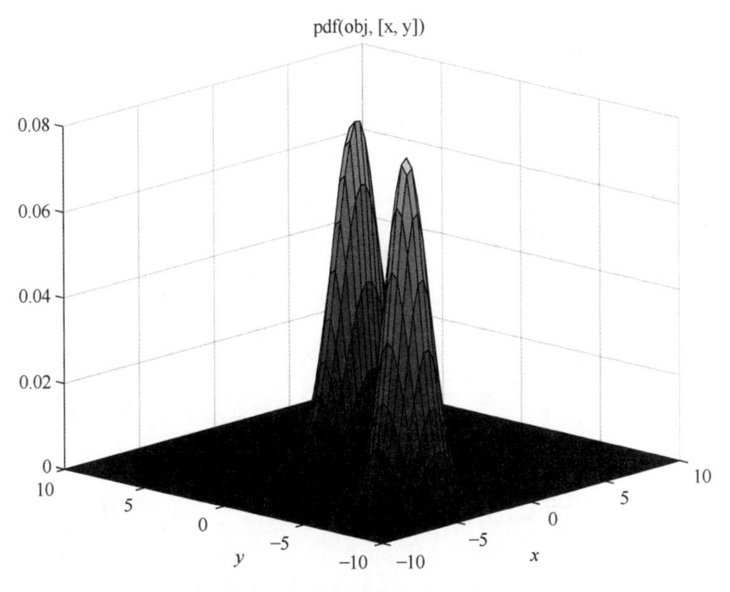

图 6-4　高斯混合模型三维图

6.2 高斯混合模型的参数极大似然估计

高斯混合模型的参数 θ 在第 5 章关于极大似然估计的解释中已经介绍过。似然公式为

$$L(\theta)=\prod_{i=1}^{n}q(x_i,\theta) \tag{6-4}$$

通过极大似然估计可以找到使函数最大化的参数 θ。当上述高斯混合模型的似然被最大化时，应该满足式（6-5）的约束：

$$\begin{cases}\hat{\theta}=\underset{\theta}{\mathrm{argmax}}L(\theta)\\ \text{约束条件 } \omega_1,\cdots,\omega_m\geqslant 0 \text{ 且 } \sum_{l=1}^{m}\omega_l=1\end{cases} \tag{6-5}$$

由于以上约束，θ 的最大值不能通过简单地对似然求导并令导数等于 0 来得到。这里 ω_1，…，ω_m 被重新参数化为

$$\omega_l=\frac{\exp(\gamma_l)}{\sum_{l'=1}^{m}\exp(\gamma_{l'})} \tag{6-6}$$

式中，$\{\gamma_l\}_{l=1}^{m}$ 自动满足式（6-3）的约束，它可以被学习得到。对于 $\log L(\theta)$，最大似然解 $\hat{\theta}$ 满足下面似然等式：

$$\begin{cases}\frac{\partial}{\partial\gamma_l}\log L(\boldsymbol{\theta})\mid_{\boldsymbol{\theta}=\hat{\boldsymbol{\theta}}}=0\\ \frac{\partial}{\partial\boldsymbol{\mu}_l}\log L(\boldsymbol{\theta})\mid_{\boldsymbol{\theta}=\hat{\boldsymbol{\theta}}}=\boldsymbol{0}_d\\ \frac{\partial}{\partial\boldsymbol{\Sigma}_l}\log L(\boldsymbol{\theta})\mid_{\boldsymbol{\theta}=\hat{\boldsymbol{\theta}}}=\boldsymbol{0}_{d\times d}\end{cases} \tag{6-7}$$

式中，$\boldsymbol{0}_d$ 表示 d 维零向量；$\boldsymbol{0}_{d\times d}$ 表示 $d\times d$ 零矩阵。将式（6-6）代入式（6-4）中，对数似然被表示为

$$\log L(\boldsymbol{\theta})=\sum_{i=1}^{n}\log\sum_{l=1}^{m}\exp(\gamma_l)N(\boldsymbol{x}_i,\boldsymbol{\mu}_l,\boldsymbol{\Sigma}_l)-n\log\sum_{l'=1}^{m}\exp(\gamma_{l'}) \tag{6-8}$$

对上述对数似然求关于 γ_l 的偏导，得

$$\frac{\partial}{\partial\gamma_l}\log L(\boldsymbol{\theta})=\sum_{i=1}^{n}\frac{\exp(\gamma_l)N(\boldsymbol{x}_i,\boldsymbol{\mu}_l,\boldsymbol{\Sigma}_l)}{\sum_{l'=1}^{m}\exp(\gamma_{l'})N(\boldsymbol{x}_i,\boldsymbol{\mu}_{l'},\boldsymbol{\Sigma}_{l'})}-\frac{n\gamma_l}{\sum_{l'=1}^{m}\exp(\gamma_{l'})}$$

$$=\sum_{i=1}^{n}\eta_{i,l}-n\omega_l \tag{6-9}$$

式中，$\eta_{i,l}$被定义为

$$\eta_{i,l}=\frac{\omega_l N(\boldsymbol{x}_i,\boldsymbol{\mu}_l,\boldsymbol{\Sigma}_l)}{\sum_{l'=1}^{m}\omega_{l'}N(\boldsymbol{x}_i,\boldsymbol{\mu}_{l'},\boldsymbol{\Sigma}_{l'})}$$

同理，对上述对数似然求关于 $\boldsymbol{\mu}_l$ 和 $\boldsymbol{\Sigma}_l$ 的偏导，可得

$$\frac{\partial}{\partial\boldsymbol{\mu}_l}\log L(\boldsymbol{\theta})=\sum_{i=1}^{n}\eta_{i,l}\boldsymbol{\Sigma}_l^{-1}(\boldsymbol{x}_i-\boldsymbol{\mu}_l) \tag{6-10}$$

$$\frac{\partial}{\partial\boldsymbol{\Sigma}_l}\log L(\boldsymbol{\theta})=\frac{1}{2}\sum_{i=1}^{n}\eta_{i,l}(\boldsymbol{\Sigma}_l^{-1}(\boldsymbol{x}_i-\boldsymbol{\mu}_l)(\boldsymbol{x}_i-\boldsymbol{\mu}_l)^{\mathrm{T}}\boldsymbol{\Sigma}_l^{-1}-\boldsymbol{\Sigma}_l^{-1}) \tag{6-11}$$

令上述导数为零，最大似然解 $\hat{\omega}_l$、$\hat{\boldsymbol{\mu}}_l$ 和 $\hat{\boldsymbol{\Sigma}}_l$ 满足

$$\begin{cases}\hat{\omega}_l=\dfrac{1}{n}\sum_{i=1}^{n}\hat{\eta}_{i,l}\\ \hat{\boldsymbol{\mu}}_l=\dfrac{\sum_{i=1}^{n}\hat{\eta}_{i,l}\boldsymbol{x}_i}{\sum_{i'=1}^{n}\eta_{i',l}}\\ \hat{\boldsymbol{\Sigma}}_l=\dfrac{\sum_{i=1}^{n}\hat{\eta}_{i,l}(\boldsymbol{x}_i-\hat{\boldsymbol{\mu}}_l)(\boldsymbol{x}_i-\hat{\boldsymbol{\mu}}_l)^{\mathrm{T}}}{\sum_{i'=1}^{n}\eta_{i',l}}\end{cases} \tag{6-12}$$

式中，$\hat{\eta}_{i',l}$是样本 x_i 的第 l 组成部分的决定因素（responsibility）：

$$\hat{\eta}_{i',l}=\frac{\hat{\omega}_l N(\boldsymbol{x}_i,\hat{\boldsymbol{\mu}}_l,\hat{\boldsymbol{\Sigma}}_l)}{\sum_{l'=1}^{m}\hat{\omega}_{l'}N(\boldsymbol{x}_i,\hat{\boldsymbol{\mu}}_{l'},\hat{\boldsymbol{\Sigma}}_{l'})} \tag{6-13}$$

上述似然等式中的变量用很混乱和复杂的方式被定义和使用，目前还没有比较有效的方法能解决这个问题。下面介绍了两种方法来找到数值解：一个是梯度方法，另一个是 EM 算法。

6.3　随机梯度算法

梯度方法是一种比较通用和简单的优化方法，如图 6-5 所示，它通过不断地迭代更新参数的方法来使得目标函数的梯度升高或者降低（在最小化的情况下）。图 6-6 所示详细描述了梯度下降算法的执行过程。在宽松的假设条件下，梯度上升的解能保证是局部最优的，就好比一个局部山峰的峰顶，任何局部参数更新，目标值也不会增加。梯度方法的一种随机变种是，随机选择一个样本，然后根据这个被选择的样本更新参数来上升梯度。这种随机方法被称作随机梯度算法，该算法也能找到局部最优解。注意，（随机）梯度方法不仅要给出全局最优解，而且还要给出一个局部最优解，如图 6-5 所示。此外，算法的性能依赖于步长的选择，且步长的大小在实际使用中很难选择。如果步长设置较大，那么梯度在刚开始的时候

上升很快，但是可能会跨过最高点，如图 6-7a 所示。另一方面，如果步长设置减小，那么虽然能够找到最高点，但是在刚开始的时候梯度上升的速度会很慢，如图 6-7b 所示。为了克服这个问题，我们开始把步长设置较大，随后慢慢减小步长，这是比较有效果的。但是，在实际使用时，初始步长的选择和步长的下降因子也是不能直接确定的。为了减轻只能找到一个局部最优解的问题，实际上，设置不同的初始值多次运行梯度算法，根据最好的解来选择一个初始值是很有用的。

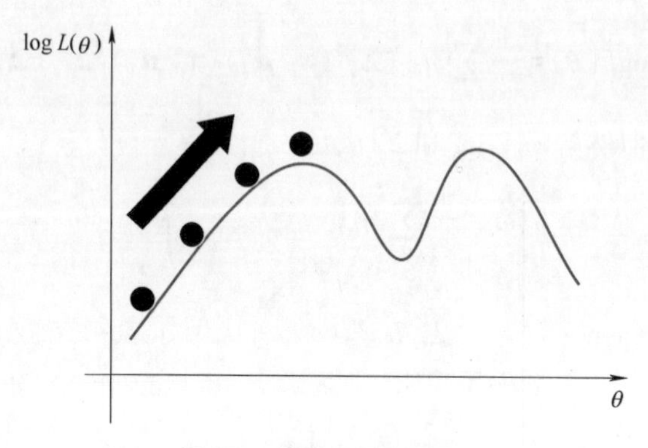

图 6-5　梯度下降原理图

1. 给定 $\hat{\boldsymbol{\theta}}$ 以适当的初值。
2. 对于选定的初值，计算出对数似然 $\log L(\boldsymbol{\theta})$ 的梯度：

$$\frac{\partial}{\partial \boldsymbol{\theta}} \log L(\boldsymbol{\theta}) \Big|_{\boldsymbol{\theta}=\hat{\boldsymbol{\theta}}}$$

3. 采用梯度下降的方式，对参数进行更新：

$$\hat{\boldsymbol{\theta}} \leftarrow \hat{\boldsymbol{\theta}} + \varepsilon \frac{\partial}{\partial \boldsymbol{\theta}} \log L(\boldsymbol{\theta}) \Big|_{\boldsymbol{\theta}=\hat{\boldsymbol{\theta}}}$$

4. 重复上述 2、3 步计算，直到解 $\hat{\boldsymbol{\theta}}$ 达到收敛精度为止。

图 6-6　梯度下降算法

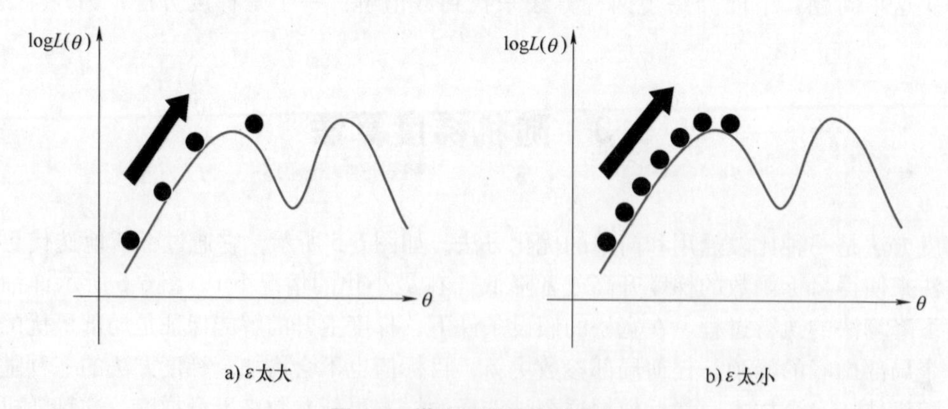

图 6-7　梯度下降法中的步长

由图 6-7 可见，如果步长太大，梯度上升就会跨过最高点；如果步长太小，梯度上升就会很慢。

6.4　EM　算　法

在梯度方法中调整步长 ε 的困难能够被 EM 算法克服，EM 算法是在当输入 x 仅仅部分可观察的情况下为了得到极大似然估计解而发展出来的。高斯混合模型的极大似然估计实际上也能被视为从不完全的数据中学习而来，并且 EM 算法能给出一种有效的方式来得到一个局部最优解。如图 6-8 描述的一样，EM 算法是由 E 步和 M 步两部分组成，基于必要条件（式（6-5））来更新解，并且相互交替计算辅助变量。

1. 对参数 $\{\hat{\omega}_l,\hat{\boldsymbol{\mu}},\hat{\boldsymbol{\Sigma}}_l\}_{l=1}^m$ 进行初始化。
2. E 步：根据当前的参数 $\{\hat{\omega}_l,\hat{\boldsymbol{\mu}},\hat{\boldsymbol{\Sigma}}_l\}_{l=1}^m$，可以计算出后验概率 $\{\hat{\eta}_{i,l}\}_{i=1,l=1}^{n,\ m}$：
$$\hat{\eta}_{i,l}\leftarrow\frac{\hat{\omega}_l N(\boldsymbol{x}_i,\hat{\boldsymbol{\mu}}_l,\hat{\boldsymbol{\Sigma}}_l)}{\sum_{l'=1}^{m}\hat{\omega}_{l'}N(\boldsymbol{x}_i,\hat{\boldsymbol{\mu}}_{l'},\hat{\boldsymbol{\Sigma}}_{l'})}$$
3. M 步：从当前的后验概率 $\{\hat{\eta}_{i,l}\}_{i=1,l=1}^{n,\ m}$，对参数 $\{\hat{\omega}_l,\hat{\boldsymbol{\mu}},\hat{\boldsymbol{\Sigma}}_l\}_{l=1}^m$ 进行更新：
$$\hat{\omega}_l\leftarrow\frac{1}{n}\sum_{i=1}^{n}\hat{\eta}_{i,l}$$
$$\hat{\boldsymbol{\mu}}_l\leftarrow\frac{\sum_{i=1}^{n}\hat{\eta}_{i,l}\boldsymbol{x}_i}{\sum_{i'=1}^{n}\eta_{i',l}}$$
$$\hat{\boldsymbol{\Sigma}}_l\leftarrow\frac{\sum_{i=1}^{n}\hat{\eta}_{i,l}(\boldsymbol{x}_i-\hat{\boldsymbol{\mu}}_l)(\boldsymbol{x}_i-\hat{\boldsymbol{\mu}}_l)^{\mathrm{T}}}{\sum_{i'=1}^{n}\eta_{i',l}}$$
4. 重复上述 2、3 步的计算。

图 6-8　EM 算法

E 步和 M 步解释如下：

E 步：当解为 $\hat{\boldsymbol{\theta}}$ 时，似然 $\log L(\boldsymbol{\theta})$ 的下界 $b(\boldsymbol{\theta})$ 的等号能被确定：

$$\forall\boldsymbol{\theta},\log L(\boldsymbol{\theta})\geqslant b(\boldsymbol{\theta}),\text{且 }\log L(\hat{\boldsymbol{\theta}})=b(\hat{\boldsymbol{\theta}})\tag{6-14}$$

注意：下界 $b(\boldsymbol{\theta})$ 需要通过不可观察的变量来计算期望得到，这也是为什么把这一步叫作 E(expectation) 步。

M 步：使下界 $b(\boldsymbol{\theta})$ 最大的 $\hat{\boldsymbol{\theta}}'$ 可得：

$$\hat{\boldsymbol{\theta}}'=\underset{\boldsymbol{\theta}}{\operatorname{argmax}}\,b(\boldsymbol{\theta})\tag{6-15}$$

如图 6-9 所示，通过 E 步和 M 步的迭代，对数似然的值增加了（准确地说是对数似然是单调不减的）。

E 步的下界是基于 Jensen 不等式得到的：对于 $\eta_1,\cdots,\eta_m\geqslant0$，$\sum_{l=1}^{m}\eta_l=1$，有

$$\log\left(\sum_{l=1}^{m}\eta_l u_l\right)\geqslant\sum_{l=1}^{m}\eta_l\log u_l\tag{6-16}$$

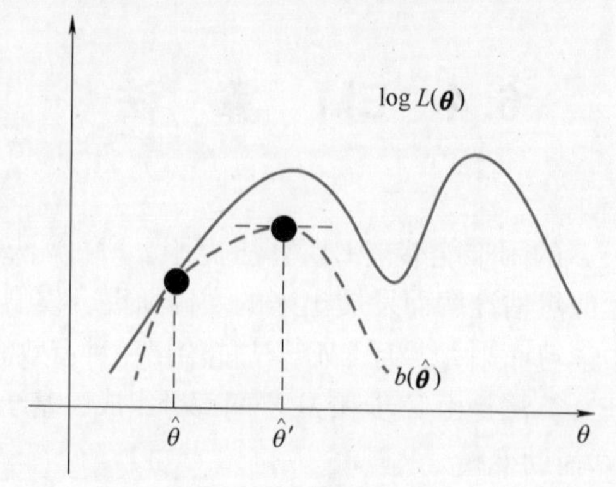

图 6-9　最大化 log 似然函数 $\log L(\boldsymbol{\theta})$ 的下界 $b(\boldsymbol{\theta})$

对于 $m=2$，如图 6-10 所示，通过对数函数的凸性，可以很直观地理解式（6-16），Jensen 不等式被简化为

$$\log(\eta_1 u_1+\eta_2 u_2)\geqslant\eta_1\log u_1+\eta_2\log u_2 \tag{6-17}$$

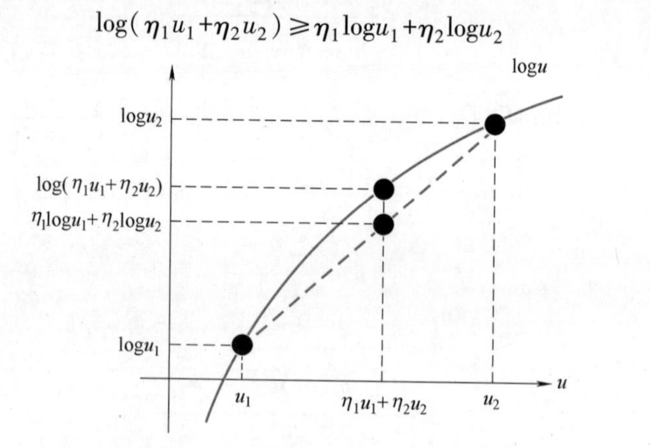

图 6-10　对数函数为凸函数时的 Jensen 不等式（$m=2$）

对数似然 $\log(\boldsymbol{\theta})$ 可以使用式（6-13）$\hat{\eta}_{i,l}$来表达：

$$\begin{aligned}\log L(\boldsymbol{\theta}) &= \sum_{i=1}^{n}\log\left(\sum_{l=1}^{m}\omega_l N(\boldsymbol{x}_i,\boldsymbol{\mu}_l,\boldsymbol{\Sigma}_l)\right)\\ &= \sum_{i=1}^{n}\log\left(\sum_{l=1}^{m}\hat{\eta}_{i,l}\frac{\omega_l N(\boldsymbol{x}_i,\boldsymbol{\mu}_l,\boldsymbol{\Sigma}_l)}{\hat{\eta}_{i,l}}\right)\end{aligned} \tag{6-18}$$

把式（6-18）中的 $\omega_l N(\boldsymbol{x}_i,\boldsymbol{\mu}_l,\boldsymbol{\Sigma}_l)/\hat{\eta}_{i,l}$ 和 Jensen 不等式（6-16）联系起来，对数似然 $\log(\boldsymbol{\theta})$ 的下界 $b(\boldsymbol{\theta})$ 可以表示为

$$\log L(\boldsymbol{\theta})\geqslant\sum_{i=1}^{n}\sum_{l=1}^{m}\hat{\eta}_{i,l}\log\left(\frac{\omega_l N(\boldsymbol{x}_i,\boldsymbol{\mu}_l,\boldsymbol{\Sigma}_l)}{\hat{\eta}_{i,l}}\right)=b(\boldsymbol{\theta}) \tag{6-19}$$

当 $\boldsymbol{\theta}=\hat{\boldsymbol{\theta}}$ 时，式（6-19）等号成立，由式（6-13）得下界 $b(\boldsymbol{\theta})$ 为

$$\begin{aligned}b(\boldsymbol{\theta}) &= \sum_{i=1}^{n}\left(\sum_{l=1}^{m}\hat{\eta}_{i,l}\right)\log\left(\frac{\hat{\omega}_l N(\boldsymbol{x}_i,\hat{\boldsymbol{\mu}}_l,\hat{\boldsymbol{\Sigma}}_l)}{\hat{\eta}_{i,l}}\right)\\ &= \sum_{i=1}^{n}\log\left(\sum_{l'=1}^{m}\hat{\omega}_{l'} N(\boldsymbol{x}_i,\hat{\boldsymbol{\mu}}_{l'},\hat{\boldsymbol{\Sigma}}_{l'})\right)=\log L(\hat{\boldsymbol{\theta}})\end{aligned} \tag{6-20}$$

使下界 $b(\boldsymbol{\theta})$ 最大的 $\hat{\boldsymbol{\theta}}'$ 在 M 步中应该满足：

$$\begin{cases} \dfrac{\partial}{\partial \boldsymbol{x}_i} b(\boldsymbol{\theta}) \Big|_{\boldsymbol{\theta}=\hat{\boldsymbol{\theta}}'} = 0 \\ \dfrac{\partial}{\partial \boldsymbol{\mu}_l} b(\boldsymbol{\theta}) \Big|_{\boldsymbol{\theta}=\hat{\boldsymbol{\theta}}'} = \boldsymbol{0}_d \\ \dfrac{\partial}{\partial \boldsymbol{\Sigma}_l} b(\boldsymbol{\theta}) \Big|_{\boldsymbol{\theta}=\hat{\boldsymbol{\theta}}'} = \boldsymbol{0}_{d\times d} \end{cases} \tag{6-21}$$

根据最大 $\hat{\theta}'$ 可得

$$\begin{cases} \hat{\omega}_l' = \dfrac{1}{n}\sum_{i=1}^{n} \hat{\eta}_{i,l} \\ \hat{\boldsymbol{\mu}}_l' = \dfrac{\sum_{i=1}^{n} \hat{\eta}_{i,l}\boldsymbol{x}_i}{\sum_{i'=1}^{n} \eta_{i',l}} \\ \hat{\boldsymbol{\Sigma}}_l' = \dfrac{\sum_{i=1}^{n} \hat{\eta}_{i,l}(\boldsymbol{x}_i-\hat{\boldsymbol{\mu}}_l)(\boldsymbol{x}_i-\hat{\boldsymbol{\mu}}_l)^{\mathrm{T}}}{\sum_{i'=1}^{n} \eta_{i',l}} \end{cases} \tag{6-22}$$

上述解释说明对数似然通过 E 步和 M 步迭代的时候是单调不减的。此外，EM 算法被证明是可以找到一个局部最优解的。

如图 6-11 是一个 EM 算法的 Python 和 MATLAB 代码，它的结果如图 6-12 所示。这里，混合模型由 5 个高斯分量组成，能够解决两个高斯分布的混合。如图 6-12 所示，5 个高斯混合分量能够很好地拟合真实的两个高斯分量的混合，并且剩下的 3 个高斯分量几乎被消除了。实际上，学习得到的参数如下：

$$(\hat{\omega}_1,\hat{\omega}_2,\hat{\omega}_3,\hat{\omega}_4,\hat{\omega}_5) = (0.09, 0.32, 0.05, 0.06, 0.49)$$

```
x=[2*randn(1,100)-5 randn(1,50);randn(1,100) randn(1,50)+3];
[d,n]=size(x);
m=5;
e=rand(n,m);
S=zeros(d,d,m);
for o=1:10000
    e=e./repmat(sum(e,2),[1 m]);
    g=sum(e);
    w=g/n;
    mu=(x*e)./repmat(g,[d 1]);
    for k=1:m
        t=x-repmat(mu(:,k),[1 n]);
        S(:,:,k)=(t.*repmat(e(:,k)',[d 1]))*t'/g(k);
```

图 6-11　高斯混合模型的 EM 算法的 Python 和 MATLAB 程序

```
        e(:,k)=w(k)*det(S(:,:,k))^(-1/2)…
 *exp(-sum(t.*(S(:,:,k)\t))/2);
     end
     if o>1 && norm(w-w0)+norm(mu-mu0)+norm(S(:)-S0(:))<0.001
        break
     end
     w0=w;
     mu0=mu;
     S0=S;
end
figure(1);clf;hold on
plot(x(1,:),x(2,:),'ro');
v=linspace(0,2*pi,100);
for k=1:m
    [V,D]=eig(S(:,:,k));
    X=3*w(k)*V'*[cos(v)*D(1,1);sin(v)*D(2,2)];
    plot(mu(1,k)+X(1,:),mu(2,k)+X(2,:),'b-')
end
```

```
#Python 调用 MATLAB 的 m 文件,高斯混合模型的 EM 算法
import matlab
import matlab.engine
#import numpy as np
eng=matlab.engine.start_matlab()
eng.Gaussmix (nargout=0)
input()  #使图像保持
```

图 6-11　高斯混合模型的 EM 算法的 Python 和 MATLAB 程序（续）

采用高斯混合模型拟合实际的模型，通过 EM 算法优化，采用使 $\hat{\eta}_{i,l}$ 最大的 $\hat{y}_i$ 所对应的样本 x_i，那么混合模型的密度估计可以被认为是聚类。

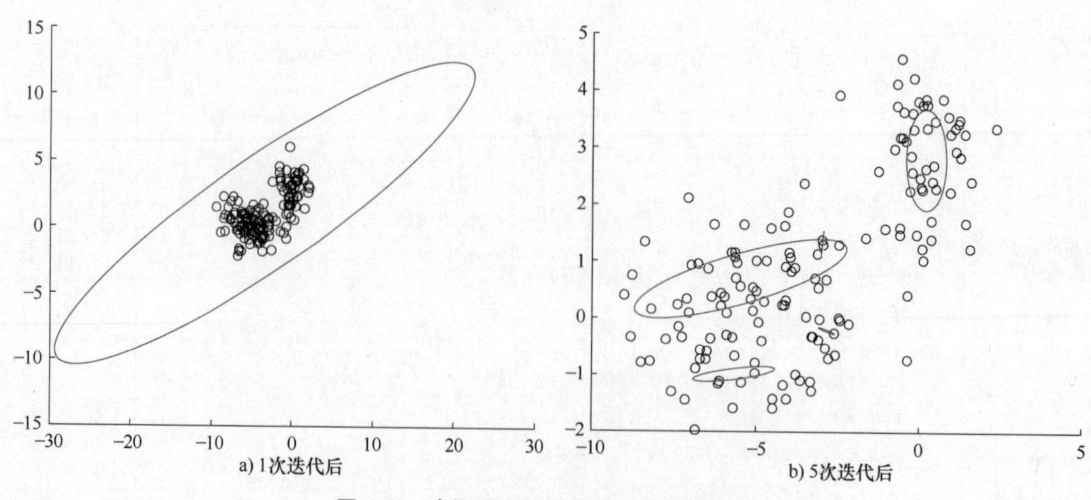

图 6-12　高斯混合模型的 EM 算法的实例

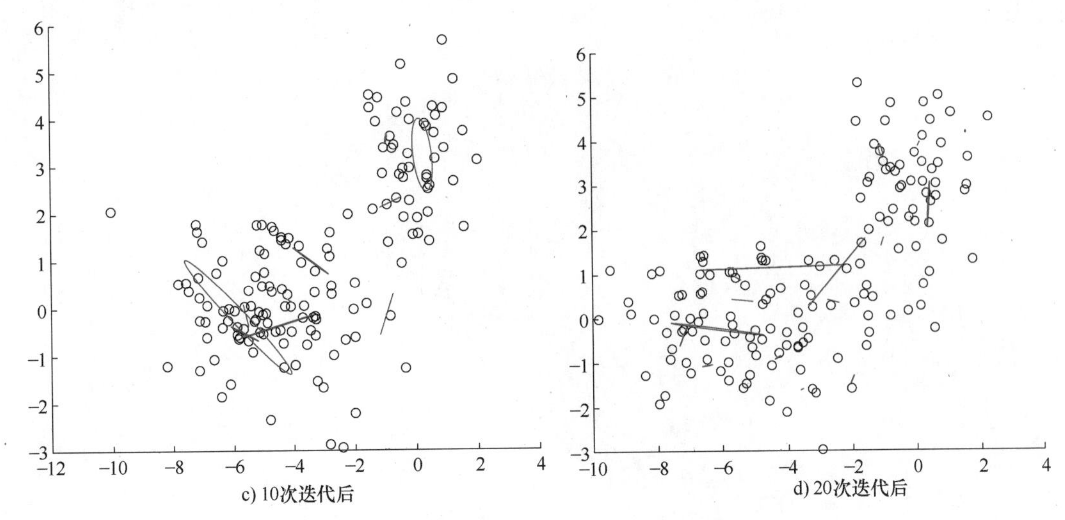

图 6-12　高斯混合模型的 EM 算法的实例（续）

第7章 非参数估计

到目前为止，讨论了参数估计的方法，这种估计可用于一个近似的参数模型表达，如图 7-1a 所示。但是，如果真实概率密度非常复杂，可能难以选取适当的参数模型，使得参数方法不能有效工作，如图 7-1b 所示。在本章中，介绍了不使用参数模型的非参数估计方法。

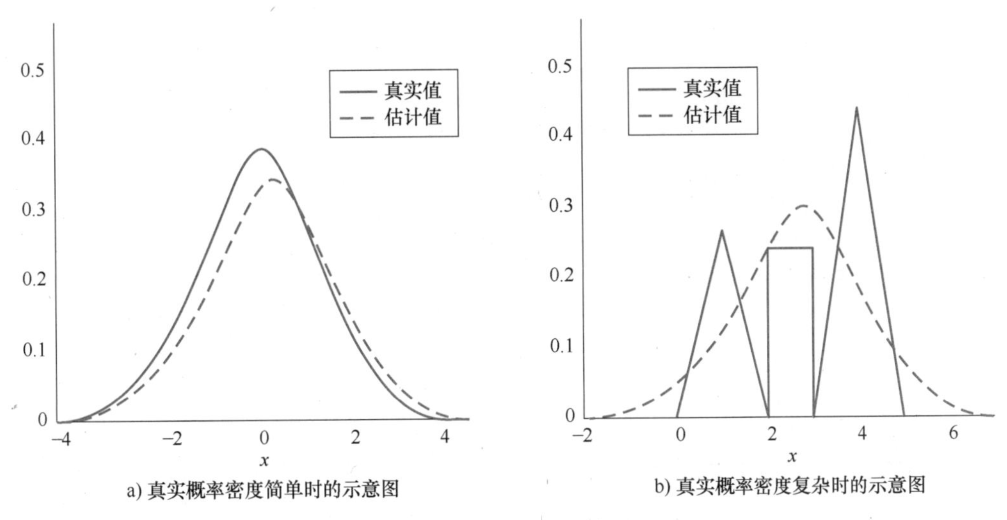

图 7-1 概率密度示意图

7.1 直方图方法

最简单的非参数方法是**直方图方法**，在直方图方法中，样本空间$\mathcal{X}$被分割成几个箱子，然后，在每个箱子中，概率密度由与落入箱子中的训练样本数字成正比的一个常数来近似，如图 7-2 所示，Python 和 MATLAB 代码如图 7-3 所示。图 7-2 表明复杂概率密度函数的分布可以通过直方图法获得较好的结果。

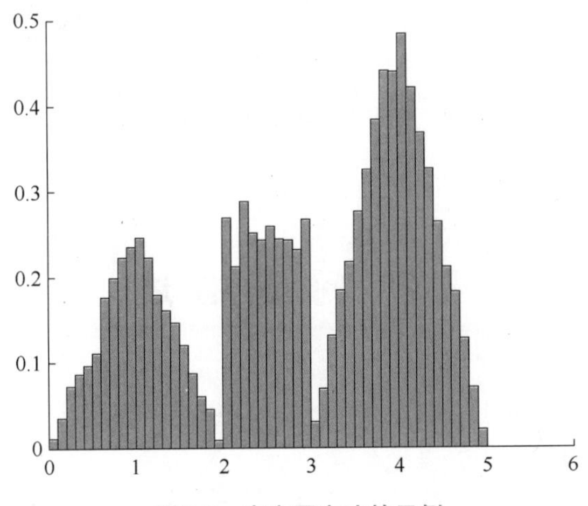

图 7-2 直方图方法的示例

```
n=10000;x=myrand(n);s=0.1;b=[0:s:5];
figure(1);clf;hold on
a=histc(x,b);bar(b,a/s/n,'histc')
```

```
function x=myrand(n)
x=zeros(1,n);u=rand(1,n);
t=(0<=u & u<1/8);x(t)=sqrt(8*u(t));
t=(1/8<=u & u<1/4);x(t)=2-sqrt(2-8*u(t));
t=(1/4<=u & u<1/2);x(t)=1+4*u(t);
t=(1/2<=u & u<3/4);x(t)=3+sqrt(4*u(t)-2);
t=(3/4<=u & u<1);x(t)=5-sqrt(4-4*u(t));
```

```
#Python 调用 MATLAB 的 m 文件
import matlab
import matlab.engine
#import numpy as np
eng=matlab.engine.start_matlab()
eng.HistPic(nargout=0)
input()  #使图像保持
```

图 7-3 用于对图 7-1b 显示的概率密度函数进行逆变换采样的 Python 和 MATLAB 代码

然而，直方图方法具有以下几个缺点：

1）不同箱子之间的概率密度不连续。

2）确定合适的箱子形状和大小很难，如图 7-4 所示。

3）类似于等距网格指数的简单样本空间分割，复杂度随着输入维度 d 的增大而呈指数型增长。

a) 箱子宽度太小

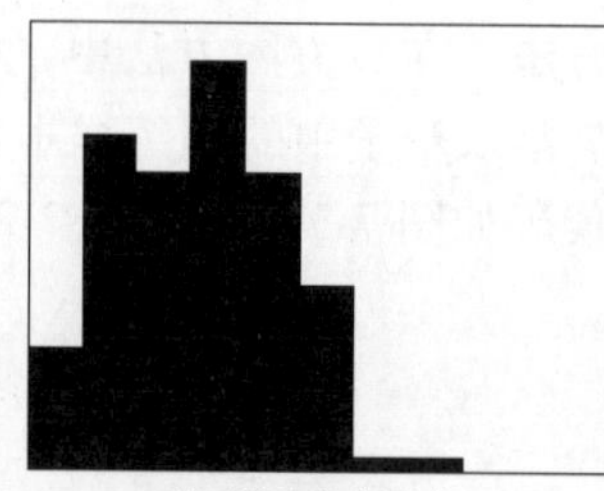

b) 箱子宽度适中

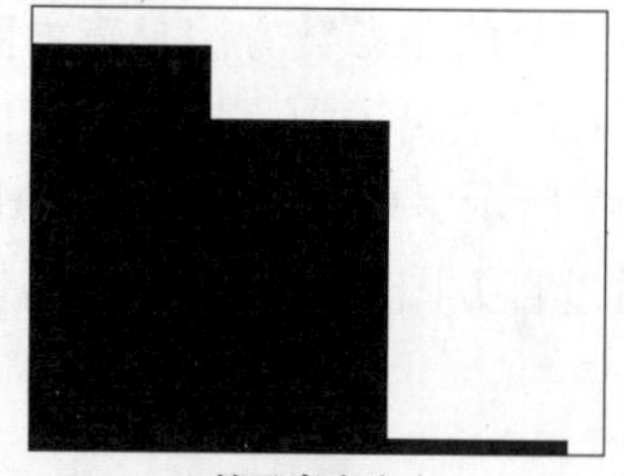

c) 箱子宽度太大

图 7-4 直方图方法中箱子宽度的选择

本章接下来介绍可以解决这些问题的非参数方法。

7.2 问题描述

现在考虑 $p(x')$ 的估计问题，即在 x' 处的概率密度的值，令 R 是样本空间 $\mathcal{X}$ 中包含感兴趣点的区域，并令 V 为其体积。

$$V=\int_R \mathrm{d}x$$

样本 x 落入区域 R 中的概率 p 由下式给出

$$P=\int_R p(x)\,\mathrm{d}x$$

这些符号的意义如图 7-5 所示。

概率 P 可以通过两种方式近似。一种是使用如式（7-1）的兴趣点 x'，如图 7-6 所示。

$$P \approx Vp(x') \tag{7-1}$$

另一种是使用落于区域 R 中的训练样本集数目 k，如式（7-2）所示。

$$P \approx \frac{k}{n} \tag{7-2}$$

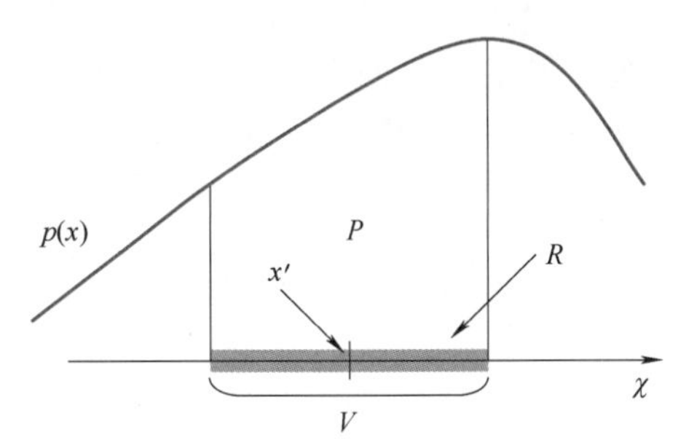

图 7-5　非参数方法的记法

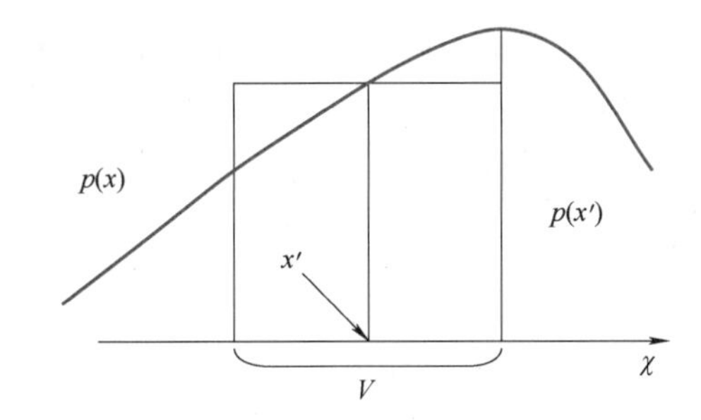

图 7-6　矩阵大小的近似概率 P

由式（7-1）和式（7-2）消除 P 得到

$$P(x') \approx \frac{k}{nV} \tag{7-3}$$

这是近似 $P(x')$ 的非参数密度估计的基本形式，即在点 x' 处的概率密度的值，而不使用任何参数模型。式（7-3）的近似精度取决于式（7-1）和式（7-2）的精度，两者的精度可以通过选择区域来控制。选择不同的 R，分别求式（7-1）和式（7-2）的精度。如果在区域 R 中的概率密度是恒定的，则式（7-1）是准确的。因此，如果区域 R 较小，式（7-1）可能更准确。接下来评估式（7-2）的准确性。k 指出 n 个训练样本落入区域 R 中的概率遵循二项分布（参见 3.2 节）。其概率质量函数由下式给出

$$P(x=k)\binom{n}{k}P^k(1-P)^{n-k} \tag{7-4}$$

式中，$\binom{n}{k}$ 是二项式系数：

$$\binom{n}{k}=\frac{n!}{(n-k)!k!}$$

二项随机变量 k 的期望和方差由下式给出

$$E[k]=nP \quad V[k]=nP(1-P)$$

然后可以很容易地证明 k/n 的期望与真实 P 一致：

$$E\left[\frac{k}{n}\right]=P$$

然而 k/n 的期望符合真实 P，并不是意味着是 k/n 的良好估计量。实际上，如果其方差较大，k/n 可能是 P 的不良估计。这里通过 nP 将 k 标准化

$$z=\frac{k}{nP}$$

因此，对于任何 P，z 的期望总是为 1：

$$E[z]=\frac{E[k]}{nP}=1$$

z 的方差由下式给出

$$V[z]=\frac{V[k]}{(nP)^2}=\frac{1-P}{nP}$$

如果 $V[z]$ 较小，k/n 是 P 的一个良好近似。图 7-7 是二项分布规范化的 Python 和 MATLAB 代码，图 7-8 为二项分布规范化方差与概率 P 的关系曲线。绘制 $V[z]$ 作为 P 的一个函数，表明较大的 P 给出较小 $V[z]$。区域 R 的加大会增大 P，因此较大的 R 使式（7-2）更准确。

```
n=100;
p=0:0.001:1;
V=1./(n*p)-1./n;
figure(1);clf;hold on
plot(p,V,'r','linewidth',2)
set(gca,'FontName','Times New Roman','FontSize',16)
xlabel('P'),ylabel('V');
```

```
#Python 调用 MATLAB 的 m 文件,二项分布规范化
import matlab
import matlab.engine
#import numpy as np
eng=matlab.engine.start_matlab()
eng.Binomial (nargout=0)
input()  #使图像保持
```

图 7-7　二项分布规范化的 Python 和 MATLAB 代码

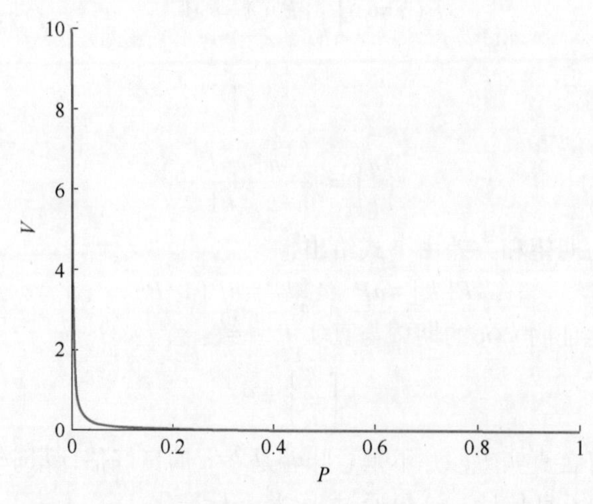

图 7-8　二项分布规范化的方差与概率 P 的关系曲线

如上所述，如果 R 较小，则式（7-1）更精确；而如果 R 较大，则式（7-2）更精确。因此，应该选择合适的区域 R 的大小，以提高式（7-3）估计的准确性。在下节中，介绍两种基于训练样本 $\{x_i\}_{i=1}^{n}$ 的区域 R 的确定方法。在7.3节中，区域 R 的体积 V 是固定的，而落入区域 R 的样本集数目由数据决定。另一方面，在7.4节中，k 是固定的，并且区域 R 的体积 V 由数据决定。

7.3　核密度估计

在本节中，区域 R 的体积 V 是固定的，而落入区域 R 的样本集数目 k 由数据决定。

7.3.1　Parzen 窗法

对于区域 R，考虑在区域 R 中以 x 为中心点、边长为 h 的超立方体（见图 7-9a）。其体积 V 由下式给出

$$V=h^d \tag{7-5}$$

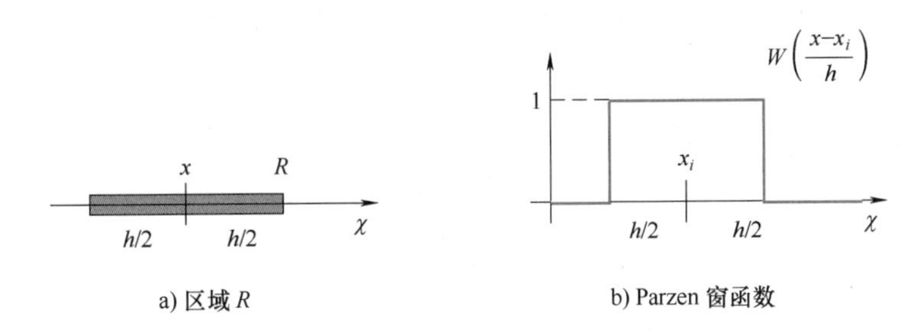

图 7-9　Parzen 窗法

式中，d 是模式空间的维度。落入区域 R 的训练样本数量表示为

$$k=\sum_{i=1}^{n} W\left(\frac{x-x_i}{h}\right) \tag{7-6}$$

式中，$W(x)$ 称为 Parzen 窗函数，对于

$$W(x)=\begin{cases}1 & \max\limits_{i=1,\cdots,d} |x^{(i)}| \leqslant \dfrac{1}{2} \\ 0 & \text{其他}\end{cases}$$

式中，h 称为 Parzen 窗口函数的**带宽**。将式（7-5）和式（7-6）代入式（7-3），得出以下密度估计量：

$$\hat{p}_{\text{Parzen}}(x)=\frac{1}{nh^d}\sum_{i=1}^{n} W\left(\frac{x-x_i}{h}\right) \tag{7-7}$$

这个估计器称为 Parzen 窗法，其工作原理如图 7-10 所示。结果类似于直方图方法的结果，但是箱子的大小自适应地取决于训练样本，然而，不同箱之间估计密度的不连续性仍然存在于 Parzen 的窗口方法中。

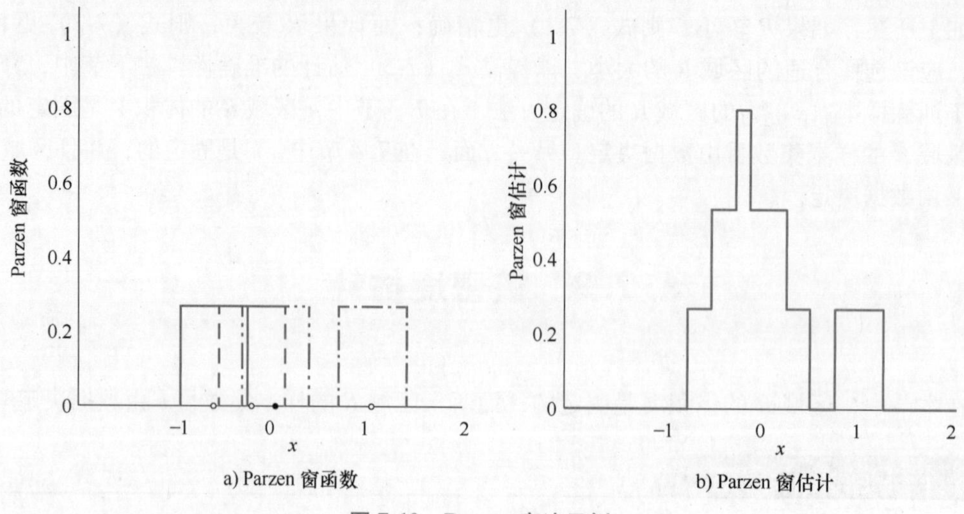

a) Parzen 窗函数　　b) Parzen 窗估计

图 7-10　Parzen 窗法示例

7.3.2　利用核的平滑

KDE 可以有效克服不连续的问题，KDE 使用一个平滑核函数 $K(x)$ 而不是 Parzen 窗函数：

$$\hat{p}_{\mathrm{KDE}}(x)=\frac{1}{nh^d}\sum_{i=1}^{n}K\left(\frac{x-x_i}{h}\right) \tag{7-8}$$

注意核函数应该满足

$$\forall x\in\mathcal{X},\ K(x)\geqslant 0,\ 且\int_{\mathcal{X}}K(x)\mathrm{d}x=1$$

通常选择高斯核作为核函数：

$$K(\boldsymbol{x})=\frac{1}{(2\pi)^{\frac{d}{2}}}\exp\left(-\frac{\boldsymbol{x}^{\mathrm{T}}\boldsymbol{x}}{2}\right) \tag{7-9}$$

其中带宽 h 对应于高斯密度函数的标准偏差。高斯 KDE 的一个例子如图 7-11 所示，表明得到一个好的平滑密度估计量。

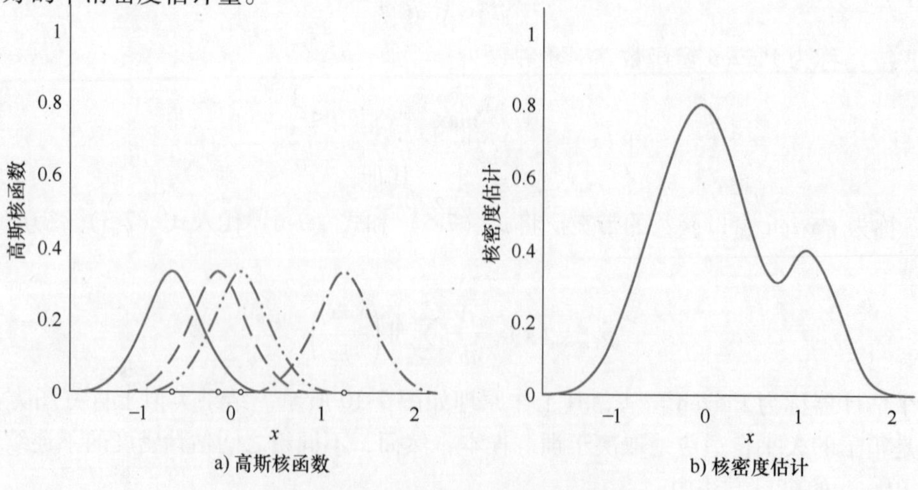

a) 高斯核函数　　b) 核密度估计

图 7-11　KDE 中核带宽 h 的选择

一个广义的 KDE

$$\hat{p}_{\mathrm{KDE}}(\boldsymbol{x})=\frac{1}{n\det(\boldsymbol{H})}\sum_{i=1}^{n}K(\boldsymbol{H}^{-1}(\boldsymbol{x}-\boldsymbol{x}_i)) \tag{7-10}$$

式中，$\boldsymbol{H}$ 是称为带宽矩阵的 $d\times d$ 正定矩阵。如 $K(x)$ 是高斯函数，$\boldsymbol{H}\boldsymbol{H}^{\mathrm{T}}$ 则对应于高斯密度函数的方差-协方差矩阵。

7.3.3 带宽的选择

由 KDE 获得的估计 $\hat{p}_{\mathrm{KDE}}(x)$ 取决于带宽 h，如图 7-12 所示。这里，介绍了选择 h 的数据驱动方法。对于式（7-6）所示的广义 KDE，考虑对角带宽矩阵 $\boldsymbol{h}$ 为

$$\boldsymbol{h}=\mathrm{diag}(h^{(1)},\cdots,h^{(d)})$$

式中，d 表示输入 x 的维数。当真概率分布是高斯分布时，则最佳带宽为

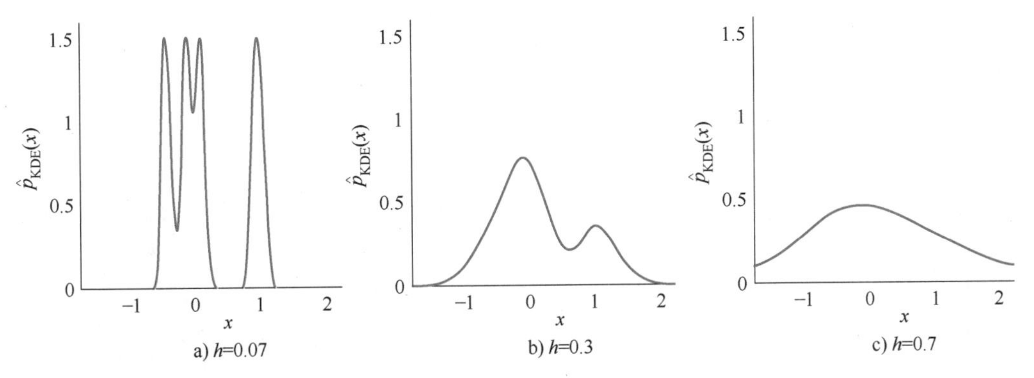

图 7-12　KDE 中内核带宽 h 的选择

$$\hat{h}^{(j)}=\left(\frac{4}{(d+2)n}\right)^{\frac{1}{d+4}}\sigma^{(j)}$$

式中，$\sigma^{(j)}$ 表示 x 的第 j 个元素的标准偏差。由于 $\sigma^{(j)}$ 在实际上是未知的，可以从样本中估计

$$\hat{\sigma}^{(j)}=\sqrt{\frac{1}{n-1}\sum_{i=1}^{n}\left(x_i^{(j)}-\frac{1}{n}\sum_{i=1}^{n}x_i^{(j)}\right)^2}$$

这称为 Silverman 的带宽选择器。

虽然 Silverman 的带宽选择器很容易实现，但其有效性只有当真实概率分布为高斯分布时才能保证。使用交叉检验可以获得更灵活的模型。图 7-13 提供了用于高斯 KDE 的似然交叉检验的 Python 和 MATLAB 代码，其图形如图 7-14 所示。

```
n=500;x=myrand(n);x2=x.^2;hs=[0.01 0.1 0.5];t=5;
d2=repmat(x2,[n 1])+repmat(x2',[1 n])-2*x'*x;
v=mod(randperm(n),t)+1;
for i=1:length(hs)
    hh=2*hs(i)^2;P=exp(-d2/hh)/sqrt(pi*hh);
    for j=1:t
```

图 7-13　用于高斯 KDE 的 Python 和 MATLAB 代码

```
        s(j,i)=mean(log(mean(P(v~=j,v==j))));
    end
end
[dum,a]=max(mean(s));h=hs(a);hh=2*h^2;
ph=mean(exp(-d2/hh)/(sqrt(pi*hh)));
figure(1);clf;plot(x,ph,'r*');h
```

```
#Python 调用 MATLAB 的 m 文件,高斯 KDE 算法
import matlab
import matlab.engine
#import numpy as np
eng=matlab.engine.start_matlab()
eng.GaussKDE (nargout=0)
input()   #使图像保持
```

图 7-13 用于高斯 KDE 的 Python 和 MATLAB 代码（续）

图 7-13 中，通过似然交叉检验选择带宽，采用了一个随机数发生器“myrand.m”。

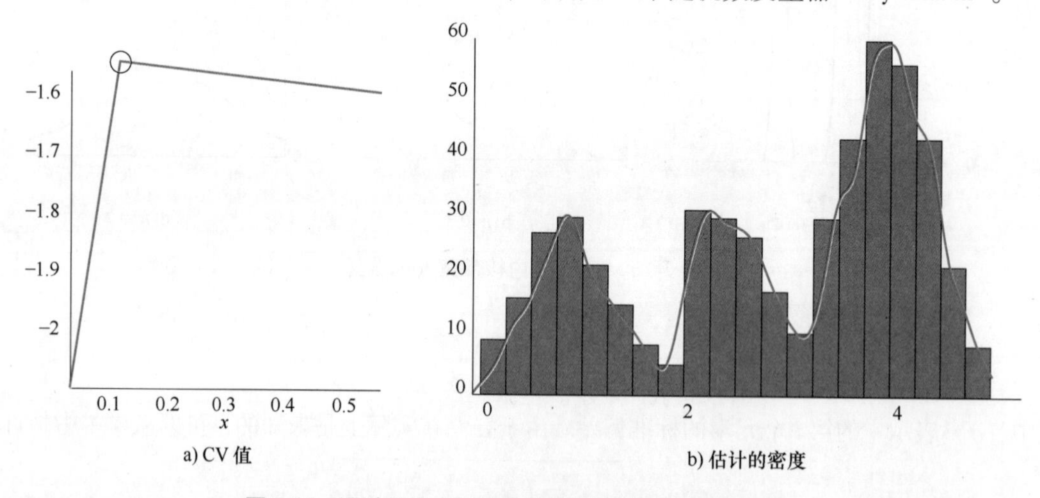

图 7-14 通过似然交叉检验选择带宽的高斯 KDE 示例

7.4 最近邻密度估计

在上述 KDE 中，区域 R 的体积 V 是固定的，落入区域 R 中的训练样本 k 的数量由数据来决定。在本节中，引入替代方法，其中 k 是固定的，区域 R 的体积 V 由数据确定。

7.4.1 最近邻距离

对区域 R，考虑以 x 为中心、半径大小为 r 的超球面，则区域 R 的体积 V 可由下式给出

$$V=\frac{\pi^{\frac{d}{2}}r^{d}}{\Gamma\left(\frac{d}{2}+1\right)} \tag{7-11}$$

式中，$\Gamma(\cdot)$ 是伽马函数；d 是输入 x 的维数。

为了使 k 个训练样本包括在超球面中，应将半径 r 设置为最小值，由式（7-3）给出以下密度估计量：

$$\hat{p}_{\mathrm{KNN}}(x)=\frac{k\Gamma\left(\frac{d}{2}+1\right)}{n\pi^{\frac{d}{2}}r^{d}} \tag{7-12}$$

式（7-12）称为最近邻密度估计（NNDE），k 控制密度估计器的平滑度，随着训练采样数 n 的增加，训练样本 k 的数目也增加。事实上，为了保证 $\hat{p}_{\mathrm{KNN}}(x)$ 的一致性（即当 n 趋于无穷大时，$\hat{p}_{\mathrm{KNN}}(x)$ 收敛于 $p(x)$），k 应满足以下条件：

$$\lim_{n\to\infty}k=\infty \text{ 且 } \lim_{n\to\infty}\frac{k}{n}=0$$

例如 $k=\sqrt{n}$ 满足此条件。

通过使用似然交叉检验，NNDE 的似然交叉检验的 Python 和 MATLAB 代码如图 7-15 所示，其图形如图 7-16 所示。

```
n=500;x=myrand(n);x2=x.^2;
ks=[10 50 100];t=5;g=gamma(3/2);
d2=repmat(x2,[n 1])+repmat(x2',[1 n])-2*x'*x;
v=mod(randperm(n),t)+1;
for j=1;t
    S=sort(d2(v~=j,v==j));
    for i=1;length(ks)
        k=ks(i);r=sqrt(S(k+1,:));
        s(j,i)=mean(log(k*g./(sum(v~=j)*sqrt(pi)*r)));
    end
end
[dum,a]=max(mean(s));k=ks(a);
m=1000;X=linspace(0,5,m);
D2=repmat(X.^2,[n 1])+repmat(x2',[1 m])-2*x'*X;
S=sort(D2);r=sqrt(S(k+1,:))';Ph=k*g./(n*sqrt(pi)*r);
figure(1);clf;plot(X,Ph,'r*');k
```

```
#Python 调用 MATLAB 的 m 文件,高斯 NNDE 算法
import matlab
import matlab.engine
#import numpy as np
eng=matlab.engine.start_matlab()
eng.GaussNNDE (nargout=0)
input()  #使图像保持
```

图 7-15　基于交叉检验的最近邻密度估计 Python 和 MATLAB 代码

（采用了图 7-3 中所示的随机数发生器“myrand.m”）

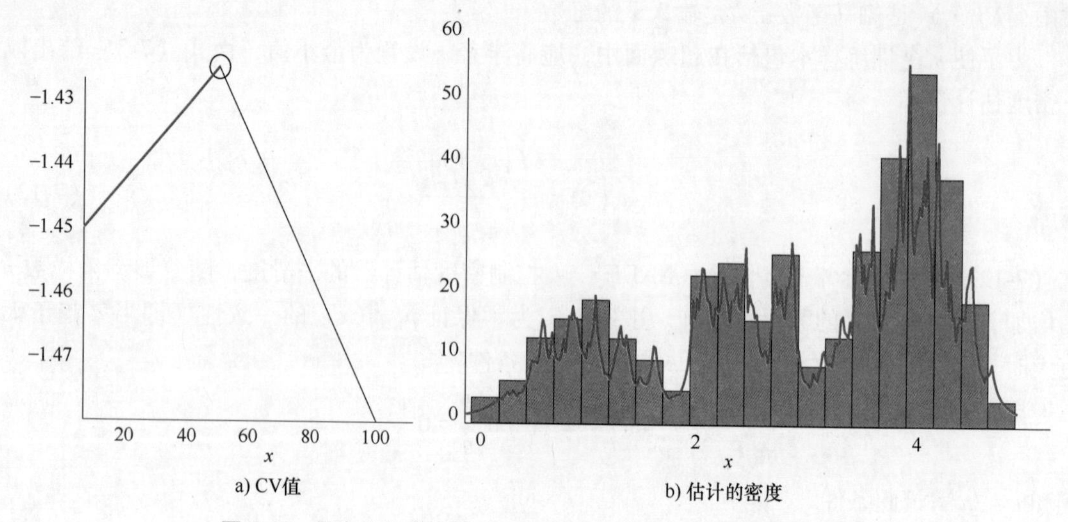

a) CV值

b) 估计的密度

图 7-16 具有似然交叉检验选择的最近邻的数目的 NNDE 示例

7.4.2 最近邻分类器

最后，将 NNDE 应用于类条件概率密度 $p(x\mid y)$ 的估计，并且使用 MAP 规则进行模式识别。

1. 最近邻点距离的模式识别

根据贝叶斯定理，类后验概率 $p(y\mid x)$ 可以表示为

$$p(y\mid x)=\frac{p(x\mid y)p(y)}{\sum_{y'=1}^{c}p(x\mid y')p(y')}\propto p(x\mid y)p(y) \tag{7-13}$$

根据式（7-13），当 $k=1$ 时，则分类条件概率密度 $p(x\mid y)$ 估计为

$$p(x\mid y)\approx\frac{\Gamma\left(\frac{d}{2}+1\right)}{n_y\pi^{\frac{d}{2}}r_y^d} \tag{7-14}$$

式中，r_y 表示输入模式 x 和 y 类中最近的训练样本之间的距离；n_y 表示 y 类中的训练样本数量。如果类先验概率 $p(y)$ 近似为

$$p(y)\approx\frac{n_y}{n} \tag{7-15}$$

将式（7-14）和式（7-15）代入式（7-13），则类后验概率 $p(y\mid x)$ 近似为

$$p(y\mid x)\approx\frac{\Gamma\left(\frac{d}{2}+1\right)}{n_y\pi^{\frac{d}{2}}r_y^d}\frac{n_y}{n}\propto\frac{1}{r_y^d}$$

这意味着，为了执行基于 NNDE 的模式识别，只有 r_y^d 是必要的。

由于最大化 $1/r_y^d$ 的类 y 是最小化 r_y 的类，即输入模式 x 被简单地分类为在基于 NNDE

的模式识别中与最近训练样本相同的类别。这种模式识别方法称为最近邻分类器。图7-17展示了最近邻分类器的示例，表示可以从维诺图（Voronoi diagram）获得决策边界。

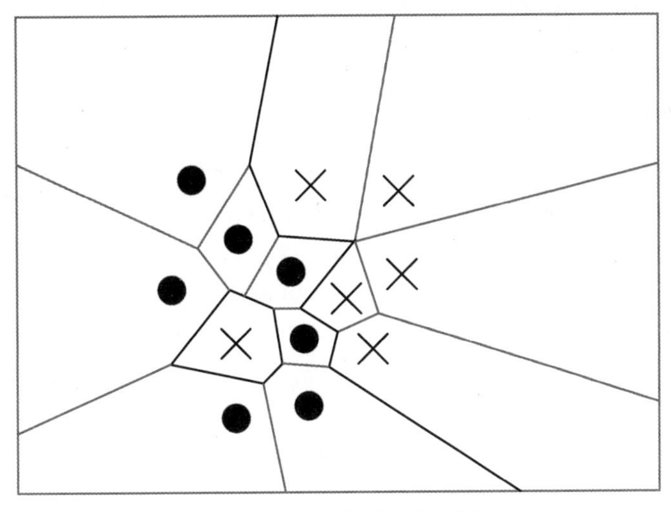

图7-17 最近邻分类器示例

2. k-最近邻分类器

最近邻分类器是直观并且易于实现的，但是对于离群值不鲁棒。例如，其中一个训练样本具有不确定性的类标签；决策区域包含一个孤立区域（见图7-17）。为了解决这个问题，当 $k>1$ 时，NNDE是有用的，有

$$\hat{p}(x \mid y)=\frac{k}{n_y V_y}$$

式中，n_y 表示类 y 中的训练样本的数量；V_y 表示以 x 为中心的包含 k 个训练样本的最小超球面的体积。然而，上述方法需要为每个类计算超球面。更简单的实现方法是在所有类中找到用于训练样本的超球面并估计边际概率 $p(x)$ 为

$$\hat{p}(x)=\frac{k}{nV}$$

由于 $p(x)$ 可以分解为

$$p(x)=\sum_{y=1}^{c} p(x \mid y)p(y)$$

估计类先验概率 $p(y)$

$$\hat{p}(y)=\frac{n_y}{n}$$

得到

$$\frac{k}{nV} \approx \sum_{y=1}^{c} p(x \mid y)\frac{n_y}{n}$$

最后，类后验概率 $p(x \mid y)$ 被估计为

$$\hat{p}(x \mid y)=\frac{k_y}{n_y V}$$

式中，k_y 表示属于类 y 的超球面中的训练样本的数量。这允许我们以一种简单的方式构造一个分类器，称为 k-最近邻分类器。

3. 错误分类率的交叉检验

k-最近邻分类器中的调整参数 k 可以通过 NNDE 交叉检验的似然性来选择。然而，在模式识别的背景中，它将直接通过交叉检验方法在错误分类中选择参数 k。图 7-18 对错误分类率的交叉检验算法进行了总结。

1. 把标记好的训练样本 $Z=\{(x_i,y_i)\}_{i=1}^{n}$ 划分为 t 个大小基本相同的不相交的子集：$\{Z_t\}_{t-1}^{t}$。
2. 对于每个候选模型 M_j

（1）对于每个候选模型 M_j 划分 $l=1,\cdots,t$

1）对除 Z_t 以外的训练样本，利用模型 M_j 获得分类器 $\hat{y}_j^{(l)}(x)$。

2）把上述过程中没有参与学习的训练样本 Z_l 作为测试样本，计算出 $\hat{y}_j^{(l)}(x)$ 的误分类率 $J_j^{(l)}$：

$$J_j^{(l)}=\frac{1}{\mid Z_l \mid}\sum_{(x',y')\in Z_l} I(\hat{y}_j^{(l)}(x')\neq y')$$

式中，$\mid Z_l \mid$ 表示集合 Z_l 包含的训练样本的个数，且当条件 e 为真时，$I(e)=1$；反之，$I(e)=0$。

（2）对 t 个分组所得到的误分类率进行平均，记为 J_j：

$$J_j=\frac{1}{t}\sum_{l=1}^{t} J_j^{(l)}$$

3. 选择平均误分类率最小的模型为最终模型 $M_{\hat{j}}$：

$$\hat{j}=\arg_j \min J_j$$

4. 从所有的训练样本 $\{(x_i,y_i)\}_{i=1}^{n}$ 中，利用所选择的最终模型 $M_{\hat{j}}$ 获得最终的分类器。

图 7-18 错误分类率的交叉检验算法

图 7-19 所示为用于 10 类手写数字识别的 Python 和 MATLAB 代码，该数字识别由 k-最近邻分类器在错误分类率方面的交叉检验获得。图 7-20 所示为获得的混淆矩阵，其中 k-1 通过交叉检验选择。混乱矩阵表明，2000 个样本中的 1932 个测试样本被正确分类，则意味着正确的分类率为

$$1932/2000\times100\%=96.6\%$$

另一方面，通过 FDA 为相同数据集分类的正确分类率是

$$1798/2000\times100\%=89.9\%$$

```
load digit.mat X T;[d,m,c]=size(X);X=reshape(X,[d m*c]);
Y=reshape(repmat([1:c],[m 1]),[1 m*c]);
ks=[1:10];t=5;v=mod(randperm(m*c),t)+1;
for i=1:t
```

图 7-19 通过交叉检验选择的 k-最近邻分类器的 Python 和 MATLAB 代码，底端函数应保存为“knn. m”

```
    Yh=knn(X(:,v~=i),Y(v~=i),X(:,v==i),ks);
    s(i,:)=mean(Yh~=repmat(Y(v==i),[length(ks) 1]),2);
end
[dum,a]=min(mean(s));k=ks(a);[d,r,c]=size(T);
T=reshape(T,[d r*c]);U=reshape(knn(X,Y,T,k),[r c]);
for i=1:c,C(:,i)=sum(U==i);end,C,sum(diag(c))/sum(sum(c))
```

```
function U=knn(X,Y,T,ks)
m=size(T,2);D2=repmat(sum(T.^2,1),[size(X,2) 1]);
D2=D2+repmat(sum(x.^2,1)',[1 m])-2*X'*T;[dum,z]=sort(D2,1);
for i=1:length(ks)
    k=ks(i);
    for j=1:m
        Z=sort(Y(z(1:k,j)));g=find([1 Z(1:end-1)~=Z(2:end)]);
        [dum,a]=max([g(2:end) k+1]-g);U(i,j)=Z(g(a));
    end,end
```

```
#Python 调用 MATLAB 的 m 文件,KNN 算法
import matlab
import matlab.engine
#import numpy as np
eng=matlab.engine.start_matlab()
eng.CrossKNN (nargout=0)
input()  #使图像保持
```

图 7-19　通过交叉检验选择的 k-最近邻分类器的 Python 和 MATLAB 代码，底端函数应保存为“knn.m”（续）

因此，对于这个手写数字识别实验，k-最近邻分类器比 FDA 的效果好得多。

预测分类

真实类别	1	2	3	4	5	6	7	8	9	0
1	200	0	0	0	0	0	0	0	0	0
2	0	193	1	0	0	0	1	4	1	0
3	0	0	195	0	3	0	0	1	1	0
4	0	0	0	191	1	2	0	0	6	0
5	0	3	4	0	187	0	1	1	2	2
6	0	2	0	0	2	195	0	0	0	1
7	0	0	1	2	0	0	192	2	3	0
8	0	1	4	1	3	0	0	186	2	3
9	0	0	0	3	0	0	1	1	195	0
0	0	1	1	0	0	0	0	0	0	198

图 7-20　由 k-最近邻分类器进行 10 类分类的混淆矩阵

（选择 $k=1$ 错误分类率的交叉检验；正确的分类率为 1932/2000×100%=96.6%）

第8章
软测量

目前，软测量建模的主要方法有机理建模方法、人工神经网络建模方法、支持向量机（support vector machine，SVM）的建模方法等。在这些建模方法中，SVM 拓扑结构简单、理论基础完善、能够提供全局唯一最优解、能从未知分布的小样本中抽取最大的有用信息、有很强的数据处理能力和学习泛化能力，它与神经网络的最大区别是神经网络以经验风险最小化为准则，而最小二乘支持向量机方法以结构风险最小化为准则，克服了神经网络建模方法易陷入局部最优的缺点，避免了模型过拟合的风险。最小二乘支持向量机（LS-SVM）已经得到迅速发展，它是 Vapnik 提出的标准支持向量机的变形。为了减少最小二乘支持向量机输入向量的个数，基于主元分析（PCA）和最小二乘支持向量机的方法在很多领域已经得到广泛应用，如电力负荷预测、故障辨识、柴油凝固点预测、人脸识别和密度评估等。然而，上述方法存在以下缺点。首先，PCA 使用一个静态模型将输入变量转换为不相关的变量集；其次，核函数选择具有学习能力强的高斯函数，但是不具有良好的预测能力。近年来，递归 PCA（RPCA）方法已经应用在自适应过程监督领域，在这个方法中，使用遗忘因子减小对模型的影响。然而对数据饱和现象仍然不能彻底地克服，并且数据矩阵的尺寸逐渐增大，这样就增加了计算机的负荷。为了克服以上缺点，本章将介绍基于限定记忆的主元分析（RFMPCA）和最小二乘支持向量机（LS-SVM）的方法。

下面首先介绍数据预处理，其次介绍基于递归限定记忆的主元分析（RFMPCA），然后介绍最小二乘支持向量机原理，并详细分析生料分解率软测量模型的辅助变量；最后介绍所建立的基于限定记忆的主元分析和最小二乘支持向量机的生料分解率软测量模型，并进行实验验证。

8.1 生产过程数据预处理

对于非线性、非高斯系统的状态估计，常用扩展卡尔曼滤波和卡尔曼滤波，但它们都受到线性卡尔曼滤波算法的条件制约，即系统状态必须满足高斯分布。在工业生产过程中，信号降噪是不可缺少的一个环节。传统的线性滤波方法由于其尺度的单一性，存在保护信号局部特性与抑制噪声之间的矛盾，而且实际过程中这种滤波方法必须以模型的可知性为前提。Butterworth 滤波器是一种 IIR 滤波器，具有降噪功能；另外在实际测量中，由于检测仪器受到随机干扰，会造成异常的检测结果，即离群点，Hampel identifier 方法具有去除离群点的功能。

采用基于 Hampel identifier 与 Butterworth 相结合的滤波器，可以去除随机噪声和离群点，滤波效果比较好。基于 Hampel identifier 与 Butterworth 相结合的滤波器原理如下所示。

一个序列的中值对奇异数据的灵敏度远远小于序列的平均值，基于 Hampel identifier 的滤波器能够辨识大部分的离群点，辨识出的离群点以中位数代替。设滤波器采用一个宽度为 m 的移动窗口，利用当前测量数据的前 m 个测量数据来确定当前测量数据的有效性。如果滤波器判定该测量数据有效，则直接输出；否则，如果判定该测量数据为离群点，则用前 m 个测量数据的中值来取代。经过 Hampel identifier 滤波后的数据序列使用 Butterworth 滤波器降噪。基于 Hampel identifier 与 Butterworth 相结合的滤波器滤波算法如下：

Step 1：建立移动数据窗口（宽度为 m）：

$$\{w_1,w_2,\cdots,w_{m-1},w_m\}=\{x_1(t),x_2(t),\cdots,x_{m-1}(t),x_m(t)\} \tag{8-1}$$

式中，$x(t)$ 是 t 时刻的测量值。

Step 2：用升序排序法计算出窗口序列的中位数 $Z(t)$；

升序排序后的数据序列为：$x_{(1)} \leqslant \cdots \leqslant x_{(m)}$，那么，原来数据序列的中位数 $Z(t)$ 为

$$Z(t)=Med(x_1,\cdots,x_m)=\begin{cases}x_{(0.5+m/2)}, m=2k-1\\ \dfrac{(x_{(m/2)}+x_{(1+m/2)})}{2}, m=2k\end{cases}, k\in Z^+ \tag{8-2}$$

Step 3：用中值 Z 构造一个尺度序列，即中值数绝对偏差序列：

$$\{d_1,d_2,\cdots,d_m\}=\{|x_1-Z|,|x_2-Z|,\cdots,|x_m-Z|\} \tag{8-3}$$

Step 4：用升序排序法按照 Step 2 计算出 Step 3 尺度序列的中值 $D(t)$；

Step 5：按下式计算当前测量值 $x(t)$ 的滤波值 $y(t)$。

$$y(t)=\begin{cases}x(t) & \text{if} \quad |x(t)-Z(t)|<L*\text{MAD}(t)\\ Z(t) & \text{else}\end{cases} \tag{8-4}$$

式中，L 为门限参数；MAD 是中值数绝对偏差，由著名的统计学家 FR. Hampel 提出并证明，$\text{MAD}=1.4826\times D$，一般称为 Hampel 标识符。可以用窗口宽度 m 和门限 L 调整滤波器的特性。m 影响滤波器的总一致性，门限参数 L 直接决定滤波器的主动进取程度。非线性滤波器具有因果性、算法快捷等特点，能实时地完成数据净化（去除离群点）。

Step 6：将 Step5 的滤波值序列 $Y(t)=\{y_1(t),\cdots,y_{m-1}(t),y_m(t)\}$ 使用 Butterworth 滤波器滤波后作为最终滤波值 $y_f(t)$。

下面将上述滤波方法应用到新型干法水泥熟料生产过程实际采集的生料流量和预热器 C5 锥部压力测量序列上，本研究中生料流量和预热器 C5 锥部压力的采样周期为 10s。

Hampel identifier 滤波器具有辨识大部分的离群点的功能，同时 Butterworth 滤波器是一种 IIR 滤波器，取滤波器阶数为 2，规范化剪切频率为 0.03。为了说明这两种方法各自的优点，对生料流量测量值序列分别应用 Hampel identifier 滤波器和 Butterworth 滤波器进行去除离群点和降噪，其中结果分别如图 8-1 和图 8-2 所示。

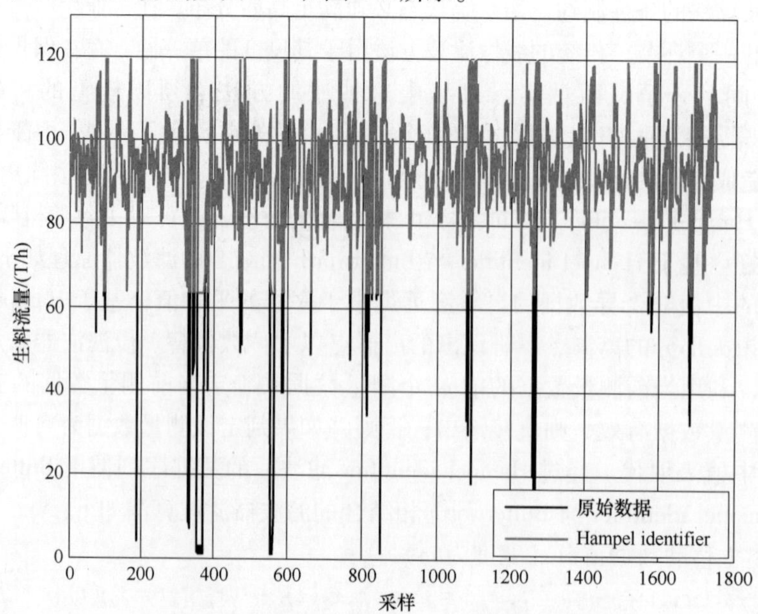

图 8-1　应用 Hampel identifier 滤波器滤波结果（测量序列 1）

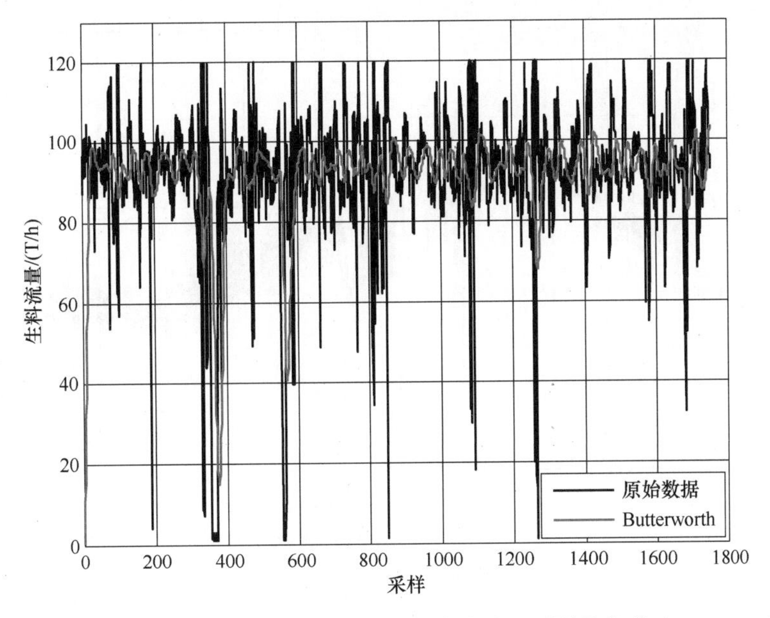

图 8-2 应用 Butterworth 滤波器滤波结果（测量序列 1）

图 8-1 表明 Hampel identifier 具有剔除离群点的作用，但对随机噪声净化作用不明显。而图 8-2 表明 Butterworth 滤波器具有消除噪声的作用。在本研究中，二者均不适合单独使用。

应用 Hampel identifier 与 Butterworth 相结合的滤波器对不同的生料流量和预热器 C5 锥部压力测量值序列进行离群点去除和降噪，滤波后的结果分别如图 8-3 和图 8-4 所示，表明使用 Hampel identifier 与 Butterworth 相结合的滤波器不但能够剔除离群点，而且对随机噪声净化作用明显，最终得到的信号较为平滑。

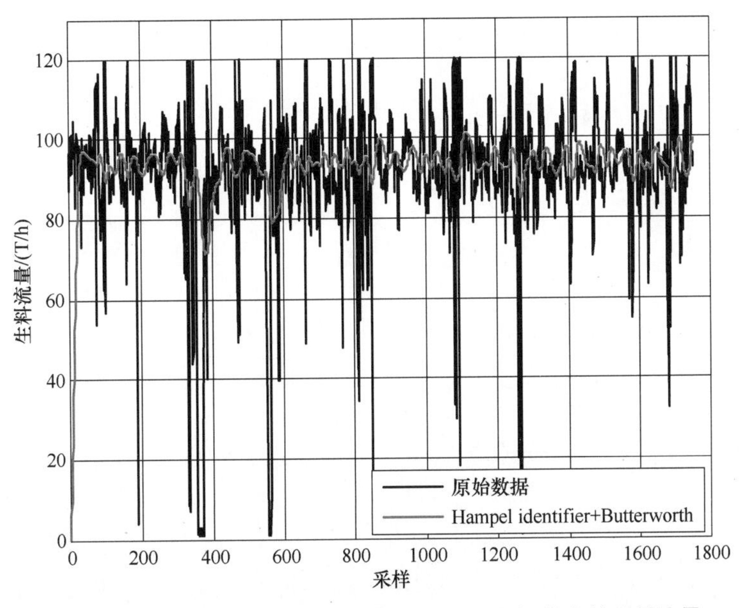

图 8-3 基于 Hampel identifier 与 Butterworth 相结合的生料流量滤波结果比较（测量序列 1）

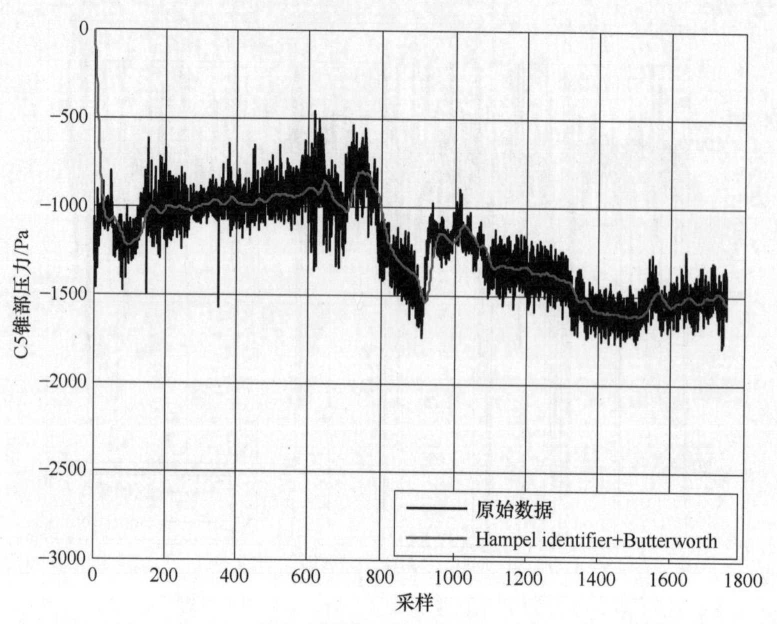

图 8-4　基于 Hampel identifier 与 Butterworth 相结合的预热器 C5 锥部压力滤波结果比较（测量序列 1）

8.2　递归限定记忆主元分析（RFMPCA）

定义数据长度为 L，其中 $n_1<L$，则每列的均值 $\boldsymbol{b}_1$ 为

$$\boldsymbol{b}_1=\frac{1}{n_1}(\boldsymbol{X}_1^0)^{\mathrm{T}}\mathbf{1}_{n_1} \tag{8-5}$$

式中，$\mathbf{1}_{n_1}=[1,1,\cdots,1]^{\mathrm{T}}\in R^{n_1}$。将 $\boldsymbol{X}_1^0$ 转变成标准数据矩阵 $\boldsymbol{X}_1$ 且满足式（8-6）

$$\boldsymbol{X}_1=(\boldsymbol{X}_1^0-\mathbf{1}_{n_1}\boldsymbol{b}_1^{\mathrm{T}})/\mathrm{diag}(\sigma_{1\cdot 1},\cdots,\sigma_{1\cdot p}) \tag{8-6}$$

因此，协方差矩阵 $\boldsymbol{V}_1$ 为

$$\boldsymbol{V}_1=\frac{1}{n_1-1}\boldsymbol{X}_1^{\mathrm{T}}\boldsymbol{X}_1 \tag{8-7}$$

当第 $k(k=1,\cdots,n)$ 个采样值被获得时，每列的均值 $\boldsymbol{b}_k$ 为

$$\boldsymbol{b}_k=\frac{1}{k}(\boldsymbol{X}_k^0)^{\mathrm{T}}\mathbf{1}_k \tag{8-8}$$

式中，$\mathbf{1}_k=[1,1,\cdots,1]^{\mathrm{T}}\in R^k$。根据式（8-8），$\boldsymbol{b}_{k-L}$如式（8-9）所示：

$$\boldsymbol{b}_{k-L}=\frac{1}{k-L}(\boldsymbol{X}_{k-L}^0)^{\mathrm{T}}\mathbf{1}_{k-L} \tag{8-9}$$

式中，$\mathbf{1}_{k-L}=[1,1,\cdots,1]^{\mathrm{T}}\in R^{k-L}$。递归限定记忆的任务是计算 $\boldsymbol{b}_{(k,k-L+1)}$、$\boldsymbol{X}_{(k,k-L+1)}$ 和 $\boldsymbol{V}_{(k,k-L+1)}$。通过式（8-8）和式（8-9），$\boldsymbol{b}_{(k,k-L+1)}$ 和 $\boldsymbol{X}_{(k,k-L+1)}$ 分别如式（8-10）和式（8-11）所示。

$$\boldsymbol{b}_{(k,k-L+1)}=\frac{k}{L}(\boldsymbol{b}_k-\boldsymbol{b}_{k-L})+\boldsymbol{b}_{k-L} \tag{8-10}$$

$$\boldsymbol{X}_{(k,k-L+1)}=[(u_{k-L+1},\cdots,u_k)^{\mathrm{T}}-\boldsymbol{1}_L\boldsymbol{b}^{\mathrm{T}}_{(k,k-L+1)}]\boldsymbol{\Sigma}_k^{-1} \tag{8-11}$$

式（8-11）中，$\boldsymbol{u}_k=(x_{k1},\cdots,x_{kp})$，$k=1,\ \cdots,\ n$，$\Sigma_k^{-1}=\mathrm{diag}(\sigma_{k\cdot 1},\cdots,\sigma_{k\cdot L})$，$\boldsymbol{1}_L=[1,1,\cdots,1]^{\mathrm{T}}\in R^L$。

因此，协方差矩阵 $\boldsymbol{V}_{(k,k-L+1)}$ 可以通过式（8-12）求得

$$\boldsymbol{V}_{(k,k-L+1)}=\frac{1}{L-1}\boldsymbol{X}^{\mathrm{T}}_{(k,k-L+1)}\boldsymbol{X}_{(k,k-L+1)} \tag{8-12}$$

在 RFMPCA 中，如何选取主元的数量是关键的问题。如果主元选择过少，那么获得的模型质量差；如果主元数量选择过多，那么增加了计算机的负荷。目前已经存在几种主元的计算方法，如累积百分方差（CPV）、重构误差方差。这里使用累积百分方差（CPV）的方法计算主元，即

$$\mathrm{CPV}=\frac{\sum\limits_{j=1}^{k}\lambda_j}{\sum\limits_{j=1}^{m}\lambda_j}\times 100\% \tag{8-13}$$

式中，k 是主元的个数。选择 CPV 的期望值为 90%，使用累积百分方差（CPV）计算主元。

8.3 最小二乘支持向量机原理

支持向量机是一种新的机器学习算法，支持向量机方法与神经网络的最大区别是神经网络以经验风险最小化为准则，而最小二乘支持向量机方法以结构风险最小化为准则，避免了模型过拟合的风险。自从 Vapnik 等人提出该思想后，Suykens 和 Vandewalle 等人不断完善。最小二乘支持向量机（LS-SVM）已经得到迅速发展，它是 Vapnik 提出的标准支持向量机的变形。本节参考有关支持向量机文献，采用基于最小二乘支持向量机的方法建立生料分解率软测量模型。最小二乘支持向量机原理如下所述。

对于给定的一组训练集 $\{\boldsymbol{x}_k,y_k\}_{k=1}^{n}$，其中 $\boldsymbol{x}_k\in R^d$，$y_k\in R$，d 为辅助变量个数。支持向量机的基本建模思想是通过非线性映射 $\varphi(\cdot)$，把输入样本从输入空间 R^d 映射到一个高维特征空间（Hibert 空间）$\boldsymbol{\varphi}(\boldsymbol{x})=(\varphi_1(\boldsymbol{x}),\varphi_2(\boldsymbol{x}),\cdots,\varphi_n(\boldsymbol{x}))$，在这个高维特征空间中采用结构风险最小化原则构造最优决策函数，并利用原空间的核函数取代高维特征空间的点积运算，以避免复杂的运算，从而将非线性函数估计问题转化为高维特征空间中的线性函数估计问题。即采用如下形式的函数对模型函数进行估计：

$$f(\boldsymbol{x})=\boldsymbol{\omega}^{\mathrm{T}}\boldsymbol{\varphi}(\boldsymbol{x}_k)+b\quad(\boldsymbol{\omega}\in R^{d\times n},b\in R) \tag{8-14}$$

求解的目的就是利用结构风险最小化原则，寻找参数 $\boldsymbol{\omega}^{\mathrm{T}}$ 和 b，使得对于样本外的输入 $\boldsymbol{x}$，式（8-14）需要满足式（8-15）和式（8-16）：

$$|y_k-\boldsymbol{\omega}^{\mathrm{T}}\varphi(\boldsymbol{x}_k)+b|\leqslant\varepsilon \tag{8-15}$$

$$\min J=\frac{1}{2}\boldsymbol{\omega}^{\mathrm{T}}\boldsymbol{\omega} \tag{8-16}$$

采用最小二乘支持向量机方法，即定义误差损失函数为误差的二次项 ξ_i^2，上述问题可以表述为在权空间 ω 内，即

$$\begin{cases}\min J(\boldsymbol{\omega},\xi)=\dfrac{1}{2}\boldsymbol{\omega}^{\mathrm{T}}\boldsymbol{\omega}+\dfrac{1}{2}c\sum\limits_{i=1}^{n}\xi_i^2 \\ \text{s. t. } y_i=\boldsymbol{\omega}^{\mathrm{T}}\boldsymbol{\varphi}(x_i)+b+\xi_i,(i=1,2,\cdots,n)\end{cases} \tag{8-17}$$

式中，c 是正的实值常数，为误差惩罚因子；ξ_i 是一个松散变量。用拉格朗日方法求解上述优化问题，我们定义拉格朗日函数如式（8-18）所示：

$$L(\boldsymbol{\omega},b,\xi,\boldsymbol{\alpha})=\frac{1}{2}\boldsymbol{\omega}^{\mathrm{T}}\boldsymbol{\omega}+c\frac{1}{2}\sum_{i=1}^{n}\xi_i^2-\sum_{i=1}^{n}\alpha_i(\boldsymbol{\omega}^{\mathrm{T}}\boldsymbol{\varphi}(x_i)+b+\xi_i-y_i) \tag{8-18}$$

式中，$\alpha_i(i=1,2,\cdots,n)$ 是拉格朗日乘子。上述问题归结为二次规划问题，通过对式（8-18）取偏导，即

$$\begin{cases}\dfrac{\partial L}{\partial \boldsymbol{\omega}}=0\rightarrow\boldsymbol{\omega}=\sum\limits_{i=1}^{n}\alpha_i\boldsymbol{\varphi}(x_i) \\ \dfrac{\partial L}{\partial b}=0\rightarrow\sum\limits_{i=1}^{n}\alpha_i=0 \\ \dfrac{\partial L}{\partial \xi}=0\rightarrow\alpha_i=c\xi_i \\ \dfrac{\partial L}{\partial \alpha_i}=0\rightarrow y_i=\boldsymbol{\omega}^{\mathrm{T}}\boldsymbol{\varphi}(x_i)+b+\xi_i\end{cases} \tag{8-19}$$

定义核函数 $\boldsymbol{\Omega}_{ij}=K(x_i,x_j)=\varphi(x_i)^{\mathrm{T}}\cdot\varphi(x_j)$，$K(x_i,x_j)$ 为满足 Mercer 条件的任意对称函数。并消去 ω 和 ξ_i 得

$$\begin{pmatrix}0 & \vec{l}^{\mathrm{T}} \\ \vec{l} & \boldsymbol{\Omega}+c^{-1}\boldsymbol{I}\end{pmatrix}\begin{pmatrix}b \\ \boldsymbol{\alpha}\end{pmatrix}=\begin{pmatrix}0 \\ \boldsymbol{y}\end{pmatrix} \tag{8-20}$$

式中，$\boldsymbol{y}=(y_1,\cdots,y_n)^{\mathrm{T}}$；$\vec{l}=(1,\cdots,1)^{\mathrm{T}}$；$\boldsymbol{\alpha}=(\alpha_1,\cdots,\alpha_n)^{\mathrm{T}}$；$\boldsymbol{\Omega}_{ij}=\boldsymbol{\varphi}(x_i)^{\mathrm{T}}\cdot\boldsymbol{\varphi}(x_j)$；$i$，$j=1$，$\cdots,n$。将上述优化问题转化为求解线性方程：

$$\begin{pmatrix}b \\ \boldsymbol{\alpha}\end{pmatrix}=\begin{pmatrix}0 & \vec{l}^{\mathrm{T}} \\ \vec{l} & \boldsymbol{\Omega}+c^{-1}\boldsymbol{I}\end{pmatrix}^{-1}\begin{pmatrix}0 \\ \boldsymbol{y}\end{pmatrix} \tag{8-21}$$

式（8-21）中常用的核函数包括线性核函数、多项式核函数、径向基核函数、感知器核函数和 B 样条核函数等。由于线性核函数具有全局的特征并具有良好的预测能力，而径向基核函数具有局部特性并具有良好的学习能力。因此，核函数 $K(x_i,x_j)$ 可以表示为线性核函数 $K_1(x_i,x_j)$ 与径向基核函数 $K_2(x_i,x_j)$ 之和的形式，如式（8-22）所示：

$$K(x_i,x_j)=K_1(x_i,x_j)+K_2(x_i,x_j) \tag{8-22}$$

因此式（8-22）可表示为

$$K(x_i,x_j)=\lambda(x_ix_j)+(1-\lambda)\exp\left(-\frac{\|x_j-x_i\|^2}{2\sigma^2}\right) \tag{8-23}$$

式中，$0<\lambda<1$，$\lambda\in R$；σ 为核参数。

最后得到软测量模型为

$$y(x)=\sum_{j=1}^{n}\alpha_i K(x_i,x_j)+b \tag{8-24}$$

8.4 软测量模型的应用

以新型干法水泥熟料生产过程为例，研究生料分解率与生产过程各变量之间的关系。

1. 软测量模型结构

在水泥熟料生产过程中，生料分解率和分解炉温度与预热器 C5 出口温度存在复杂的非线性关系，生料分解率是生料粒度、Fe_2O_3 含量、SiO_2 含量、Al_2O_3 含量、煤粉细度、分解炉温度和预热器 C1 出口温度的函数，但是生料粒度、Fe_2O_3 含量、SiO_2 含量、Al_2O_3 含量和煤粉细度不能在线直接检测，难以用于建立生料分解率的软测量模型。因此，这里使用软测量模型进行生料分解率预测，使用的输入辅助变量见表 8-1。

表 8-1　辅助变量表

变量	变量含义	变量	变量含义
x_1	生料粒度	x_{10}	回转窑给煤量
x_2	生料流量	x_{11}	高温风机风门开度
x_3	氧化铁含量	x_{12}	窑尾温度
x_4	氧化硅含量	x_{13}	窑头温度
x_5	氧化铝含量	x_{14}	C5 出口温度
x_6	煤粉细度	x_{15}	C5 下料管温度
x_7	分解炉温度	x_{16}	三次风温度
x_8	C1 出口温度	x_{17}	C5 锥部压力
x_9	转子秤给煤量	x_{18}	窑尾压力

因此，生料分解率 γ 可以表示为

$$\gamma=[x_1(T_2),x_2(T_2),\cdots,x_{18}(T_2)] \tag{8-25}$$

式中，T_2 为软测量计算周期。

采样数据经过 8.1 节所提出的方法滤波后，为了避免上述变量滤波后的值域不同影响软测量模型结果，对特征数据进行规范化处理或变换。这里采用极差变化法，直接将数据变换为 [0,1] 之间。

$$\boldsymbol{xx}_1=\frac{\boldsymbol{x}-\boldsymbol{x}_{\min}}{\boldsymbol{x}_{\max}-\boldsymbol{x}_{\min}} \tag{8-26}$$

式中，$\boldsymbol{xx}_1$ 为归一化后的数据结果；$\boldsymbol{x}$ 为原始数据；$\boldsymbol{x}_{\min}$ 和 $\boldsymbol{x}_{\max}$ 分别为原始数据的最小值和最大值。

以 $\gamma=[x_1(T_2),x_2(T_2),\cdots,x_{18}(T_2)]$ 作为 RFMPCA 的输入变量，经过主元分析后的主元作为 LS-SVM 软测量模型的输入，因此该软测量模型表示为

$$\gamma(T_2)=\sum_{k=1}^{n}\alpha_k k(\boldsymbol{x},\boldsymbol{x}_k)+b \tag{8-27}$$

式中，$\boldsymbol{x}_k$ 为训练集；n 为样本数据数目；α_k 和 b 为模型参数。

2. 软测量模型主元的确定

我们使用 8.1 节所提出的方法对数据滤波并定义 L 为 50，根据式（8-12）计算协方差矩阵 $\boldsymbol{V}_{(k,k-L+1)}$ 的特征值（$\lambda_1\geqslant\lambda_2\geqslant\cdots\geqslant\lambda_m$）。因此，主元的特征值和方差贡献率见表 8-2。

表 8-2 主元的特征值和方差贡献率

特征值	方差贡献率（%）	方差累积贡献率（%）
85.4562	36.91	64.48
75.2332	32.49	69.41
52.6510	22.74	92.16
4.5428	1.97	94.12
2.0352	0.88	94.99
2.0012	0.87	95.86
1.8931	0.82	96.68
1.5613	0.67	97.35
1.2358	0.54	97.89
1.2297	0.53	98.42
0.9768	0.42	98.84
0.8745	0.38	99.22
0.7432	0.32	99.54
0.4678	0.20	99.74
0.3219	0.14	99.88
0.2067	0.09	99.97
0.0696	0.03	100
0.0000	0.0	100

根据表 8-2，可以得出主元个数与特征值关系曲线，如图 8-5 所示。

为了获得包含一定量的采样信息并减少计算负荷，选择方差累积贡献率大于 90% 的作为主元。这样表 8-2 中，有两个主元被选择。前两个特征值均大于其他的特征值。其中，第一个特征值代表最大方差变化方向，相应的坐标轴为 a_1；第二个特征值代表第二个最大方差变化方向，相应的坐标轴为 a_2。第一个坐标轴 a_1 和第二个坐标轴 a_2 是正交的。可以计算出第一和第二特征值对应的特征向量，见表 8-3。

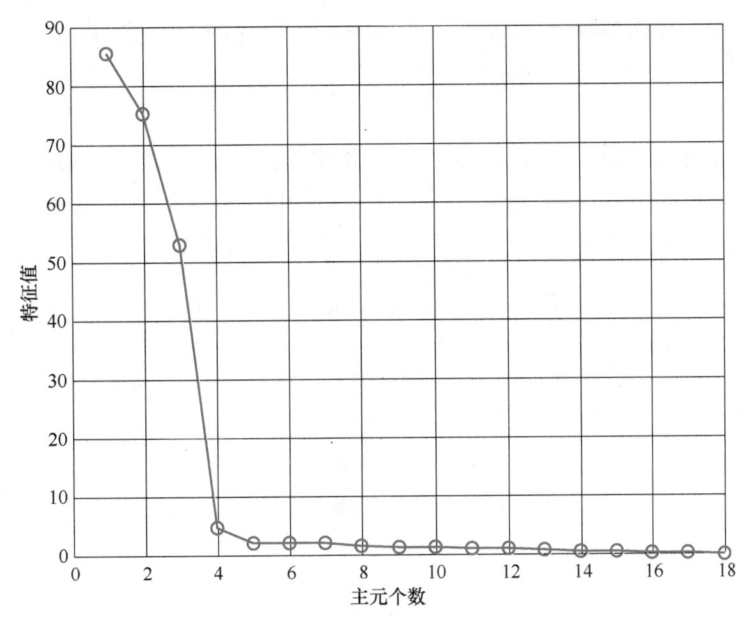

图 8-5 主元个数与特征值关系曲线

表 8-3 第一和第二特征值对应的特征向量

坐标轴	x_1	x_2	x_3	x_4	x_5	x_6
a_1	-0.012	0.14	0.036	0.017	-0.65	0.024
a_2	-0.037	-0.56	0.15	0.18	-0.13	0.082
坐标轴	x_7	x_8	x_9	x_{10}	x_{11}	x_{12}
a_1	0.035	0.047	-0.035	-0.019	0.33	-0.038
a_2	0.057	0.22	0.069	-0.039	-0.11	0.15
坐标轴	x_{13}	x_{14}	x_{15}	x_{16}	x_{17}	x_{18}
a_1	-0.051	0.073	0.012	-0.028	0.56	-0.033
a_2	0.087	0.15	-0.071	0.13	0.083	0.073

3. 模型参数确定及建立训练集

模型参数确定过程包括如下内容：建立训练集、参数 λ、惩罚系数 c 和核参数 σ 选择，确定模型参数 $\boldsymbol{\alpha}$ 和 b。

训练集是支持向量机模型的重要部分，考虑到初始样本数据应该具有代表性，并且尽可能覆盖范围较宽，至少应该包括工业对象正常工作范围，因此在不同边界条件下，在生产允许的范围内，通过手动调节转子秤给煤量和高温风机风门开度，改变系统的工作点，每次操作条件改变后，当系统运行平稳后取样，为避免化验误差对每个样品多次化验，采用取平均值的方法获取生料分解率化验值。

经过主元分析，选取 20 组样本数据作为训练集，选择 18 组数据辨识模型参数和验证软测量模型。

4. 参数 $\boldsymbol{\lambda}$、惩罚系数 c 和核参数 $\boldsymbol{\sigma}$ 选择

最小二乘支持向量机方法中参数 λ、惩罚系数 c 和核参数 σ 是最重要参数，选择不同的

参数 λ、惩罚系数 c 和核参数 σ 意味着将样本映射到不同的特征空间，因此选择参数 λ、c 和 σ 的过程实质是一个模型选择的过程。采用网格搜索法是确定上述参数是否精确和容易操作的方法。

这里采用“网格搜索法”选择参数，网格搜索法具有遍历变量空间的优点。对于一组参数（c,σ,λ），每次在训练集中选择一个样本数据用作测试，用剩余的样本训练模型，确定模型参数（$\boldsymbol{\alpha},b$）。为了获得参数集（c,σ,λ），定义误差评价函数为

$$e=\sum_{i=1}^{n} e_i^2=\sum_{i=1}^{n}\left[y_i-\left(\sum_{j=1}^{n}\alpha_j k(x_i,x_j)+b\right)\right]^2 \tag{8-28}$$

给定参数 c，σ 和 γ 的搜索范围为 $c\in[0,100]$，$\sigma\in[0,5]$ 及 $\lambda\in[0,1]$。采用网格搜索法并且搜索步长为 0.1，搜索不同的（c,σ,λ）组合，使式（8-28）取最小，即

$$e(c,\sigma,\lambda)=\min(e) \tag{8-29}$$

分别计算所选参数 c，σ，λ，选择 e 最小对应的参数 c，σ，λ 分别为

$$c=1.5，\sigma=2.5，\lambda=0.5 \tag{8-30}$$

5. 确定模型参数 $\boldsymbol{\alpha}$ 和 b

采用式（8-30）的参数 λ、惩罚系数 c 和核参数 σ，并利用 18 组数据，求解式（8-21）的线性方程，可以得到模型参数 $\boldsymbol{\alpha}$ 和 b 分别为

$$b=13.725 \tag{8-31}$$

$$\boldsymbol{\alpha}=(\alpha_1,\alpha_2,\cdots,\alpha_k,\cdots,\alpha_{20})=\begin{pmatrix} 2.056 & 0.71 & -1.35 & -2.8 & 1.07 & 1.6 & 1.28 \\ 13.10 & 3.04 & 4.62 & -5.78 & -2.23 & -8.93 & 0.15 \\ -2.79 & 1.28 & -0.18 & 1.05 & 0.16 & 1.28 & \end{pmatrix}^{\mathrm{T}} \tag{8-32}$$

6. 软测量模型的验证

本节除了训练样本集外，另行采集了 15 组运行数据，将这 15 组运行数据用于软测量模型的验证。图 8-6 为使用模型训练数据得到的软测量模型的输出和实际测量值的比较结果；图 8-7 为使用验证数据集得到的软测量模型输出和实际测量值的比较结果。

为了说明软测量模型的性能，定义如下均方根误差函数为

$$e=\sqrt{\frac{1}{n}\sum_{i=1}^{n}(\gamma_{ai}-\gamma_{si})^2} \tag{8-33}$$

式中，e 为误差评价指标；n 表示样本数目；γ_{ai} 表示第 i 个样本的实际测量值；γ_{si} 表示第 i 个样本的软测量模型估计值。采用式（8-33）定义的误差分析函数，利用 RFMPCA 和 LS-SVM 相结合的方法与 LS-SVM 分别计算误差评价指标 e，见表 8-4。

表 8-4 RFMPCA 和 LS-SVM 相结合的方法与 LS-SVM 性能对比

	LS-SVM	RFMPCA 和 LS-SVM
e	1.1326	1.0235

表 8-4 表明，使用本节所提的方法可以使均方根误差小于 LS-SVM。

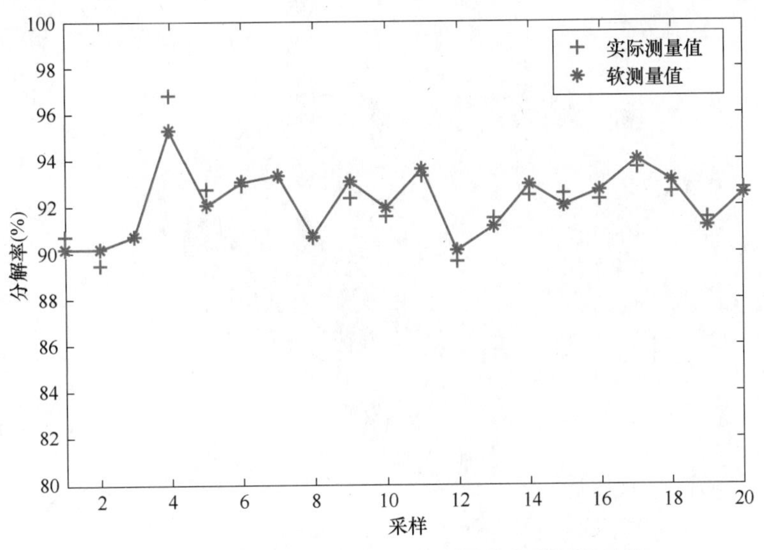

图 8-6 训练集中生料分解率软测量值和实测值比较

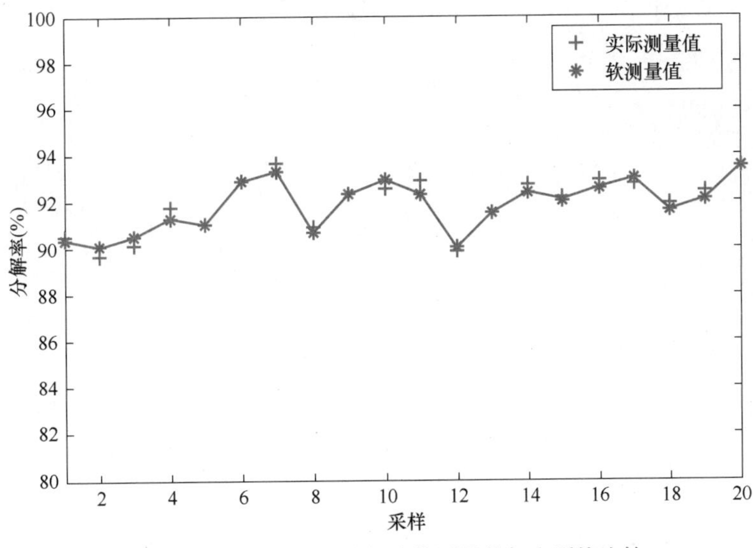

图 8-7 验证集中生料分解率软测量值与实测值比较

7. 软测量模型参数自学习

由于生料分解过程系统参数会发生变化，如系统漏风会导致负压发生变化。因此本章采用自学习策略来调整软测量模型参数。首先取 10 次 C5 下料管取样生料的实测值和模型估计值的偏差，采用式（8-33）判断模型的性能指标，计算评价指标 e。考虑到实际生产过程中生料分解率目标值偏差允许范围为 0.3，因此取指标的上限值 0.3。如果 $e>e_{max}$，则启动参数自学习。

参数自学习将新获取的数据样本加入到原来的训练样本数据空间，作为新的样本训练集，采用式（8-30）的模型结构参数，重新训练得到新的模型参数 $\boldsymbol{\alpha}$ 和 b，并更新训练集和模型参数。

本章所提出的基于 RFMPCA 和 LS-SVM 相结合的生料分解率软测量模型，成功地实现了生料分解率的在线估计，解决了生料分解率难以在线检测的难题。

第9章 学习模型

在监督学习中我们研究了函数 $y=f(x)$ 的输入输出配对训练样本 $\{(x_i,y_i)\}_{i=1}^{n}$ 的情况。假设输入 x 是实值 d 维向量，输出 y 是回归（regression）情况下的标量或是分类（classification）情况下的类 $\{1,\cdots,c\}$，c 表示类的数量，本章将介绍监督学习的不同模型。

9.1 线性参数模型

为了简化，首先研究一维学习目标函数 f。近似函数 f 的最简模型就是线性输入模型 $\theta\times x$。这里，θ 表示一个标量参数，目标函数就是通过学习参数 θ 来近似。尽管线性输入函数在数学上很容易解决，但只能近似一个线性函数（即一条直线）。因此，它的表达力受限，如图 9-1 所示。

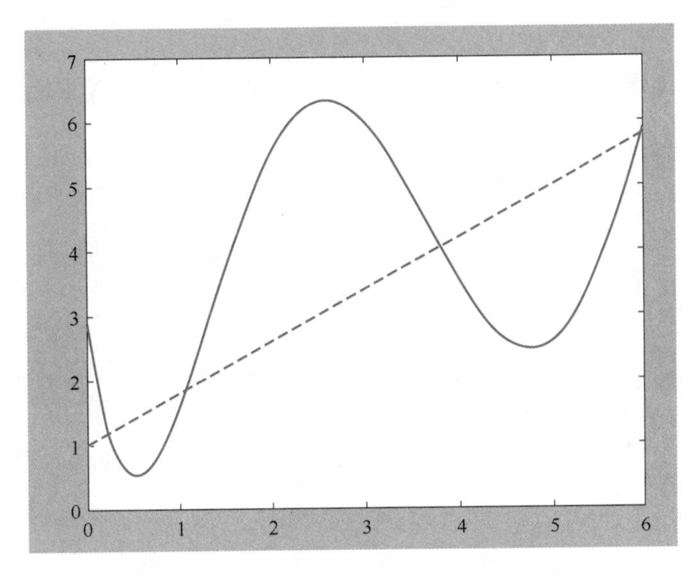

图 9-1 线性输入模型不能近似非线性函数

线性参数模型（linear-parameter model）是线性输入模型的一种拓展，它允许非线性函数的近似：

$$f_{\theta}(x)=\sum_{j=1}^{b}\theta_j\phi_j(x) \tag{9-1}$$

式中，$\phi_j(x)$ 和 θ_j 分别表示一个基函数（basis function）以及它的参数；b 表示基础函数的个数，线性参数模型也可简化为

$$f_{\theta}(x)=\boldsymbol{\theta}^{\mathrm{T}}\boldsymbol{\phi}(x) \tag{9-2}$$

式中，

$$\boldsymbol{\phi}(x)=(\phi_1(x),\cdots,\phi_b(x))^{\mathrm{T}}$$

$$\boldsymbol{\theta}=(\theta_1,\cdots,\theta_b)$$

T 表示转置，线性参数在参数方面依然是线性的，但它可以表示非线性函数，比如，使用多项式函数（polynomial functions）：

$$\phi(x)=(1,x,x^2,\cdots,x^{b-1})^{\mathrm{T}}$$

或是 $b=2m+1$ 的正弦函数（sinusoidal functions）：

$$\phi(x)=(1,\sin x,\cos x,\sin 2x,\cos 2x,\cdots,\sin mx,\cos mx)^{\mathrm{T}}$$

作为基函数。

线性参数可自然地拓展至 d 维输入向量 $\boldsymbol{x}=(x^{(1)},\cdots,x^{(d)})^{\mathrm{T}}$

$$f_\theta(x)=\sum_{j=1}^{b}\theta_j\phi_j(x)=\boldsymbol{\theta}^{\mathrm{T}}\boldsymbol{\phi}(\boldsymbol{x}) \tag{9-3}$$

下面讨论从一维基函数构造多维基函数的方法。

乘法模型（multiplicative model）通过一维函数的乘积表达多维基函数

$$f_\theta(x)=\sum_{j_1=1}^{b'}\cdots\sum_{j_d=1}^{b'}\theta_{j_1,\cdots,j_d}\phi_{j_1}(x^{(1)})\cdots\phi_{j_d}(x^{(d)}) \tag{9-4}$$

式中，b'表示每个维度的参数数量。由于乘法模型中考虑所有可能的一维基函数的组合，所以它可以表达复杂函数，就像图 9-2a。但是，参数总量是 $(b')^d$，随着输入维度 d 的增加呈指数增长。比如，$b'=10$，$d=100$ 时，参数的总量就是

$$100^{100}=\underbrace{1000\cdots000}_{100}$$

这是个天文数字，一个 1 后面接了 100 个 0，而且计算机已无法处理，这种输入维度的指数增长称作维度灾难（curse of dimensionality）。

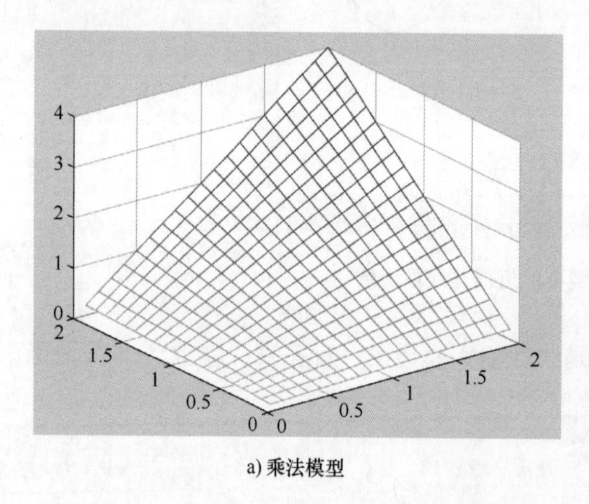

a) 乘法模型

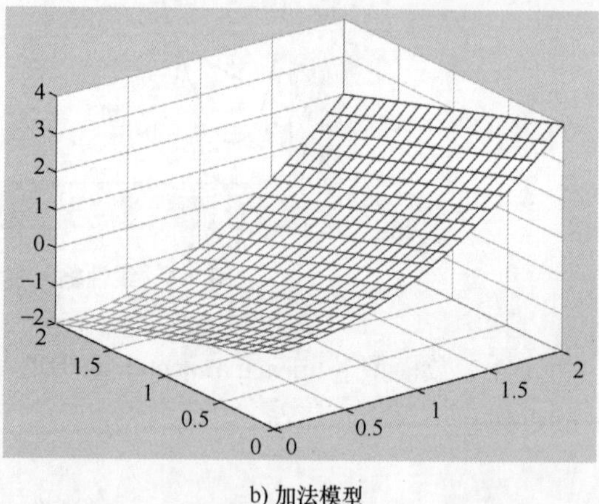

b) 加法模型

图 9-2　多维基函数

乘法模型表达能力强，但是数字参数随着输入位数呈指数增长。而在加法模型中，参数的数量随输入位数呈线性增长。

加法模型用一维基函数的和表示多维基函数

$$f_\theta(x)=\sum_{k=1}^{d}\sum_{j=1}^{b'}\theta_{k,j}\phi_j(x^{(k)}) \tag{9-5}$$

在加法模型中，参数的总和 10×10=100，随着输入维度 d 的增加线性增长。比如，$b'=$

10，$d=100$ 时，参数的总量为 $10\times10=100$，这就可以被标准计算机很容易地处理。但是因为在加法模型中仅考虑一维基函数的和，所以它并不能表示复杂函数，参考图 9-2b。

9.2　核　模　型

在上面介绍的线性参数模型中，基函数是固定的，例如多项式函数或是正弦函数，不考虑训练样本 $\{(x_i, y_i)\}_{i=1}^n$。在本节中，引入核模型（kernel model），使用训练输入样本 $\{x_i\}_{i=1}^n$ 作为基函数设计。

接下来考虑一个双变量函数：核函数（kernel function）$K(\cdot,\cdot)$，核函数被定义为 $\{K(x,x_j)\}_{j=1}^n$ 的线性组合：

$$f_\theta(x)=\sum_{j=1}^{n}\theta_j K(x,x_j) \tag{9-6}$$

作为核函数的一种，高斯内核（Gaussian kernel）是最流行的选择：

$$K(x,c)=\exp\left(-\frac{\|x-c\|^2}{2h^2}\right)$$

式中，$\|\cdot\|$ 表示 l_2 范数：

$$\|x\|=\sqrt{x^{\mathrm{T}}x}$$

h 和 c 分别是高斯带宽（Gaussian bandwidth）以及高斯中心（Gaussian center），如图 9-3 所示。

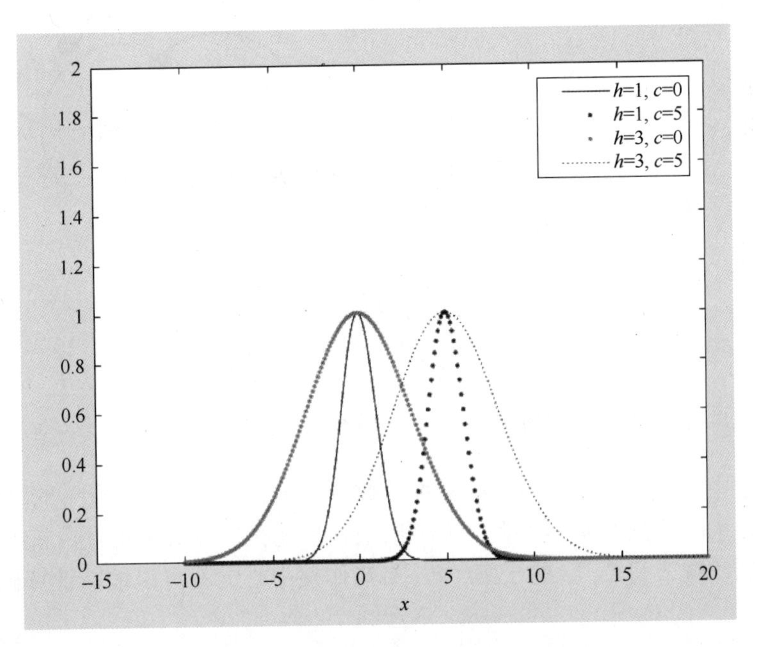

图 9-3　带宽为 h、中心为 c 的高斯核

在高斯内核模型中，高斯函数基于训练函数样本 $\{x_i\}_{i=1}^n$ 使参数 $\{\theta_i\}_{i=1}^n$ 被学习，如

图 9-4所示，因为高斯函数是局部围绕其中心，高斯内核模型可以只在训练输入样本附近近似学习目标函数，如图 9-5 所示。这与试图在整个输入空间上近似学习目标函数的乘法模型完全不同。

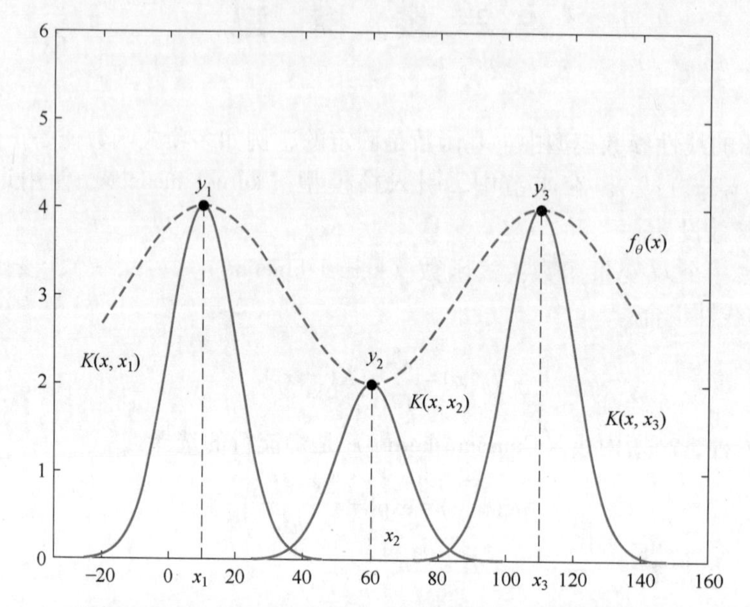

图 9-4 一维高斯核模型（高斯函数基于训练函数样本 $\{x_i\}_{i=1}^n$ 学习参数 $\{\theta_i\}_{i=1}^n$）

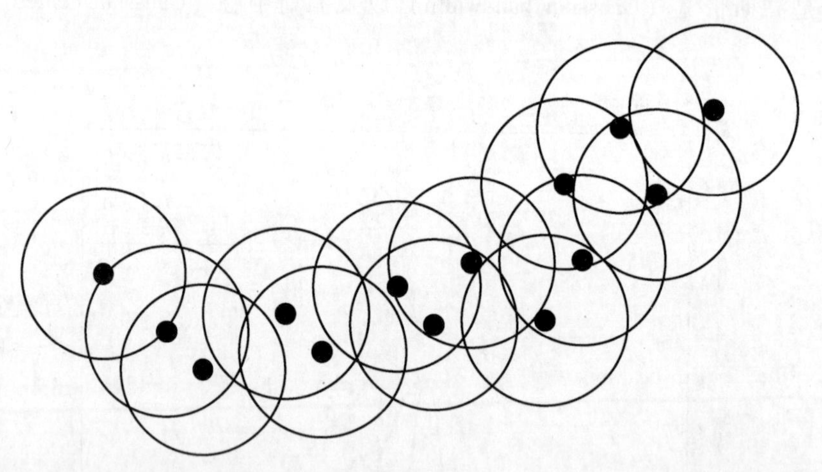

图 9-5 二维高斯核模型（仅通过在训练输入样本附近近似学习目标函数来减轻维度灾难）

在内核模型中，参数的数量由训练样本的数量给出，n 与输入变量 x 的维数 d 无关。因此，即使当 d 很大时，只要 n 不太大，就可以很容易地在计算机中处理内核模型。即使 n 非常大，只要将训练输入 $\{x_i\}_{i=1}^n$ 的子集 $\{c_j\}_{j=1}^b$ 当作核中心，就可以缩减计算机成本：

$$f_\theta(x)=\sum_{j=1}^{b}\theta_j K(x,c_j) \tag{9-7}$$

因为核模型式（9-6）在参数 $\boldsymbol{\theta}=(\theta_1,\cdots,\theta_n)$ 上是线性的，所以也可以将其当作线性参数模型。但是，基函数 $\{K(x,x_j)\}_{j=1}^n$ 依赖于训练输入集 $\{x_i\}_{i=1}^n$，并且基函数的数量随着训练样本的增长而增长。因此，在统计学中，核模型被分类为非参数模型（nonparametric model）与参数模型。

核模型的另一个重要优点是它可以轻松地扩展到非向量（nonvectorial）x 上，例如序列（不同长度）和树（不同深度）。更重要的是，由于输入 x 仅出现在核模型式（9-6）中的核函数 $K(x,x')$ 中，所以对于定义了输入对象 x 和 x'的核函数 $K(x,x')$，x 本身的表达式不重要。使用核函数的机器学习被称为核方法，并已被广泛研究。

9.3 层次模型

在参数方面是非线性的模型被称为非线性模型（nonlinear model）。在非线性模型中，最常用的分层模型（hierarchical model）如式（9-8）所示。

$$f_\theta(x)=\sum_{j=1}^{b}\alpha_j\phi(x,\beta_j) \tag{9-8}$$

式中，$\phi(x,\beta_j)$ 是一个由 β 参数化的基函数。层次模型在参数 $\boldsymbol{\alpha}=(\alpha_1,\cdots,\alpha_b)^{\mathrm{T}}$ 上是线性的，就像式（9-3）。但是，对于基函数参数 $\{\beta_j\}_{j=1}^{b}$ 方面，层次模型是非线性的。作为基函数，S 形函数（singmoidal function）如图 9-6 所示。

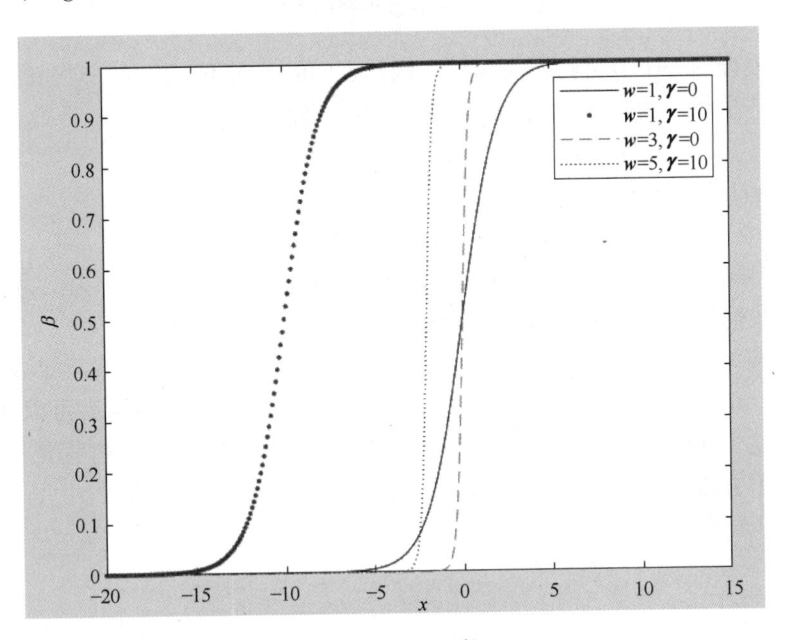

图 9-6 S 形函数

$$\phi(x,\beta)=\frac{1}{1+\exp(-\boldsymbol{x}^{\mathrm{T}}\boldsymbol{w}-\boldsymbol{\gamma})},\ \beta=(\boldsymbol{w}^{\mathrm{T}},\boldsymbol{\gamma})^{\mathrm{T}}$$

同时，高斯核函数如图 9-3 所示。

$$\phi(x,\beta)=\exp\left(-\frac{\|x-c\|^2}{2h^2}\right),\ \beta=(\boldsymbol{c}^{\mathrm{T}},\boldsymbol{h})^{\mathrm{T}}$$

都是标准的选择。S 形函数是受人类大脑中神经元的活动启发形成的。因此，层级模型也称为神经网络（neural network），基函数被称为激活函数（activation function）。为了降低计算成本，整流线性函数（rectified linear function）：

$$\phi(x,\beta)=\max(\boldsymbol{x}^{\mathrm{T}}\boldsymbol{w}+\boldsymbol{\gamma},0),\ \boldsymbol{\beta}=(\boldsymbol{w}^{\mathrm{T}},\boldsymbol{\gamma})^{\mathrm{T}}$$

也被广泛使用，尽管它在零处不可微分。

另一方面，高斯函数基本上与在 9.2 节中介绍的高斯内核相同，但这里高斯带宽和中心都要在层级模型中学习。因此，一个高斯激活函数的神经网络模型比高斯内核模型更具表达性。层次模型可以由三层神经网络表示，如图 9-7 所示。

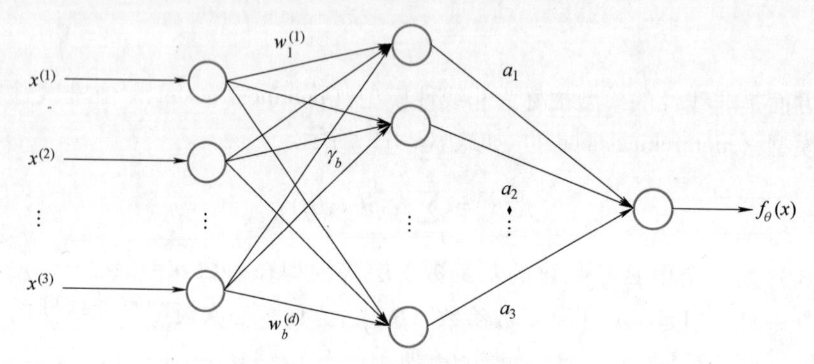

图 9-7　三层神经网络的层级模型

神经网络模型的一个显著特征是参数和函数之间的映射不一定是一对一的。特别是不同的参数值可能产生相同的功能。比如 $b=2$ 的神经网络模型：

$$f_\theta(\boldsymbol{x})=\alpha_1\phi(\boldsymbol{x},\boldsymbol{w}_1,\gamma_1)+\alpha_2\phi(\boldsymbol{x},\boldsymbol{w}_2,\gamma_2)$$

如果 $\boldsymbol{w}_1=\boldsymbol{w}_2=\boldsymbol{w}$ 并且 $\gamma_1=\gamma_2=\gamma$，$\alpha_1+\alpha_2$ 是常数，就表示相同的函数：

$$f_\theta(\boldsymbol{x})=(\alpha_1+\alpha_2)\phi(\boldsymbol{x},\boldsymbol{w},\gamma)$$

这时 Fisher 信息矩阵是奇异的，使得它不可能应用标准统计机器学习理论。为了应对这个问题，需要证明贝叶斯推理（Bayesian inference）。

由于神经网络模型在参数学习上的非线性，参数学习通常通过称为误差反向传播算法（error back-propagation）的梯度下降法进行。然而，只有局部最优解可以通过梯度法找到。为了应对这个问题，从不同的初始解中多次运行基于梯度的学习过程是有效的。此外，通过无监督学习方法预训练（pretraining），每层的参数被证明是有效的。

第10章
半监督学习

监督学习是基于输入输出配对出现的训练样本 $\{(x_i,y_i)\}_{i=1}^{n}$ 来执行的。然而，在实际应用中收集多个输入输出配对样本的计算成本通常是非常昂贵的。而只作为输入样本 $\{(x_i)\}_{i=n+1}^{n+n'}$ 的收集却很容易。例如，在网页的分类问题中，为了生成输入输出配对出现的训练样本 $\{(x_i,y_i)\}_{i=1}^{n}$，需要人们在看到网页 x_i 后，采用人工输入的方法对其添加标签 y_i（例如“体育”“计算机”和“政治”）。对于只有输入的训练样本 $\{(x_i)\}_{i=n+1}^{n+n'}$ 而言，则不需要人工介入，互联网本身即可通过“爬虫”技术自动完成数据的收集工作。

本章介绍半监督学习，除了输入输出配对样本 $\{(x_i,y_i)\}_{i=1}^{n}$ 外，还使用只有输入样本的 $\{(x_i)\}_{i=n+1}^{n+n'}$。

10.1 流形正则化

本节将介绍基于流形正则化的半监督学习方法。

10.1.1 输入样本的流形结构

对输入输出配对样本 $\{(x_i,y_i)\}_{i=1}^{n}$ 进行学习的监督学习，可以看作已知输入，对输出 y 的条件概率 $p(y|x)$ 进行估计的问题。另一方面，由于只有输入的训练样本 $\{(x_i)\}_{i=n+1}^{n+n'}$ 中没有输出，只包含输入的概率密度 $p(x)$ 的相关信息。因此，只利用输入的训练样本 $\{(x_i)\}_{i=n+1}^{n+n'}$ 直接对条件概率 $p(y|x)$ 进行无监督学习，并不会得到很好的效果。结合以上原因，半监督学习首先会假定输入概率密度 $p(x)$ 和条件概率密度 $p(y|x)$ 之间具有某种关联，利用对输入概率密度 $p(x)$ 的估计来辅助对条件概率密度 $p(y|x)$ 的估计，进而使得最终的学习精度得以提升。

因此，我们引入基于流形假设的半监督学习方法。流形是数学用语，一般指局部具有欧几里得空间性质的拓扑空间，在半监督学习里指的是输入空间的局部范围。具体地，半监督学习中流形的假设，就相当于设定了这样一种情况，即输入数据只出现在某个流形上，输出则在该流形上平滑地变化。如果是分类问题的话，则对应于属于同一类别的数据具有相同的类别标签，如图 10-1 所示。

高斯核模型已经在 9.2 节中详细说明，实际上是灵活应用了流形的假设后形成的模型，如图 9-5 所示。

$$f_\theta(x)=\sum_{j=1}^{n}\theta_j K(x,x_j),K(x,c)=\exp\left(-\frac{\|x-c\|^2}{2h^2}\right) \tag{10-1}$$

即通过在训练输入样本 $\{x_i\}_{i=n+1}^{n}$ 上设置平滑的高斯核函数，进而使得输入数据在流形上学习得到平滑的输入输出函数。半监督学习在高斯核函数的构造中，也灵活应用了只有输入数据的训练样本 $\{(x_i)\}_{i=n+1}^{n+n'}$：

$$f_\theta(x)=\sum_{j=1}^{n+n'}\theta_j K(x,x_j) \tag{10-2}$$

学习式（10-1）给出的模型参数，从而使训练输入样本的输出 $\{f_\theta(x_i)\}_{i=1}^{n+n'}$ 拥有局部相似值，那么还需要添加约束条件。例如，对 l_2 正则化最小二乘学习的情况，有以下学习规则

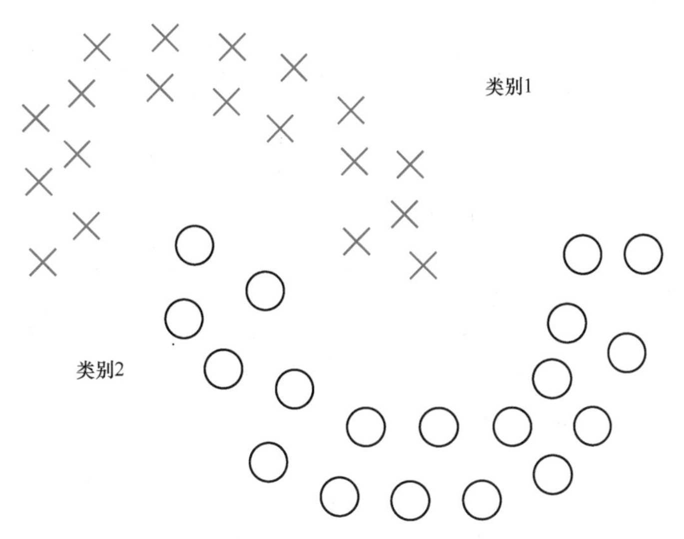

图 10-1 半监督分类（假定属于同一类别的数据具有相同的类别标签）

$$\min_{\theta}\left[\frac{1}{2}\sum_{i=1}^{n}(f_\theta(x_i)-y_i)^2+\frac{\lambda}{2}\|\theta\|^2+\frac{v}{4}\sum_{i,i'=1}^{n+n'}W_{i,i'}(f_\theta(x_i)-f_\theta(x_i'))^2\right] \tag{10-3}$$

式（10-3）第一项和第二项与 l_2 正则化最小二乘学习相对应，分别称为拟合优度和过拟合数量。第三项是进行半监督学习所需的正则化项，称为拉普拉斯正则化，这个名称的由来是源于谱图理论。$v\geqslant 0$ 为调整流形的平滑性的半监督学习的正则化参数，$W_{i,i'}\geqslant 0$ 为 x_i 和 x_i' 的相似度，$W_{i,i'}$是对称的（即假定满足 $W_{i,i'}=W_{i',i}$）。

10.1.2 计算解决方案

本节介绍拉普拉斯正则化最小二乘学习的求解方法。对角矩阵 $\boldsymbol{D}$ 用矩阵 $\boldsymbol{W}$ 的各行元素之和来表示：

$$\boldsymbol{D}=\mathrm{diag}\left(\sum_{i=1}^{n+n'}\boldsymbol{W}_{1,i},\cdots,\sum_{i=1}^{n+n'}\boldsymbol{W}_{n+n'ii}\right) \tag{10-4}$$

令矩阵 $\boldsymbol{L}$ 表示矩阵 $\boldsymbol{D}$ 和矩阵 $\boldsymbol{W}$ 的差，即 $\boldsymbol{L}=\boldsymbol{D}-\boldsymbol{W}$。此时，式（10-3）的目标函数的第三项可以简化为如下形式：

$$\begin{aligned}&\sum_{i,i'=1}^{n+n'}\boldsymbol{W}_{i,i'}(f_\theta(x_i)-f_\theta(x_{i'}))^2\\&=\sum_{i=1}^{n+n'}\boldsymbol{D}_{i,i}f_\theta(x_i)^2-2\sum_{i,i'}^{n+n'}\boldsymbol{W}_{i,i'}f_\theta(x_i)f_\theta(x_{i'})+\sum_{i'=1}^{n+n'}\boldsymbol{D}_{i',i}f_\theta(x_i)^2\\&=2\sum_{i,i'=1}^{n+n'}\boldsymbol{L}_{i,i'}f_\theta(x_i)f_\theta(x_{i'})\end{aligned} \tag{10-5}$$

因此，式（10-2）的核模型所对应的式（10-3）的最优化问题可以归结为如下的一般化 l_2 约束最小二乘学习：

$$\min_{\theta}\left[\frac{1}{2}\sum_{i=1}^{n}\left(\sum_{j=1}^{n+n'}\theta_jK(x_i,x_j)-y_i\right)^2+\frac{\lambda}{2}\sum_{j=1}^{n+n'}\theta_j^2+\frac{v}{2}\sum_{j,j'=1}^{n+n'}\theta_j\theta_{j'}\sum_{i,i'=1}^{n+n'}L_{i,i'}K(x_i,x_j)K(x_{i'},x_{j'})\right] \tag{10-6}$$

式（10-6）可简写为

$$\min_{\theta}\left[\frac{1}{2}\|K\theta-y\|^2+\frac{\lambda}{2}\|\theta\|^2+\frac{v}{2}\theta^{\mathrm{T}}\boldsymbol{KLK}\theta\right] \tag{10-7}$$

式（10-7）中，与所有的 $n+n'$ 个训练输入样本 $\{(x_i)\}_{i=1}^{n+n'}$ 相对应的核矩阵为

$$\boldsymbol{K}=\begin{pmatrix} K(x_1,x_1) & \cdots & K(x_1,x_{n+n'}) \\ \vdots & & \vdots \\ K(x_{n+n'},x_1) & \cdots & K(x_{n+n'},x_{n+n'}) \end{pmatrix} \tag{10-8}$$

参数向量和训练输出样本向量由下式进行定义

$$\begin{cases} \boldsymbol{\theta}=(\theta_1,\cdots,\theta_n,\theta_{n+1},\cdots,\theta_{n+n'})^{\mathrm{T}} \\ \boldsymbol{y}=(y_1,\cdots,y_n,\underbrace{0,\cdots,0}_{n'})^{\mathrm{T}} \end{cases} \tag{10-9}$$

值得注意的是，因为没有给定训练输出样本 $\{(y_i)\}_{i=n+1}^{n+n'}$，所以式（10-9）中的 $\boldsymbol{y}$ 含有 n' 个 0。求得 $\hat{\theta}$ 的解析解为

$$\hat{\theta}=(\boldsymbol{K}^2+\lambda\boldsymbol{I}+v\boldsymbol{KLK})^{-1}\boldsymbol{Ky} \tag{10-10}$$

拉普拉斯正则化最小二乘学习的 Python 和 MATLAB 代码如图 10-2 所示，其实例如图 10-3 所示。在这个例子里，有标签的训练样本仅仅只有两个（每个类别一个），是一个难度非常大的分类问题。通过对没有标签的训练样本采用拉普拉斯正则化最小二乘学习进行处理，数据群被很好地分成了两类。这在聚类假设条件下是合理的。另一方面，使用普通的最小二乘学习对有标签的两个训练样本进行学习时，只能得到将两个训练样本从正中间直线分割的分类结果，这在聚类假设条件下是不合理的。

```
u=-10*[cos(a)+0.5 cos(a)-0.5]'+randn(n,1);
v=10*[sin(a) -sin(a)]'+randn(n,1);
x=[u v];y=zeros(n,1);y(1)=1;y(n)=-1;
x2=sum(x.^2,2);hh=2*1^2;
k=exp(-(repmat(x2,1,n)+repmat(x2',n,1)-2*x*x')/hh);w=k;
t=(k^2+1*eye(n)+10*k*(diag(sum(w))-w)*k)\(k*y);
m=100;X=linspace(-20,20,m)';X2=X.^2;
U=exp(-(repmat(u.^2,1,m)+repmat(X2',n,1)-2*u*X')/hh);
V=exp(-(repmat(v.^2,1,m)+repmat(X2',n,1)-2*v*X')/hh);
figure(1);clf;hold on;axis([-20 20 -20 20]);
colormap([1 0.7 1;0.7 1 1]);
contourf(X,X,sign(V'*(U.*repmat(t,1,m))));
plot(x(y==1,1),x(y==1,2),'bo');
plot(x(y==-1,1),x(y==-1,2),'rx');
plot(x(y==0,1),x(y==0,2),'k.');
```

```
#Python 调用 MATLAB 的 m 文件,拉普拉斯正则化最小二乘学习算法
import matlab
```

图 10-2　拉普拉斯正则化最小二乘学习的 Python 和 MATLAB 代码

```
import matlab.engine
#import numpy as np
eng=matlab.engine.start_matlab()
eng.LaplaceSVM(nargout=0)
input()  #使图像保持
```

图 10-2　拉普拉斯正则化最小二乘学习的 Python 和 MATLAB 代码（续）

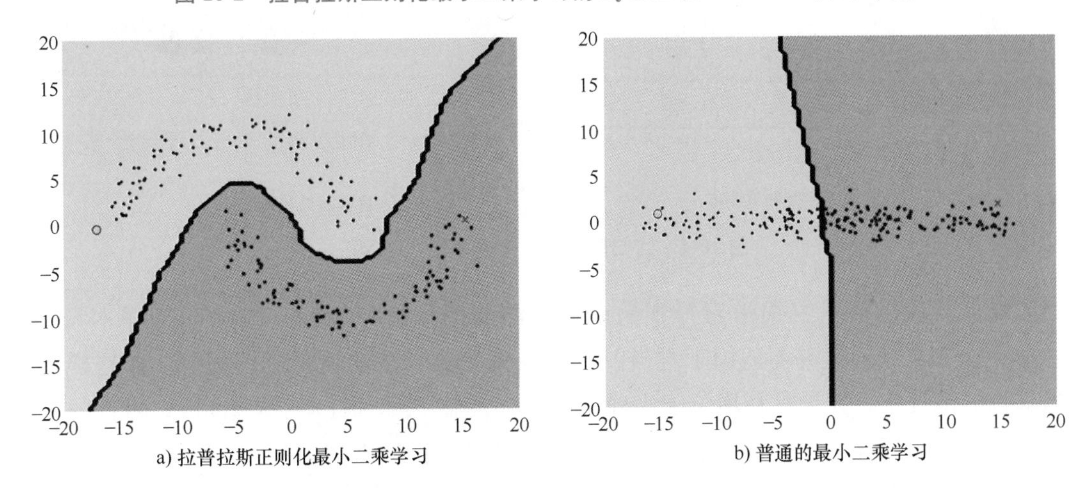

a) 拉普拉斯正则化最小二乘学习　　b) 普通的最小二乘学习

图 10-3　拉普拉斯正则化最小二乘学习和普通的最小二乘学习的实例

注：点表示的是没有标签的训练样本。

10.2　协变量移位的适应

本节将介绍一种称作协变量移位适应的半监督学习方法，这一方法明确考虑了 $\{(x_i, y_i)\}_{i=1}^{n}$ 和 $\{x'_{i'}\}_{i'=1}^{n'}$ 的概率分布。在统计学里，输入变量称作协变量，协变量移位是指在条件概率密度 $p(y|x)$ 不变的情况下，$\{x_i\}_{i=1}^{n}$ 和 $\{x'_{i'}\}_{i'=1}^{n'}$ 分别服从不同的概率分布。

10.2.1　重要度加权学习

图 10-4 给出了在回归问题中协变量移位的实例，其中的目标函数 $f(x)$ 不变。在这个例子中，原始任务的输入训练样本 $\{x_i\}_{i=1}^{n}$ 分布在 $x=1$ 周围，即在左侧生成；当前学习任务的输入训练样本 $\{x'_{i'}\}_{i'=1}^{n'}$ 分布在 $x=2$ 周围，即在右侧生成。由于其对应于在当前输入输出样本的值域外部预测输出，所以这是一个（弱）外插问题。

由图 10-4 可见，虽然输入样本的概率分布变化了，但是输入输出关系并不变。图 10-6a 给出了一维直线模型

$$f_\theta(x)=\theta_1+\theta_2 x \tag{10-11}$$

对其进行普通的最小二乘学习：

$$\min_\theta \frac{1}{2}\sum_{i=1}^{n}(f_\theta(x_i)-y_i)^2 \tag{10-12}$$

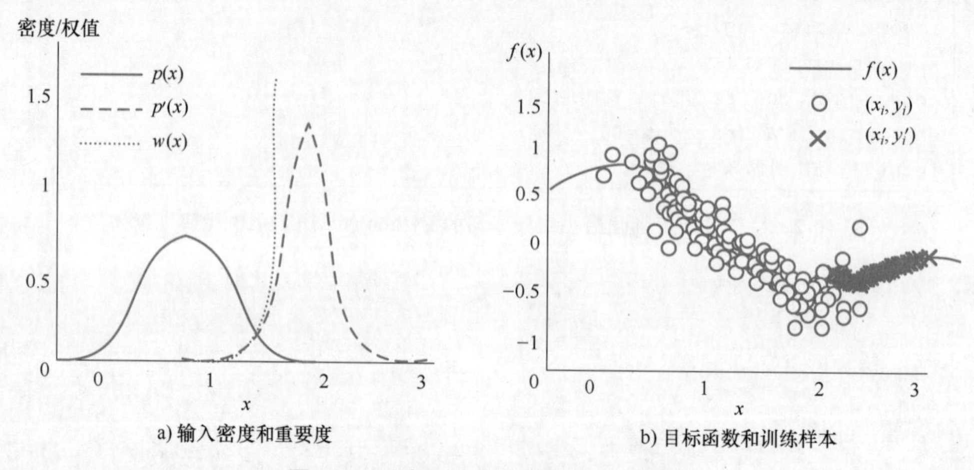

图 10-4 回归问题中协变量移位的实例

这就意味着，通过最小二乘学习得到的函数虽然与原始任务的输入输出训练样本 $\{(x_i, y_i)\}_{i=1}^{n}$完全拟合，但是并不适用于对当前学习任务 $\{x'_{i'}\}_{i'=1}^{n'}$的输出进行预测。像这样的协变量移位的情况下，如果只利用位于当前学习任务的输入训练样本 $\{(x'_{i'})\}_{i'=1}^{n'}$附近的输入输出训练样本 $\{(x_i,y_i)\}_{i=1}^{n}$进行学习的话，一般是可以很好地对 $\{(x'_{j'})\}_{j'=1}^{n'}$的输出进行预测的。这种直观的思路，可以通过使用输入输出训练样本的重要度权重进行学习来实现。因此，这里引入重要度加权最小二乘学习

$$\min_{\theta}\frac{1}{2}\sum_{i=1}^{n}\omega(x_i)(f_\theta(x_i)-y_i)^2 \tag{10-13}$$

式中，$\omega(x)$ 表示重要度函数，它是指当前学习任务的输入训练样本 $\{(x'_{i'})\}_{i'=1}^{n'}$的概率密度 $p'(x)$ 和原始学习任务的输入训练样本 $\{x_i\}_{i=1}^{n}$的概率密度 $p(x)$ 的比：

$$\omega(x)=\frac{p'(x)}{p(x)} \tag{10-14}$$

重要度加权最小二乘学习理论上可以认为是统计学中的重要性采样。重要性采样是指利用 $p(x)$ 相关的加权期望值来计算与 $p'(x)$ 相关的期望值的方法。

$$\int g(x)p'(x)\,\mathrm{d}x=\int g(x)\frac{p'(x)}{p(x)}p(x)\approx\frac{1}{n}\sum_{i=1}^{n}g(x_i)\omega(x_i) \tag{10-15}$$

基于一维直线模型式（10-11）的重要度加权最小二乘学习的 Python 和 MATLAB 代码如图 10-5 所示，其实例如图 10-6b 所示。通过引入重要度加权，$\{(x'_{i'})\}_{i'=1}^{n'}$的输出预测精度得到了很大的提升。

```
n=100;u=randn(n,1)/4+2;x=randn(n,1)/2+1;
w=2*exp(-8*(x-2).^2+2*(x-1).^2);%w=ones(n,1);
y=sin(pi*x)./(pi*x)+0.1*randn(n,1);
x(:,2)=1;t=(x'*(repmat(w,1,2).*x))\(x'*(w.*y));
X=linspace(-1,3,100);Y=sin(pi*X)./(pi*X);
```

图 10-5 重要度加权最小二乘学习的 Python 和 MATLAB 代码

```
u(:,2)=1;v=u*t;
figure(1);clf;hold on;
plot(x(:,1),y,'bo');plot(X,Y,'r-');plot(u(:,1),v,'kx');
```

```
#Python 调用 MATLAB 的 m 文件,重要度加权最小二乘学习算法
import matlab
import matlab.engine
#import numpy as np
eng=matlab.engine.start_matlab()
eng.WeightSVM (nargout=0)
input()  #使图像保持
```

图 10-5　重要度加权最小二乘学习的 Python 和 MATLAB 代码（续）

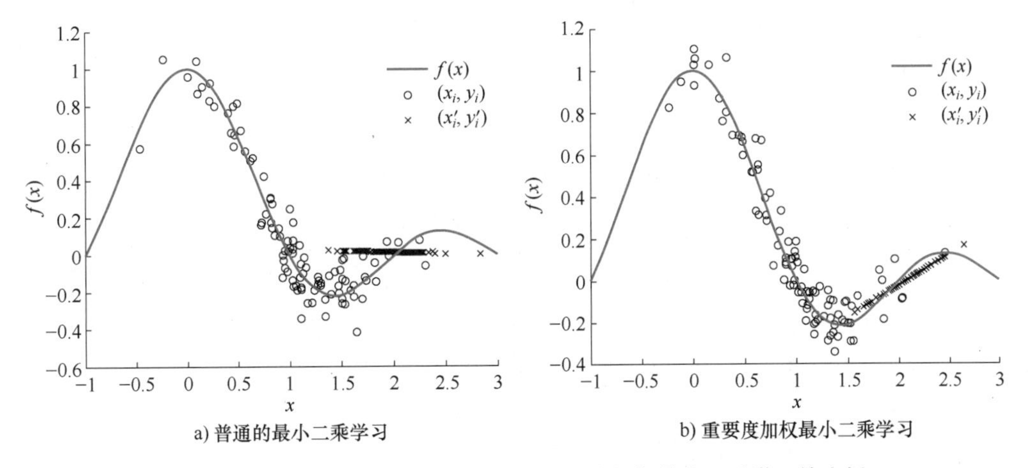

图 10-6　在协变量移位的例子中进行重要度加权最小二乘学习的实例

注：虚线表示的是学习结果的函数。

上述例子中，重要度加权适用于最小二乘学习，但是从重要度加权的本质来看，它对各种回归和分类问题也都是适用的。

10.2.2　相对重要度加权学习

如图 10-6b 所示，通过在协变量移位中使用重要度加权学习，使得学习精度得到了很大提升。

图 10-4a 表示的是重要度函数 $\omega(x)$，$\omega(x)$ 是一个单增函数。这就意味着，在这个例子中，越往右重要度越大，在大量的输入输出训练样本 $\{(x_i,y_i)\}_{i=1}^{n}$ 中，只有右侧的若干个训练样本有较大的重要度，左侧的训练样本的重要度都是特别小的值，基本上可以忽略不计。因此，实际上是对右侧的仅有的几个训练样本进行了函数关系学习，这样其结果就很可能是不太稳定的。

一般地，当重要度函数 $\omega(x)$ 的值非常大时，就特别容易引起这样的不稳定，因此，如

果能使得重要度函数稍许平滑，就可以使学习结果稳定下来。为此可以使用相对重要度这一概念：

$$\omega_\beta(x)=\frac{p'(x)}{\beta p'(x)+(1+\beta)p(x)} \tag{10-16}$$

式中，$\beta\in[0,1]$ 是调整相对重要度函数平滑性的调整参数，当 $\beta=0$ 时与原始的重要度 $p'(x)/p(x)$ 相一致；当 β 变大时，相对重要度函数会变得较为平滑；当 $\beta=1$ 时，变为 $\omega_\beta(x)=1$，如图 10-7 所示。根据重要度的非负性 $p'(x)/p(x)\geqslant 0$ 可知，相对重要度满足

$$\omega_\beta(x)=\frac{1}{\beta+(1-\beta)\dfrac{p(x)}{p'(x)}}\leqslant\frac{1}{\beta} \tag{10-17}$$

即相对重要度为小于 $1/\beta$ 的数值。

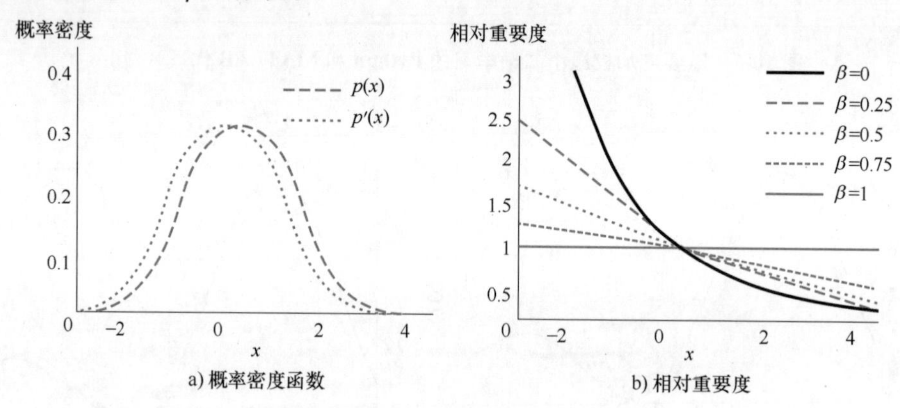

图 10-7　当 $p'(x)$ 是期望为 0、方差为 1 的正态分布，$p(x)$ 是期望为 0.5、方差为 1 的正态分布时的相对重要度

10.2.3　重要度加权交叉检验

在使用相对重要度的加权最小二乘学习中，找到合适的 β 值是至关重要的。另外，模型 $f_\theta(x)$ 的选择和正则化参数的确定，也对最终的学习结果有较大的影响。

交叉检验法是对将来给定的测试输入样本的输出学习精度进行预测的一种方法。实际上，只有当 $\{x_i\}_{i=1}^{n}$ 和 $\{(x'_{i'})\}_{i'=1}^{n'}$ 服从相同的概率分布时，才能确保交叉检验法的有效性。而在协变量移位的例子中采用交叉检验法可能无法得到理想的预测结果。对于这种情况，通过使用重要度加权交叉检验法，即可进行理想的预测。重要度加权交叉验证法的算法描述如图 10-8 所示。重要度加权交叉检验法与普通的交叉检验法是基本相同的，只是验证误差是用重要度权重来计算得到的。

1. 准备候选的模型：$\{M_j\}_j$。
2. 把训练样本 $D=\{(x_i,y_i)\}_{i=1}^{n}$ 划分为 t 个大小基本相同的不相交的子集：$\{D_l\}_{l=1}^{t}$。
3. 对于每个候选模型 M_j

   （1）对于每个候选模型 M_j 划分 $l=1,\cdots,t$

图 10-8　重要度加权交叉验证法的算法描述

i. 对除 $\hat{f}_j^{(l)}(x)$ 以外的训练样本，利用模型 M_j 获得学习函数 D_l。

ii. 把上述过程中没有参与学习的训练样本 D_l 作为测试样本，计算出 $\hat{f}_j^{(l)}(x)$ 的平均预测误差 D_l。

1）回归（平方损失）：$\hat{G}_j^{(l)}=\frac{1}{|D_l|}\sum_{(x,y)\in D_l}\omega(x)(y-\hat{f}_j^{(l)}(x))^2$

式中，$|D_l|$ 表示集合 D_l 包含的训练样本个数。

2）分类（0/1 损失）：$\hat{G}_j^{(l)}=\frac{1}{|D_l|}\sum_{(x,y)\in D_l}\frac{\omega(x)}{2}(1-\sin(\hat{f}_j^{(l)}(x)y))$

（2）计算所有 t 个划分的平均预测误差 $\hat{G}_j=\frac{1}{t}\sum_{l=1}^{t}\hat{G}_j^{(l)}$

4. 选择平均预测误差最小的模型为最终模型 $M_{\hat{j}}$，$\hat{f}=\arg_j\min\hat{G}_j$

5. 从所有的训练样本 $\{(x_i,y_i)\}_{i=1}^n$ 中，利用所选择的最终模型 $M_{\hat{j}}$ 获得最终的函数逼近器。

图 10-8 重要度加权交叉验证法的算法描述（续）

10.2.4 相对重要度估计

在（相对）重要度加权学习和重要度加权交叉检验法中，需要知道重要度和相对重要度的值。然而，当前学习任务的输入样本 $\{(x'_{i'})\}_{i'=1}^{n'}$ 的概率密度 $p'(x)$，以及其他学习任务的输入样本 $\{x_i\}_{i=1}^n$ 的概率密度 $p(x)$，一般情况下都是未知的。如果对 $\{(x'_{i'})\}_{i'=1}^{n'}$ 和 $\{x_i\}_{i=1}^n$ 各自的概率密度进行估计，再计算其比值的话，就可以得到重要度。但是，上述方法不是很可靠。因为，精确地计算概率密度往往是比较困难的，如果采用先求得概率密度再通过其比值来推断重要度的方法，精度肯定是不高的。本节将介绍一种不计算概率密度而直接求得相对重要度的方法。

首先，把相对重要度函数 $\boldsymbol{\omega}_\beta(x)$ 进行模型化：

$$\boldsymbol{\omega}_\alpha(x)=\sum_{j=1}^{b}\alpha_j\psi_j(x)=\boldsymbol{\alpha}^{\mathrm{T}}\boldsymbol{\psi}(x) \tag{10-18}$$

式中，$\boldsymbol{\alpha}=(\alpha_1,\cdots,\alpha_b)^{\mathrm{T}}$，参数向量 $\psi(x)=(\boldsymbol{\psi}_1(x),\cdots,\boldsymbol{\psi}_b(x))^{\mathrm{T}}$ 为基函数向量。然后，对下式的 $J(\alpha)$ 为最小时所对应的参数进行最小二乘学习：

$$\begin{aligned}J(\alpha)&=\int(\boldsymbol{\omega}_\alpha(x)-\boldsymbol{\omega}_\beta(x))^2[\beta p'(x)+(1-\beta)p(x)]\mathrm{d}x\\&=\frac{1}{2}\int(\boldsymbol{\omega}_\alpha(x)-\boldsymbol{\omega}_\beta(x))(\boldsymbol{\omega}_\alpha(x)-\boldsymbol{\omega}_\beta(x))^{\mathrm{T}}[\beta p'(x)+(1-\beta)p(x)]\mathrm{d}x\\&=\frac{1}{2}\int\boldsymbol{\alpha}^{\mathrm{T}}\boldsymbol{\Psi}(x)\boldsymbol{\Psi}(x)^{\mathrm{T}}\boldsymbol{\alpha}[\beta p'(x)+(1-\beta)p(x)]\mathrm{d}x-\int\boldsymbol{\alpha}^{\mathrm{T}}\boldsymbol{\Psi}(x)p'(x)\mathrm{d}x+C\end{aligned} \tag{10-19}$$

式中，$C=\frac{1}{2}\int\omega_\beta(x)p'(x)\mathrm{d}x$ 是与参数 $\boldsymbol{\alpha}$ 无关的常数，在计算中可以忽略不计。对期望值进行样本平均近似，再加入 l_2 正则化项，就可以得到如下学习规则：

$$\min_\alpha\left(\frac{1}{2}\boldsymbol{\alpha}^{\mathrm{T}}\hat{\boldsymbol{G}}_\beta\boldsymbol{\alpha}-\boldsymbol{\alpha}^{\mathrm{T}}\hat{\boldsymbol{h}}+\frac{\lambda}{2}\|\boldsymbol{\alpha}\|^2\right) \tag{10-20}$$

式中，$\hat{\boldsymbol{G}}_\beta$ 和 $\hat{\boldsymbol{h}}$ 分别是由下式定义的 $b\times b$ 阶矩阵和 b 维向量。

$$\begin{cases}\hat{\boldsymbol{G}}_\beta=\dfrac{\beta}{n'}\sum\limits_{i=1}^{n'}\boldsymbol{\psi}(x'_{i'})\boldsymbol{\psi}(x'_{i'})^{\mathrm{T}}+\dfrac{1-\beta}{n}\sum\limits_{i=1}^{n}\boldsymbol{\psi}(x)\boldsymbol{\psi}(x)^{\mathrm{T}}\\ \hat{\boldsymbol{h}}=\dfrac{1}{n'}\sum\limits_{i=1}^{n'}\boldsymbol{\psi}(x'_{i'})\end{cases} \tag{10-21}$$

上述学习规则是与 $\hat{\boldsymbol{\alpha}}$ 相关的凸的二次式，对其偏微分并使其值为 0，可以得到解析解：

$$\hat{\boldsymbol{\alpha}}=(\hat{\boldsymbol{G}}+\lambda\boldsymbol{I})^{-1}\hat{\boldsymbol{h}} \tag{10-22}$$

这种方法称作最小二乘相对密度比估计法。正则化参数 λ 和基函数 $\boldsymbol{\psi}$ 中包含的相关参数，可以通过关于平方误差 J 的交叉检验法来进行优化。

与高斯核模型相对应的最小二乘相对密度比估计法的 MATLAB 与 Python 代码如图 10-9 所示，其实例如图 10-10 所示。这里相对重要度函数如式（10-23）所示。

$$\omega_\alpha(x)=\sum_{j=1}^{n}\alpha_j\exp\left(-\frac{\|x-x_j\|^2}{2h^2}\right) \tag{10-23}$$

```
n=300;x=randn(n,1);y=randn(n,1)+0.5;
hhs=2*[1 5 10].^2;ls=10.^[-3 -2 -1];m=5;b=0.5;
x2=x.^2;xx=repmat(x2,1,n)+repmat(x2',n,1)-2*x*x';
y2=y.^2;yx=repmat(y2,1,n)+repmat(x2',n,1)-2*y*x';
u=mod(randperm(n),m)+1;v=mod(randperm(n),m)+1;
for hk=1:length(hhs)
   hh=hhs(hk);k=exp(-xx/hh);r=exp(-yx/hh);
   for i=1:m
      ki=k(u~=i,:);ri=r(v~=i,:);h=mean(ki)';
      kc=k(u==i,:);rj=r(v==i,:);
      G=b*ki'*ki/sum(u~=i)+(1-b)*ri'*ri/sum(v~=i);
      for lk=1:length(ls)
         l=ls(lk);a=(G+l*eye(n))\h;kca=kc*a;
         g(hk,lk,i)=b*mean(kca.^2)+(1-b)*mean((rj*a).^2);
         g(hk,lk,i)=g(hk,lk,i)/2-mean(kca);
end,end,end
[gl,ggl]=min(mean(g,3),[],2);[ghl,gghl]=min(gl);
L=ls(ggl(gghl));HH=hhs(gghl);
k=exp(-xx/HH);r=exp(-yx/HH);
s=r*((b*k'*k/n+(1-b)*r'*r/n+L*eye(n))\(mean(k)'));
figure(1);clf;hold on;plot(y,s,'rx');
```

```
#Python 调用 MATLAB 的 m 文件,最小二乘相对密度比估计算法
import matlab
import matlab.engine
#import numpy as np
eng=matlab.engine.start_matlab()
eng.SVMRDensity(nargout=0)
input()  #使图像保持
```

图 10-9　与高斯核模型相对应的最小二乘相对密度比估计法的 MATLAB 和 Python 代码

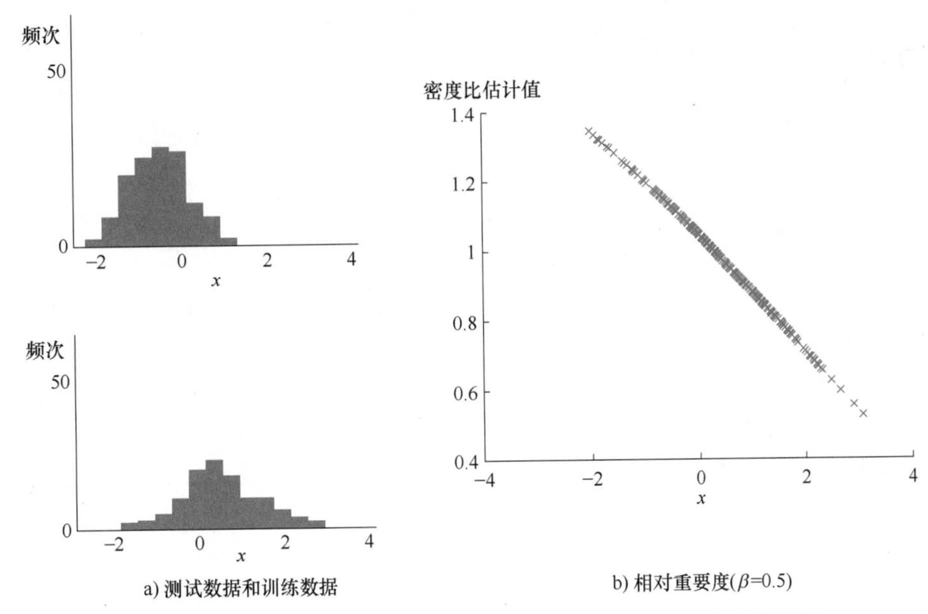

a) 测试数据和训练数据　　b) 相对重要度(β=0.5)

图 10-10　与高斯核模型相对应的最小二乘相对密度比估计法的实例

注：右图中标记为×的数据为估计得到的关于 $\{x_i\}_{i=1}^{n}$ 的相对密度比的值。

由图 10-10 可知，真正的相对重要度函数能够进行很好的估计。

10.3　类别平衡变化下的适应

上一节介绍了基于协变量移位学习的半监督学习方法，这可以应用于回归问题当中。另一方面，在分类问题中，类别平衡变化是一种常用方法，类别平衡变化是指各个类别的先验概率在输入输出训练样本 $\{(x_i,y_i)\}_{i=1}^{n}$ 和输入训练样本 $\{(x'_{i'})\}_{i'=1}^{n'}$ 上是不同的（见图 10-11），但是各个类别的条件概率 $p(x|y)$ 保持不变。本节将介绍类别平衡变化下的适应方法。

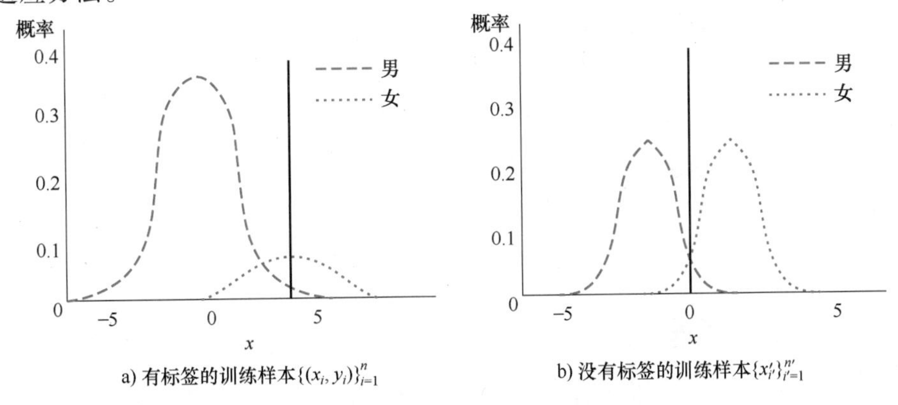

a) 有标签的训练样本 $\{(x_i,y_i)\}_{i=1}^{n}$　　b) 没有标签的训练样本 $\{x'_{i'}\}_{i'=1}^{n'}$

图 10-11　类别平衡下训练样本的概率密度

注：粗的竖直线表示最优分类面的位置发生了变化。

10.3.1 类别平衡加权学习

通过类别平衡加权学习可以纠正由类别平衡变化引起的偏差。具体地，就是在训练时的类别 $\{x_i\}_{i=1}^{n}$ 出现的概率为 $p(y)$，测试时的类别 $\{(x'_{i'})\}_{i'=1}^{n'}$ 出现的概率为 $p'(y)$，对 $p'(y)/p(y)$ 的概率比进行加权学习。例如，在最小二乘学习的情况下，进行如下学习

$$\min_{\theta}\frac{1}{2}\sum_{i=1}^{n}\frac{p'(x)}{p(y_i)}(f_{\theta}(x_i)-y_i)^2 \tag{10-24}$$

上述方法称为类别平衡加权最小二乘学习法。类别平衡加权学习的模型可以通过类别平衡加权交叉检验来进行选择，这基本上与 10.2.3 节中介绍的重要度加权交叉检验相同，只是其中 $p'(y_i)/p(y_i)$ 表示为权重。

10.3.2 类别平衡估计

为了采用类别平衡加权学习，需要各个类别的先验概率 $p(y)$ 和 $p'(y)$，然而这在实际应用中通常是未知的。当 n 个训练样本 $\{(x_i,y_i)\}_{i=1}^{n}$ 中有 n_y 个属于类别 y 时，训练时类别出现的概率 $p(y)$ 可以通过 n_y/n 进行计算。然而，大多数情况下有标签的测试样本的收集是相当困难的，也就是说，由于缺乏 $\{(x'_{i'})\}_{i'=1}^{n'}$，因而不能简单地对 $p'(y)$ 进行估计。下面介绍根据测试输入样本来估计测试时的 y 的出现概率 $p'(y)$ 的方法。

对 $p'(y)$ 进行估计的基本思想是通过使测试输入的概率密度 $p'(x)$ 与各个类别对应的训练输入的概率密度 $p(x|y)$ 的线性和 $q_{\pi}(x)$ 相吻合来进行的，如图 10-12 所示。

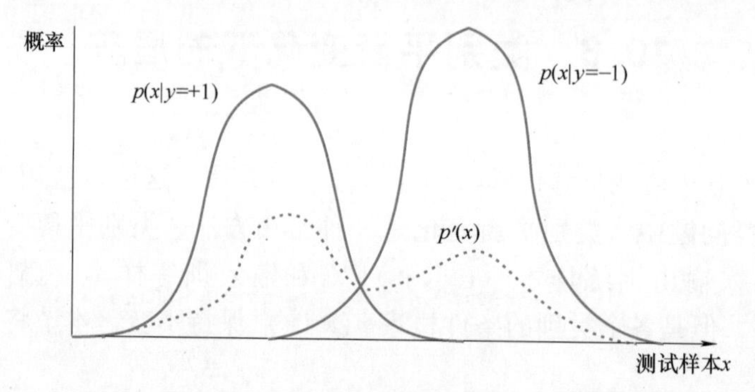

图 10-12 根据测试输入样本来估计测试时的类别 y 的出现概率 $p'(y)$ 的方法

$$q_{\pi}(x)=\sum_{y=1}^{c}\pi_y p(x|y) \tag{10-25}$$

式中，c 为类别的数量；系数 π_y 表示训练时类别出现的概率 $p'(y)$。

q_{π} 和 p'的吻合性，可以使用 KL 散度来表示。

$$\mathrm{KL}(p'\|q_{\pi})=\int p'(x)\log\frac{p'(x)}{q_{\pi}(x)}\mathrm{d}x \tag{10-26}$$

或用 L_2 距离来代替 KL 散度

$$L_2(p',q_{\pi})=\int(p'(x)-q_{\pi}(x))^2\mathrm{d}x \tag{10-27}$$

通过使用 KL 散度密度比估计法，直接计算密度比 $p'(x)/q_{\pi}(x)$，则可以大幅度提高最终结

果的预测精度，还可以用最小二乘密度差估计法来对 L_2 距离进行准确估计。

另一个较为有用的方法是能量距离法，它是特征函数间的加权平方距离：

$$D_E(p',q_\pi)=\int_{R^d}\|\varphi_{p'}(t)-\varphi_{q\pi}(t)\|^2\left(\frac{\pi^{\frac{d+1}{2}}}{\Gamma\left(\frac{d+1}{2}\right)}\|t\|^{d+1}\right)^{-1}\mathrm{d}t \tag{10-28}$$

式中，$\|\cdot\|$ 表示欧几里得范数；$\varphi_{p'}$ 为 p' 的特征函数；$\Gamma(\cdot)$ 为伽马函数；d 表示 x 的维数。由于考虑权重函数，能量距离也可以表示为

$$\begin{aligned}D_E(p',q_\pi)&=2E_{x'\sim p',x\sim q_\pi}\|x'-x\|-E_{x',\tilde{x}'\sim p'}\|x'-\tilde{x}'\|-E_{x,\tilde{x}\sim q_\pi}\|x-\tilde{x}\|\\&=2\boldsymbol{\pi}^{\mathrm{T}}\boldsymbol{b}-\boldsymbol{\pi}^{\mathrm{T}}\boldsymbol{A}\boldsymbol{\pi}+C\end{aligned} \tag{10-29}$$

式中，$E_{x'\sim p'}$ 表示 x' 服从密度 p' 的期望；C 为与 $\boldsymbol{\pi}$ 无关的常量；$\boldsymbol{A}$ 为 $c\times c$ 阶对称矩阵，$\boldsymbol{b}$ 定义为一个 c 维向量，其中

$$\begin{cases}\boldsymbol{A}_{y,\tilde{y}}=E_{x\sim p(x|y)\tilde{x}\sim p(x|\tilde{y})}\ |x-\tilde{x}|\\ \boldsymbol{b}_y=E_{x'\sim p',x\sim p(x|y)}x'-x\end{cases} \tag{10-30}$$

尽管，$D_E(p',q_\pi)$ 是关于 $\boldsymbol{\pi}=(\pi_1,\cdots,\pi_c)^{\mathrm{T}}$ 的凹函数，但是它是相当于 π_1，…，π_{c-1}，$\pi_c=1-\sum_{y=1}^{c-1}\pi_y$ 的凸函数，因而可以很容易地获得其最小值。例如，当 $c=2$（其中 $\pi_1=\pi,\pi_2=1-\pi$）时，$D_E(p',q_\pi)$ 可以表示为一个相当于常量 π 的函数。

$$J(\pi)=a\pi^2-2b\pi \tag{10-31}$$

式中，

$$a=2A_{1,2}-A_{1,2}-A_{2,2}=D_E(p(x\mid y=1),p(x\mid y=2))\geqslant 0$$

$$b=A_{1,2}-A_{2,2}-b_1+b_2$$

由于 $J(\pi)$ 相对于 π 是凸的，所以其最小值可以设 $\min(1,\max(0,b/a))$。值得注意的是，$\boldsymbol{A}_{y,\hat{y}}$ 和 $\boldsymbol{b}_y$ 可根据经验确定，近似地给定为

$$\begin{cases}\hat{\boldsymbol{A}}_{y,\hat{y}}=\dfrac{1}{n_y n_{\tilde{y}}}\displaystyle\sum_{i:y_i=y}\sum_{\tilde{i}:y_{\tilde{i}}=\tilde{y}}\|\boldsymbol{x}_i-\boldsymbol{x}_{\tilde{i}}\|\\ \hat{\boldsymbol{b}}_y=\dfrac{1}{n'n_y}\displaystyle\sum_{i'=1}^{n'}\sum_{i:y_i=y}\|\boldsymbol{x}'_{i'}-\boldsymbol{x}_i\|\end{cases} \tag{10-32}$$

类别平衡加权最小二乘学习的 Python 和 MATLAB 代码如图 10-13 所示，其实例如图 10-14 所示。这就意味着，采用类别平衡加权最小二乘学习法可以很好地对各类别的先验概率进行估计，并且类别平衡加权学习有助于提高测试时的类别 $\{(x'_{i'})\}_{i'=1}^{n'}$ 的分类精度。

```
x=[[randn(90,1)-2;randn(10,1)+2] 2*randn(100,1)];
x(:,3)=1;y=[ones(90,1);2*ones(10,1)];n=length(y);
X=[[randn(10,1)-2;randn(90,1)+2] 2*randn(100,1)];
X(:,3)=1;Y=[ones(10,1);2*ones(90,1)];N=length(Y);
x2=sum(x.^2,2);X2=sum(X.^2,2);
```

图 10-13 类别平衡加权最小二乘学习的 Python 和 MATLAB 代码

```
xx=sqrt(repmat(x2,1,n)+repmat(x2',n,1)-2*x*x');
xX=sqrt(repmat(x2,1,N)+repmat(X2',n,1)-2*x*X');
for i=1:2
  s(i)=sum(y==i)/n;b(i)=mean(mean(xX(y==i,:)));
  for j=1:2
    A(i,j)=mean(mean(xx(y==i,y==j)));
end,end
v=(A(1,2)-A(2,2)-b(1)+b(2))/(2*A(1,2)-A(1,1)-A(2,2));
v=min(1,max(0,v));v(2)=1-v;w=v(y)./s(y);z=2*y-3;
u=x\z;t=(x'*(repmat(w',1,size(x,2)).*x))\(x'*(w'.*z));
figure(1);clf;hold on
plot([-5 5],-(u(3)+[-5 5]*u(1))/u(2),'k--');
plot([-5 5],-(t(3)+[-5 5]*t(1))/t(2),'g-');
plot(X(Y==1,1),X(Y==1,2),'bo');
plot(X(Y==2,1),X(Y==2,2),'rx');
legend('Unweighted','Weighted');axis([-5 5 -10 10])
```

```
#python调用MATLAB的m文件,类别平衡加权最小二乘学习算法
import matlab
import matlab.engine
#import numpy as np
eng=matlab.engine.start_matlab()
eng.PhWeightSVM (nargout=0)
input()  #使图像保持
```

图 10-13 类别平衡加权最小二乘学习的 Python 和 MATLAB 代码（续）

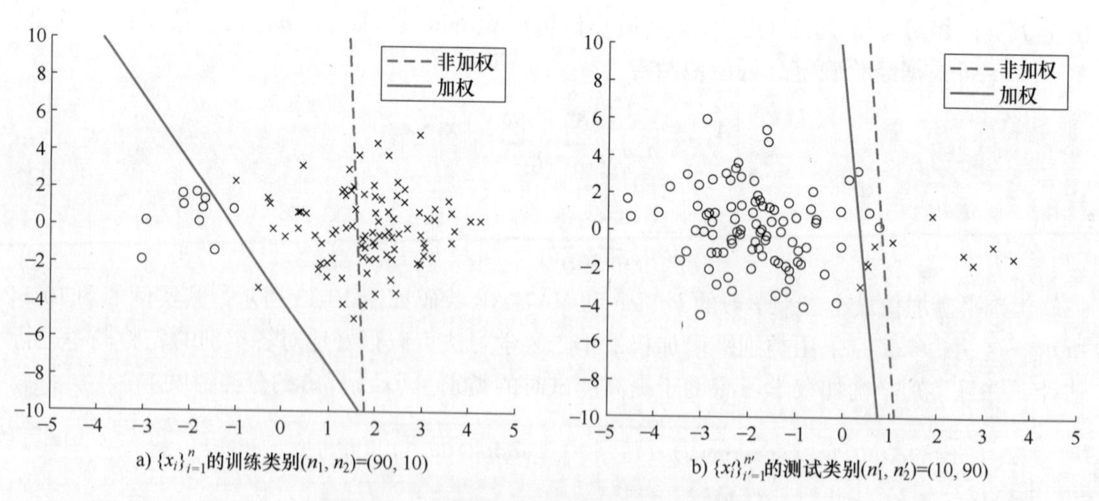

图 10-14 类别平衡加权最小二乘学习的实例

估计为 $\hat{p}'(y=1)=0.18$ 和 $\hat{p}'(y=2)=0.82$ 的测试类别的先验概率，被用作类别平衡加权最小二乘学习中的权重值。

第11章
聚类分析

聚类分析是一种无监督学习，用于对未知类别的样本进行划分，将它们按照一定的规则划分成若干个类簇，把相似的样本聚集在同一个类簇中。与有监督的分类算法不同，聚类算法没有训练过程，直接完成对一组样本的划分。常用的聚类方法有 K-Means 聚类、FCM（fuzzy c-means）聚类和 SCM（subtractive clustering method）聚类。

11.1 K-Means 聚类

K-Means 聚类算法是由 Steinhaus（1955 年）、Lloyd（1957 年）、Ball&Hall（1965 年）、Mc Queen（1967 年）分别在各自不同的领域内独立提出的。尽管 K-Means 聚类算法被提出有 50 多年了，但仍是目前应用最广泛的聚类算法之一。

11.1.1 目标函数

对于给定的 d 维数据点的数据集 $X=(x_1,x_2,\cdots,x_n)$，其中 $x_i\in R^d$，数据子集的数目是 K，K-Means 聚类将数据对象分为 K 个划分，具体划分为 $C=\{c_k,k=1,2,\cdots,K\}$。每个划分代表一个类 c_k，每个类 c_k 的中心为 μ_k。取欧氏距离作为相似性和距离判断的准则，计算该类各个点到聚类中心 μ_k 的距离平方和。

$$J(c_k)=\sum_{x_i\in c_k}\|x_i-\mu_k\|^2 \tag{11-1}$$

聚类的目标是使各类总的距离平方和 $J(C)=\sum_{k=1}^{K}J(c_k)$ 最小。

$$J(C)=\sum_{k=1}^{K}J(c_k)=\sum_{k=1}^{K}\sum_{x_i\in c_k}\|x_i-\mu_k\|^2=\sum_{k=1}^{K}\sum_{i=1}^{n}d_{ki}\|x_i-\mu_k\|^2 \tag{11-2}$$

式中，

$$d_{ki}=\begin{cases}1, & 若\ x_i\in c_k\\ 0, & 若\ x_i\notin c_k\end{cases}$$

K-Means 聚类算法从一个初始的 K 类别划分开始，然后将各数据点指派到各个类别中，以减少总的距离平方和。由于 K-Means 聚类算法中总的距离平方和随着类别的个数 K 的增加而趋向于减小，当 $K=n$ 时，$J(C)=0$。因此，总的距离平方和只能在某个确定的类别个数 K 下取得最小值。

11.1.2 K-Means 聚类算法流程

K-Means 聚类算法的核心思想是把 n 个数据对象划分为 k 个聚类，使每个聚类中的数据点到该聚类中心的平方和最小。输入聚类个数 k，数据集中的数据对象的个数 n。算法如下所示。

1）从 n 个数据对象中任意选取 k 个对象作为初始的聚类中心种子点。

2）分别计算每个对象到各个聚类中心的距离，把对象分配到距离最近的聚类中心种子群。

3）所有对象分配完成后，重新计算 k 个聚类的中心。

4）重复上述步骤2）至步骤3）的过程，本周期计算的结果与上一周期计算得到的各个聚类中心比较，如果聚类中心发生变化，转至步骤2），否则转至步骤5）。

5）输出聚类中心结果。

11.1.3 K-Means 聚类实战

K-Means 聚类在机器学习库 Scikit-learn 中，相应的函数为 sklearn. cluster. KMeans。

```
sklearn.cluster.KMeans(n_clusters=8,
    init='k-means++',
    n_init=10,
    max_iter=300,
    tol=0.0001,
    precompute_distances='auto',
    verbose=0,
    random_state=None,
    copy_x=True,
    n_jobs=1,
    algorithm='auto')
```

sklearn. cluster. KMeans 参数的意义：

1）n_clusters：分类簇的个数。

2）init：初始簇中心的获取方法。

3）n_init：获取初始簇中心的更迭次数，为了弥补初始质心的影响，算法默认会初始 10 次质心，实现算法，然后返回最好的结果。

4）max_iter：最大迭代次数（因为 K-Means 算法的实现需要迭代）。

5）tol：算法收敛的阈值，即 K-Means 运行准则收敛的条件。

6）precompute_distances：有 3 种选择 {'auto''True''False'}，是否需要提前计算距离，这个参数会在空间和时间之间做权衡。如果选择 True，预计算距离，会把整个距离矩阵都放到内存中；如果选择 auto，在数据维度 featurs * samples 的数量大于 12×106 时不预计算距离；如果选择 False，不预计算距离。

7）verbose：默认是 0，不输出日志信息，值越大，打印的细节越多。

8）random_state：随机生成簇中心的状态条件，一般默认即可（随机种子）。

9）copy_x：布尔值，标记是否修改数据，主要用于 precompute_distances = True 的情况。如果 True，预计算距离，不修改原来的数据；如果 False，预计算距离，修改原来的数据用于节省内存。

10）n_jobs：指定计算所需的进程数。

11）algorithm：K-Means 的实现算法有 'auto' 'full' 'elkan'，其中 'full' 表示用 EM 方式实现。

例 11-1 实现不同聚类中心聚类的结果。

```
import numpy as np
from sklearn.cluster import KMeans
```

```
import matplotlib.pyplot as plt
from sklearn import metrics
from sklearn.datasets.samples_generator import make_blobs
plt.figure()
X,y=make_blobs(n_samples=1000,n_features=2,centers=[[-1,-1],[0,0],[1,1],[2,2]],
               cluster_std=[0.4,0.2,0.2,0.2],random_state=9)
for index,k in enumerate((2,3,4,5)):
    plt.subplot(2,2,index+1)
    y_pred=KMeans(n_clusters=k,random_state=9).fit_predict(X)
    score=metrics.calinski_harabasz_score(X,y_pred)
    plt.scatter(X[:,0],X[:,1],c=y_pred,s=10,edgecolor='grk')
plt.text(.99,.01,('k=%d,score:%.2f'%(k,score)),transform=plt.gca().transAxes,
size=10,horizontalalignment='right')
plt.show()
```

程序运行结果如图 11-1 所示。

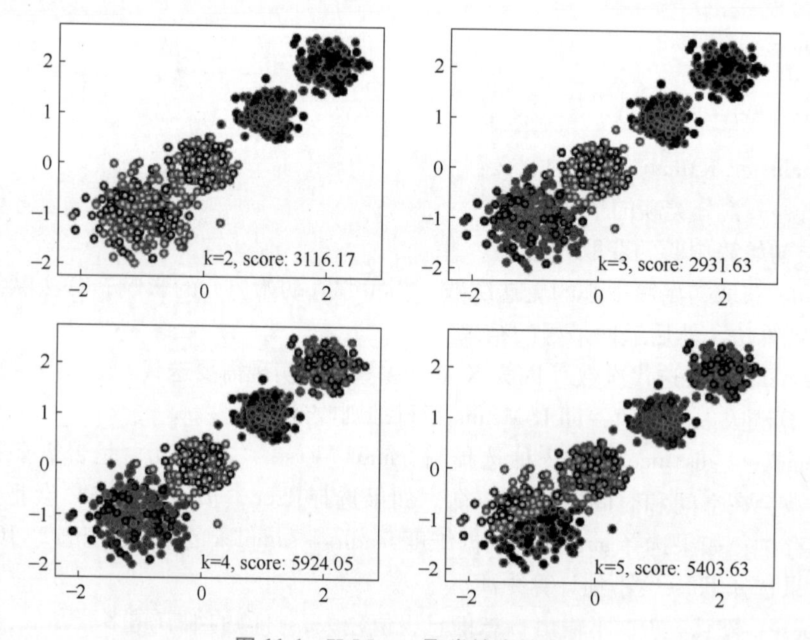

图 11-1　K-Means 聚类输出结果

11.2　FCM　聚　类

Ruspini 率先提出了模糊划分的概念。以此为基础，模糊聚类理论和方法迅速发展起来。实际中，最受欢迎的是基于目标函数的模糊聚类方法，即把聚类归结成一个带有约束的非线性规划问题，通过优化求解获得数据集的模糊划分和聚类。在基于目标函数的聚类算法中模糊 c 均值（fuzzy c-means，FCM）类型算法的理论最为完善、应用最为广泛。

11.2.1　FCM聚类目标函数

Bezdek 给出了基于目标函数模糊聚类的一般描述：

$$\begin{cases} J_m(\boldsymbol{U},P)=\sum_{k=1}^{n}\sum_{i=1}^{c}(\mu_{ik})^m(d_{ik})^2, m\in[1,\infty) \\ \text{s. t.}\quad \boldsymbol{U}\in M_{f\hat{k}} \end{cases} \tag{11-3}$$

式中，$\boldsymbol{U}=[\mu_{ik}]_{c\times n}$表示由 c 个子集的特征函数值构成的矩阵；m 称为加权指数，又称为平滑参数；d_{ik}表示样本 x_k 与第 i 类的聚类原型 p_i 之间的距离度量，如式（11-4）所示。

$$(d_{ik})^2=x_k-p_{iA}^2=(x_k-p_i)^{\mathrm{T}}\boldsymbol{A}(x_k-p_i) \tag{11-4}$$

式中，$\boldsymbol{A}$ 为 $s\times s$ 阶的对称正定矩阵，聚类的准则为取 $J_m(\boldsymbol{U},P)$ 的极小值，如式（11-5）所示。

$$\min\{J_m(\boldsymbol{U},P)\} \tag{11-5}$$

由于矩阵 $\boldsymbol{U}$ 中各列都是独立的，因此

$$\begin{cases} \min\{J_m(\boldsymbol{U},P)\}=\min\left\{\sum_{k=1}^{n}\sum_{i=1}^{c}\mu_{ik}^m d_{ik}^2\right\}=\sum_{k=1}^{n}\min\left\{\sum_{i=1}^{c}\mu_{ik}^m d_{ik}^2\right\} \\ \text{s. t.}\quad \sum_{i=1}^{c}\mu_{ik}=1 \end{cases} \tag{11-6}$$

式（11-6）采用拉格朗日乘数法来求解。

$$F=\sum_{i=1}^{c}\mu_{ik}^m d_{ik}^2+\lambda\left(\sum_{i=1}^{c}\mu_{ik}-1\right) \tag{11-7}$$

最优化的一阶必要条件为

$$\frac{\partial F}{\partial\lambda}=\left(\sum_{i=1}^{c}\mu_{ik}-1\right)=0 \tag{11-8}$$

$$\frac{\partial F}{\partial\mu_{\mu}}=m\mu_{jt}^{m-1}d_{jt}^2-\lambda=0 \tag{11-9}$$

由式（11-9）得

$$\mu_{jt}=\left(\frac{\lambda}{md_{jt}^2}\right)^{\frac{1}{m-1}} \tag{11-10}$$

使得 $J_m(\boldsymbol{U},P)$ 为最小的 μ_{ik}值为

$$\begin{cases} \mu_{ik}=\dfrac{1}{\sum_{j=1}^{c}\left(\dfrac{d_{ik}}{d_{jk}}\right)^{\frac{2}{m-1}}} & \text{当 } I_k=\{i\mid 1\leqslant i\leqslant c, d_{ik}=0\}=\varnothing \\ \mu_{ik}=0,\ \forall i\in\bar{I}_k,\text{且}\sum_{i\in I_k}\mu_{ik}=1 & \text{当 } I_k\neq\varnothing \end{cases} \tag{11-11}$$

用类似的方法可以获得 $J_m(\boldsymbol{U},P)$ 为最小的 p_i 的值，令

$$\frac{\partial}{\partial p_i}=J_m(\boldsymbol{U},P)=0 \tag{11-12}$$

得到

$$\sum_{k=1}^{n}\mu_{ik}^{m}\frac{\partial}{\partial p_i}[(x_k-p)^{\mathrm{T}}\boldsymbol{A}(x_k-p)]=0 \tag{11-13}$$

$$p_i=\frac{1}{\sum_{k=1}^{n}\mu_{ik}^{m}}\sum_{k=1}^{n}\mu_{ik}^{m}x_k \tag{11-14}$$

若数据集 X、聚类类别数 c 和权重 m 值已知，可由式（11-11）和式（11-14）确定最佳模糊分类矩阵和聚类中心。

11.2.2 FCM 聚类算法

为了优化聚类分析的目标函数，现在广泛流行的模糊 c 均值（FCM）聚类算法得到了广泛使用。该算法从硬 c 均值（hard c-means，HCM）聚类算法发展而来。FCM 聚类算法如下所示。

初始化：给定聚类类别数 c，$2\leqslant c\leqslant n$，n 是数据个数，设定迭代停止阈值 ε，初始化聚类原型模式 $\boldsymbol{P}^{(0)}$，设置迭代计数器 $b=0$。

步骤一：用式（11-15）计算或更新划分矩阵 $\boldsymbol{U}^{(b)}$：

对于 $\forall i$，k，如果 $\exists\, d_{ik}^{(b)}>0$，则有

$$\mu_{ik}^{(b)}=\left\{\sum_{j=1}^{c}\left[\left(\frac{d_{ik}^{(b)}}{d_{ik}^{(b)}}\right)^{\frac{2}{m-1}}\right]\right\}^{-1} \tag{11-15}$$

如果 $\exists i$，r，使得 $d_{ik}^{(b)}=0$，则有

$$\mu_{ir}^{(b)}=1,\ \text{且对}\quad j\neq r,\mu_{ij}^{(b)}=0 \tag{11-16}$$

步骤二：使用式（11-17）更新聚类模式矩阵 $\boldsymbol{P}^{(b+1)}$：

$$p_i^{(b+1)}=\frac{\sum_{k=1}^{n}(\mu_{ik}^{(b+1)})^{m}\cdot x_k}{\sum_{k=1}^{n}(\mu_{ik}^{(b+1)})^{m}},\ i=1,2,\cdots,c \tag{11-17}$$

步骤三：如果 $\|\boldsymbol{P}^{(b)}-\boldsymbol{P}^{(b+1)}\|<\varepsilon$，则停止计算，输出矩阵 $\boldsymbol{U}$ 和聚类原型 $\boldsymbol{P}$；否则令 $b=b+1$，转至步骤一。

11.3 SCM 聚类

11.3.1 SCM 聚类算法

由于采用 FCM 聚类算法确定规则的数时，需要事先知道聚类中心的个数。因此，FCM 聚类算法在应用上受到很大影响。减法聚类（subtractive clustering method，SCM）可以有效克服 FCM 对初始化敏感及容易陷入局部极值点的缺点，减法聚类是一种密度聚类，将每个数据点都作为一个潜在的聚类中心，按照如下步骤来确定：

Step1：假定每个数据点都是聚类中心的候选者，则数据点 x_i 处的密度指标定义为

$$D_i^1=\sum_{j=1}^{n}\exp\left(-\frac{\|x_i-x_j\|^2}{(r_a/2)^2}\right)，其中 x_j 为样本数据集，i=1，\cdots，c。$$

这里 r_a 是一个正数，定义了该点的一个邻域，半径以外的数据点对该点的密度指标贡献非常小，取 $r_a=0.02$。

Step2：计算最大密度值 $D_{c1}=\max(D_i^1)$，选择具有最大密度指标的数据点为第 1 个聚类中心，即 $x_1^*=x_i\mid_{\max(D_i^1)}$。

Step3：选取 $r_b=1.3r_a$，按照下式修改密度指标：

$$D_i^2=D_i^1-D_{c1}\exp\left(-\frac{\|x_i-x_1^*\|^2}{(r_b/2)^2}\right)，\quad i=1,\cdots,c。$$

计算最大密度值 $D_{c2}=\max(D_i^2)$，选择具有最高密度指标的数据点为第 2 个聚类中心，即 $x_2^*=x_i\mid_{\max(D_i^2)}$。

Step4：重复 Step3，当新聚类中心 x_i^* 对应的密度指标 D_{ci} 与 D_{c1} 满足 $\frac{D_{ci}}{D_{c1}}\leqslant\delta$ 时，则聚类过程结束，否则进入 Step3，取 $\delta=0.3$。

11.3.2 SCM聚类工业应用

基于上述分析，以新型干法水泥熟料生产过程生料分解率目标值设定为例进行说明，如图 11-2 所示。

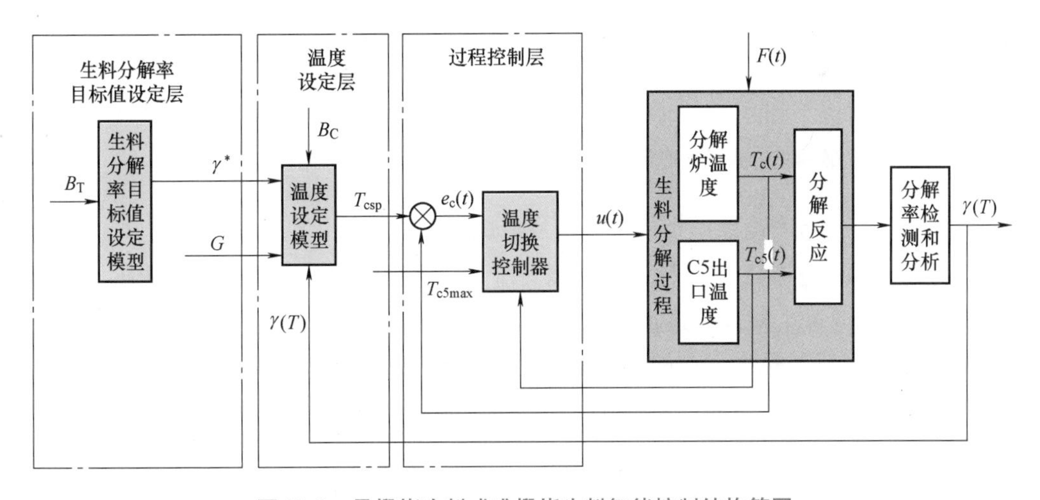

图 11-2 易煅烧生料或难煅烧生料智能控制结构简图

采用 ANFIS 建立生料分解率目标值设定模型结构如图 11-3 所示。

图 11-3 中，生料分解率目标值设定模型由易煅烧生料的生料分解率目标值设定模型、难煅烧生料的生料分解率目标值设定模型和切换机制组成。为了描述方便，生料分解率目标值设定模型中的输入变量集 $B=[B_1,B_2,B_3]$，简写为 $x=[x_1,x_2,x_3]$。图 11-3 中，A 部分内每一个块和节点描述如下。

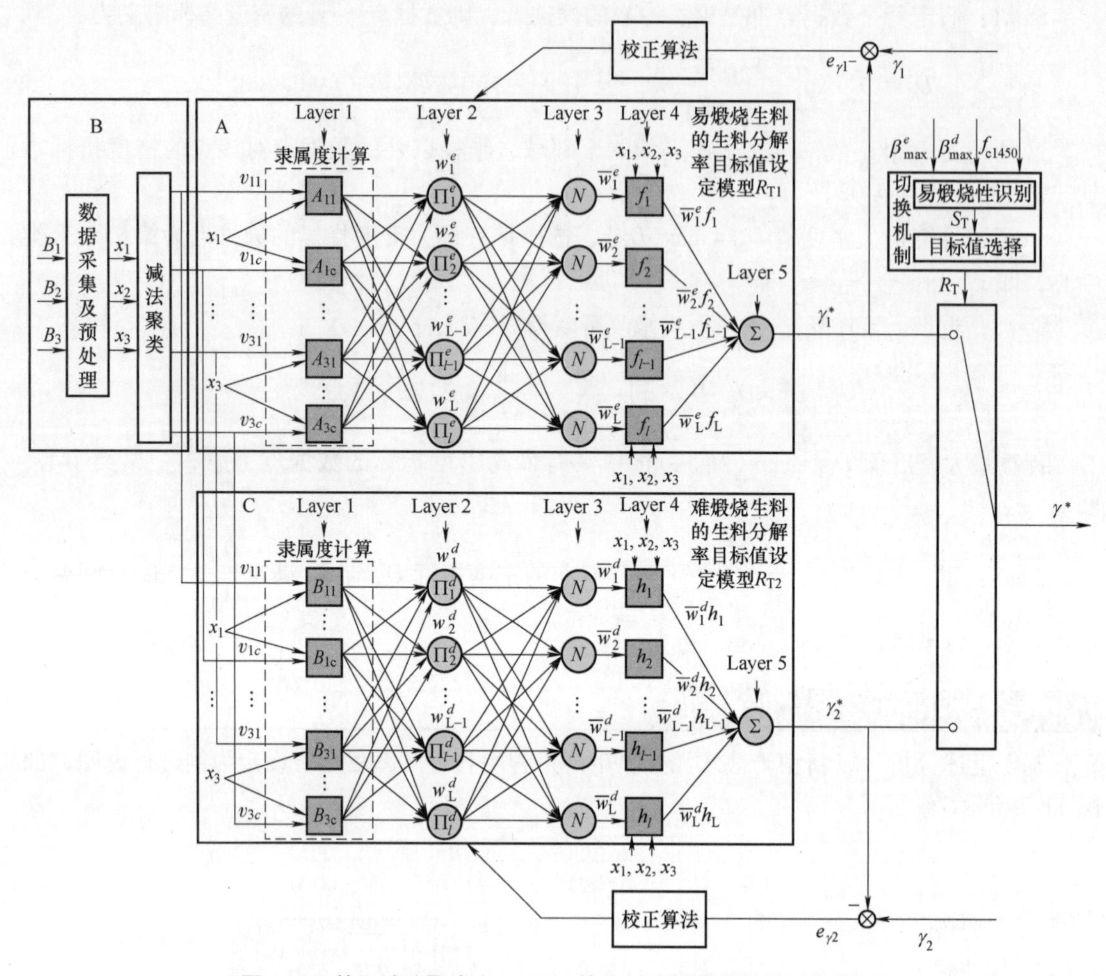

图 11-3 基于减法聚类和 ANFIS 的生料分解率目标值设定模型

在切换机制中，易煅烧性识别模块通过易煅烧生料游离氧化钙含量最大值β_{max}^{e}、生料煅烧指数f_{c1450}、难煅烧生料游离氧化钙含量最大值β_{max}^{d}判断生料的煅烧性。如果$f_{c1450}\leqslant\beta_{max}^{e}$，那么$S_T=1$代表易煅烧生料；如果$\beta_{max}^{e}<f_{c1450}\leqslant\beta_{max}^{d}$，那么$S_T=0$代表难煅烧生料。目标值选择模块根据式（11-18）选择相应的目标值设定模型。

$$\begin{cases}R_T=R_{T1}, & S_T=1\\ R_T=R_{T2}, & S_T=0\end{cases} \tag{11-18}$$

在 A 部分的第 1 层，每个节点是一个方形，并且可以表示为

$$O_h^1=\mu_{A_{ik}}(x_i),(i=1,\cdots,c,k=1,2,3) \tag{11-19}$$

一般选择$\mu_{A_{ik}}(x_i)$为高斯隶属函数，即

$$\mu_{A_{ki}}(x_i)=\exp\left(-\left|\frac{x_i-v_{ik}}{\sigma_{ik}}\right|^2\right),(i=1,\cdots,c,k=1,2,3) \tag{11-20}$$

式（11-20）中，$\{v_{ik},\sigma_{ik}\}$，$(i=1,\cdots,c,k=1,2,3)$是前提参数，记为P^p。$v_{ik}>0$，$\sigma_{ik}\in(-\infty,+\infty)$，$v_{ik}$和$\sigma_{ik}$分别是隶属函数的中心和宽度，隶属函数的中心$v_{ik}$通过 SCM 来确定。将上述 SCM

算法得到的聚类中心 $x_i^*=(v_{i1},v_{i2},v_{i3})$，$(i=1,\cdots,c)$ 中的元素作为隶属函数的中心 v_{ik}。隶属函数的宽度 $\sigma_{ik}(i=1,\cdots,c,k=1,2,3)$ 使用式（11-21）确定。

$$\sigma_{ik}=\rho\frac{U_{ik\max}-U_{ik\min}}{\delta} \tag{11-21}$$

式中，$U_{ik\min}$ 和 $U_{ik\max}$ 分别是论域的最小值和最大值；ρ 是数据对聚类中心的影响，$\delta\in[2,3]$。

在 A 部分的第 2 层，每个节点是一个圆形，标记为 Π。使用 AND 运算符产生第 l 条规则的激活强度 w_l^e。激活强度 w_l^e 定义如下：

$$w_l^e=\prod_k^3\mu_{A_{ik}}^l(x_i),(i=1,\cdots,c,l=1,\cdots,L) \tag{11-22}$$

在 A 部分的第 3 层，每个节点是一个圆形，标记为 N。所有规则的激活强度均正规化。这层节点函数表示为：$\overline{w}_l^e=w_l^e\Big/\sum\limits_{l=1}^{L}w_l^e$，$(l=1,\cdots,L)$

在 A 部分的第 4 层，每个节点 l 是一个方形，并具有如式（11-23）所示的线性关系。

$$\overline{w}_l^e f_l=\overline{w}_l^e(p_0^l+p_1^l x_1+p_2^l x_2+p_3^l x_3),(l=1,\cdots,L) \tag{11-23}$$

式中，f_l 是第 l 条模糊规则的最终输出；$\{p_0^l,p_1^l,p_2^l,p_3^l\}$，$l=1$，…，$L$ 是结论参数，记为 p^c。

在 A 部分的第 5 层，每个节点是一个圆形，并具有如式（11-24）所示的函数关系。

$$\gamma_1^*=\sum_{l=1}^{L}\overline{w}_l^e f_l=\sum_{l=1}^{L}w_l^e f_l\Big/\sum_{l=1}^{L}w_l^e \tag{11-24}$$

同理得出图 11-3 中 C 部分难煅烧生料的生料分解率目标值设定模型，如式（11-25）所示。

$$\gamma_2^*=\sum_{l=1}^{L}\overline{w}_l^d h_l=\sum_{l=1}^{L}w_l^d h_l\Big/\sum_{l=1}^{L}w_l^d \tag{11-25}$$

式中，h_l 是第 l 条模糊规则的最终输出，并具有如式（11-26）所示的线性关系。

$$h_l=q_0^l+q_1^l x_1+q_2^l x_2+q_3^l x_3,l=1,\cdots,L \tag{11-26}$$

式中，$\{q_0^l,q_1^l,q_2^l,q_3^l\}$，$l=1$，…，$L$ 是结论参数，记为 q^c。

（1）数据描述

采用 11.3 节提出的基于 SCM 与 ANFIS 相结合的生料分解率目标值设定模型设定生料分解率目标值。首先将经过数据预处理的 300 组数据作为离线训练数据，$n=300$，用来确定模型参数，其中 $\gamma(T)$ 表示生料分解率离线化验值。测试数据见表 11-1。

表 11-1　测试数据

变量	B_1(%)	B_2(%)	B_3(%)	$\gamma(T)$
1 组	2.34	13.72	3.59	0.93
2 组	2.12	13.53	3.46	0.89
3 组	2.08	12.89	3.28	0.88
⋮	⋮	⋮	⋮	⋮
300 组	2.13	12.62	3.31	0.91

（2）模型参数选择

根据本节的问题描述，首先选择 B_1、B_2 和 B_3 作为模型的输入变量，γ_1^* 和 γ_2^* 分别作为易煅烧生料和难煅烧生料模型的输出变量，即易煅烧生料模型和难煅烧生料模型分别有 3 个输入变量，1 个输出变量。$\rho=0.7$，$\delta=2.3$。根据表 11-1 可知，$n=300$。

（3）实验结果与分析

表 11-1 中数据经过标准化处理后，使用 SCM 聚类算法，得聚类中心 $v_i(i=1,\cdots,5)$，见表 11-2。

根据表 11-1 可以得出式（11-20）中隶属函数的中心 $v_{ik}(i=1,\cdots,5;k=1,2,3)$，见表 11-2，隶属函数宽度 $\sigma_{ik}(i=1,\cdots,5;k=1,2,3)$ 按照式（11-21）计算。采用梯度下降法训练网络权值（$\overline{w}_l^e$ 和 $\overline{w}_l^d$）和结论参数（p^c 和 q^c）。利用上述所建立的基于 SCM 和 ANFIS 的模型，RMSE = 0.0117。训练误差曲线、实际输出与模型输出曲线如图 11-4 所示，误差自相关函数如图 11-5 所示。

表 11-2　基于 SCM 聚类的聚类中心

聚类中心 $v_{ik}(i=1,\cdots,5;k=1,2,3)$	B_1	B_2	B_3
v_{1j}	0.3282	0.7282	0.3553
v_{2j}	−2.7070	0.2070	−1.3716
v_{3j}	−0.5050	−1.5050	−0.5312
v_{4j}	−0.3000	−0.5700	0.8617
v_{5j}	0.9484	0.8917	1.4060

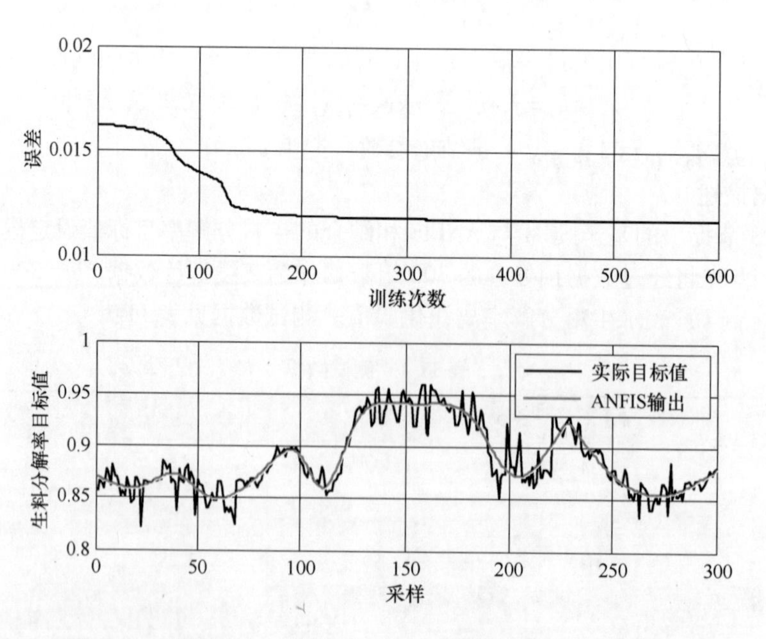

图 11-4　训练误差、生料分解率实际输出和 ANFIS 输出曲线

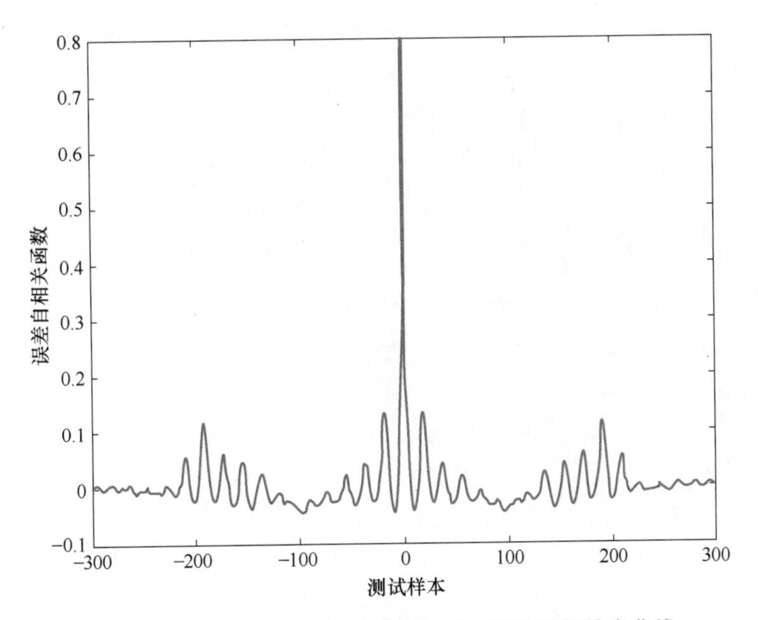

图 11-5　生料分解率目标值测试误差自相关函数输出曲线

从测试结果曲线和误差自相关函数曲线可以看出，生料分解率目标值计算值曲线趋势正确，且精度较高。

第12章 异常值检测

异常值检测的目的是找出给定的输入样本 $\{x_i\}_{i=1}^n$ 中包含的异常值。如果是给定了带有正常值或异常值标签的数据的话，异常值检测就可以看作是有监督学习的分类问题了。然而，由于异常值的种类繁多，且其趋势可能会随着时间的变化而改变，所以要想从少量的异常数据中训练出有效的、可以区分正常和异常数据的分类器是很困难的。当预期的异常值数量不太大时，从含有异常值的数据集中进行鲁棒学习可能是有用的。但是当样本中包含较多异常值的时候，先除去异常值再进行学习的方法一般会更有效。

12.1　密度估计和局部异常因子

基于密度估计的异常值检测，使用基于正常值的异常值检测方法，对样本 $\{x_i\}_{i=1}^n$ 的概率密度 $p(x)$ 进行估计，同时将概率密度较低的样本视为异常值。但是由于样本数不足而难以估计出密度较低区域的概率密度，因而这样的一种密度估计方法对于异常值检测可能不是特别可靠。局部异常因子是密度估计方法中较为稳定的变量，它能够对偏离大部分数据的异常值进行检测。

定义从 x 到 x' 的可达距离（RD）为

$$\mathrm{RD}_k(x,x')=\max(\|x-x^{(k)}\|,\|x-x'\|)$$

式中，$x^{(k)}$ 表示训练样本 $\{x_i\}_{i=1}^n$ 中距离 x 第 k 近的样本。从 x 到 x' 的可达距离为欧氏距离 $\|x-x'\|$ 的稳定变量，即从 x 到 x' 的直线距离为 $\|x-x'\|$，从而使得其不小于 $\|x-x^{(k)}\|$。使用这个可达距离，x 的局部可达密度（LRD）可由下式定义：

$$\mathrm{LRD}_k(x)=\left(\frac{1}{k}\sum_{i=1}^{k}\mathrm{RD}_k(x^{(i)},x)\right)^{-1}$$

x 的局部可达密度是从 $x^{(i)}$ 到 x 的可达距离的平均值的倒数。当 x 与其他训练样本相互孤立时，即当 x 的训练样本密度值很低时，局部可达密度的值也较小。

应用这个局部可达密度，x 的局部异常因子可由下式定义：

$$\mathrm{LOF}_k(x)=\frac{\frac{1}{k}\sum_{i=1}^{k}\mathrm{LRD}_k(x^{(i)})}{\mathrm{LRD}_k(x)}$$

$\mathrm{LRD}_k(x)$ 的值越大，x 的异常度就越大。$\mathrm{LRD}_k(x)$ 是 x 的局部可达密度的平均值和 x 的局部可达密度的比。当 $x^{(i)}$ 周围的密度比较高而 x 周围的密度比较低时，局部异常因子就比较大，就会被看作异常值。相反地，当 $x^{(i)}$ 周围的密度比较低而 x 周围的密度比较高时，局部异常因子就比较小，就会被看作正常值。

局部异常因子的 Python 和 MATLAB 代码如图 12-1 所示，其实例如图 12-2 所示。这就意味着，偏离大部分正常值的数据点具有较高的异常值。虽然通过改变近邻数的值也可以在某种程度上对异常检测进行调整，但是对于无监督学习而言，由于通常不会给定有关异常值的任何信息，所以决定近邻数的取值一般是比较困难的。

```
n=100;x=[(rand(n/2,2)-0.5)*20;randn(n/2,2)];x(n,1)=14;
k=3;x2=sum(x.^2,2);
[s,t]=sort(sqrt(repmat(x2,1,n)+repmat(x2',n,1)-2*x*x'),2);
for i=1:k+1
   for j=1:k
      RD(:,j)=max(s(t(t(:,i),j+1),k),s(t(:,i),j+1));
   end
   LRD(:,i)=1./mean(RD,2);
end
LOF=mean(LRD(:,2:k+1),2)./LRD(:,1);
figure(1);clf;hold on
plot(x(:,1),x(:,2),'rx');
for i=1:n
   plot(x(i,1),x(i,2),'bo','MarkerSize',LOF(i)*10);
end
```

```
#Python 调用 MATLAB 的 m 文件,局部异常因子算法
import matlab
import matlab.engine
#import numpy as np
eng=matlab.engine.start_matlab()
eng.LOF (nargout=0)
input()  #使图像保持
```

图 12-1 局部异常因子的 Python 和 MATLAB 代码

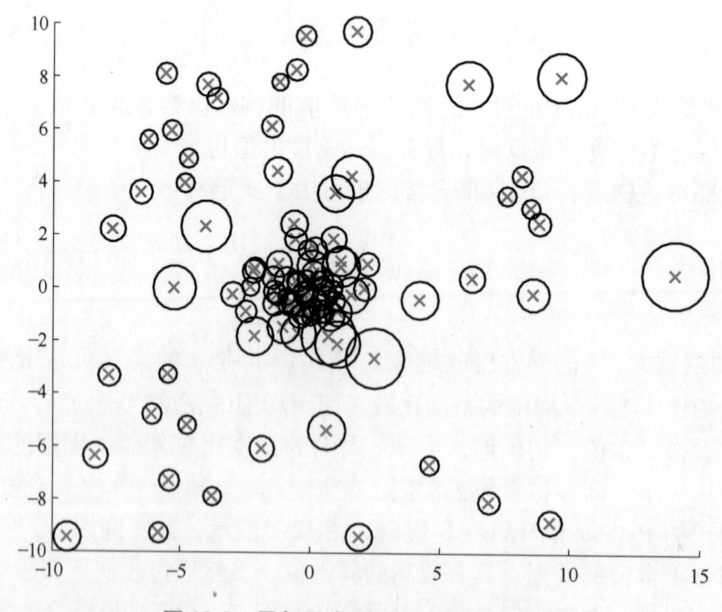

图 12-2 局部异常因子异常检测的实例

注：各个样本周围的圆的半径，与样本的局部异常因子的值成比例。

12.2　支持向量数据描述

在无监督学习的异常检测中引入学习要素，即为支持向量数据描述，它是不涉及显式密度估计的。

计算出所有训练样本 $\{x_i\}_{i=1}^{n}$ 在 R^d 上的超球，并将没有包含在超球内的训练样本看作异常值。具体地，就是通过求解如下最优化问题来求得超球的球心和半径$\sqrt{b}$，即找到最小包含球（minimum enclosing ball）：

$$\min_{c,b} \|x_i-c\|^2 \leqslant b,\ i=1,\cdots,n \tag{12-1}$$

值得注意的是，这里并不是半径$\sqrt{b}$，而是根据该凸优化问题对半径进行了平方优化。

支持向量数据描述属于最小包含球问题中的松弛变量，它能够找到包含大多数训练样本 $\{x_i\}_{i=1}^{n}$ 的超球，如图 12-3 所示。在图中，先求出包含大多数训练样本的超球，并将没有被超球包含的训练样本看作是异常值。

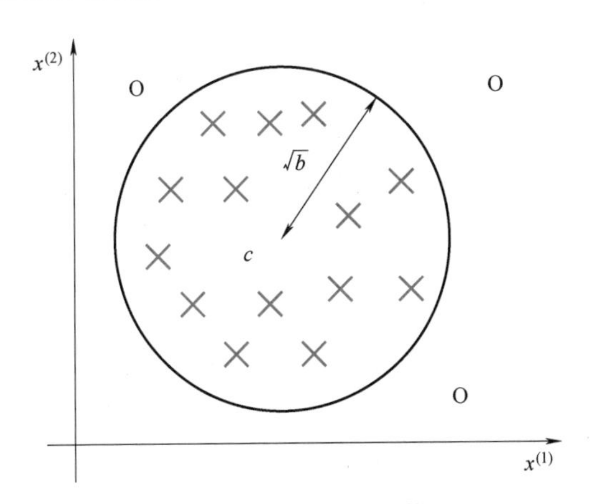

图 12-3　支持向量数据描述

$$\min_{c,b,\xi}\left(b+C\sum_{i=1}^{n}\xi_i\right) \text{约束条件} \|x_i-c\|^2 \leqslant b+\xi_i, \text{对于} i=1,\cdots,n$$
$$\xi_i \geqslant 0, i=1,\cdots,n$$
$$b \geqslant 0 \tag{12-2}$$

式中，$C>0$ 控制着包含在超球内的训练样本个数；ξ_i 为 x_i 的边际误差。超球外的训练样本被看作是异常值，即如果

$$\|x_i-\hat{c}\|^2 \leqslant \hat{b} \tag{12-3}$$

则该测试样本被看作是异常值。式中 $\hat{c}$ 和 $\hat{b}$ 为式（12-2）的最优解。

最优化问题式（12-2）以及最小包含球问题式（12-1）具有二次约束，且在优化过程中直接对其进行处理可能会有较高的计算成本。

假设当 $C>1/n$ 时，可以在不改变解的情况下舍弃约束条件 $b \geqslant 0$，则最优化问题式（12-2）的拉格朗日对偶由下式给出

$$\max_{\alpha,\beta}\inf_{c,b,\xi} L(c,b,\xi,\alpha,\beta) \text{约束条件} \alpha\geqslant 0,\ \beta\geqslant 0$$

式中，α 和 β 为拉格朗日待定因子。拉格朗日函数 $L(c,b,\xi,\alpha,\beta)$ 由下式定义给出

$$L(c,b,\xi,\alpha,\beta)=b+C\sum_{i=1}^{n}\xi_i-\sum_{i=1}^{n}\alpha_i(b+\xi_i-x_i-c^2)-\sum_{i=1}^{n}\beta_i\xi_i$$

通过 $\inf_{c,b,\xi} L(c,b,\xi,\alpha,\beta)$ 的一阶最优性条件，可以得到

$$\begin{cases}\dfrac{\partial L}{\partial b}=0\Rightarrow\sum_{i=1}^{n}\alpha_i\\ \dfrac{\partial L}{\partial c}=0\Rightarrow\dfrac{\sum_{i=1}^{n}\alpha_i x_i}{\sum_{i=1}^{n}\alpha_i}=\sum_{i=1}^{n}\alpha_i x_i\\ \dfrac{\partial L}{\partial \xi_i}=0\Rightarrow\alpha_i+\beta_i=C,\ \forall\, i=1,\cdots,n\end{cases} \tag{12-4}$$

因此，拉格朗日对偶问题就可以通过下式表示

$$\max_{\alpha}\left(\sum_{i=1}^{n}\alpha_i Q_{i,i}-\sum_{i,j=1}^{n}\alpha_i\alpha_j Q_{i,j}\right)\text{约束条件 } 0\leqslant\alpha_i\leqslant C,\text{对于 } i=1,\cdots,n$$

$$\sum_{i=1}^{n}\alpha_i=1 \tag{12-5}$$

式中，

$$Q_{i,j}=x_i x_j$$

上式是一个二次规划问题。在求解二次规划问题方面，目前已经可以采用一些优化软件来对其进行求解。然而，仅当 $n\times n$ 阶矩阵 $\boldsymbol{Q}$ 是非奇异矩阵时，该二次规划问题才属于一个凸二次规划问题。当 $\boldsymbol{Q}$ 为奇异矩阵时，可以通过在各对角元素上加上一个较小的正常数来进行 l_2 正则化。

值得注意的是，如果 $C>1$，则最优化问题式（12-2）会简化为最小包含球问题式（12-1），这就意味着，其解与 C 相互独立，不存在依赖关系。另一方面，当 $0<C\leqslant 1/n$ 时，$b=0$ 实际上就是解，这在异常检测中是不可用的，因为在这种情况下，所有训练样本都会被看作是异常值。综上所述，只有当

$$\frac{1}{n}<C\leqslant 1$$

时，支持向量数据描述才有用。

通过这个最优化问题式（12-5）的 KKT 条件，与支持向量分类器相类似，可以得到如下关系式：

- 如果 $\alpha_i=0$，则 $\|x_i-c\|^2\leqslant b$；
- 如果 $0<\alpha_i<C$，则 $\|x_i-c\|^2=b$；
- 如果 $\alpha_i=C$，则 $\|x_i-c\|^2\geqslant b$；
- 如果 $\|x_i-c\|^2<b$，则 $\alpha_i=0$；

- 如果$\|x_i-c\|^2>b$，则$\alpha_i=C$。

因此，当$\alpha_i=0$时，样本x_i位于超球的表面或内侧；当$0<\alpha_i<C$时，样本$x^{(i)}$位于超球的表面；当$\alpha_i=C$时，样本$x^{(i)}$位于超球的表面或外侧。另外，当样本x_i严格位于超球的内部时，有$\alpha_i=0$；当样本$x^{(i)}$严格位于超球的外部时，有$\alpha_i=C$。

与支持向量分类器的情况相类似，与$\hat{\alpha}>0$对应的样本x_i称为支持向量。由式（12-4），超球中心的解$\hat{c}$可以通过下式求得

$$\hat{c}=\sum_{i,\hat{\alpha}_i>0}\hat{\alpha}_i x_i$$

对于满足$0<\alpha_i<C$的支持向量x_i，等式$\|x_i-c\|^2=b$是成立的，所以超球半径的平方的解$\hat{b}$可以通过下式求得

$$\hat{b}=\|x_i-\hat{c}\|^2$$

由式（12-3）可知，对解$\hat{c}$和$\hat{b}$来说，如果$0<\hat{\alpha}_i<C$，则测试样本x可被看作是异常值。

$$x_i-\hat{c}^2-\hat{b}=\|x-\hat{c}\|^2-x_i-\hat{c}^2=x^{\mathrm{T}}x-2\sum_{j=1}^{n}\hat{\alpha}_j x^{\mathrm{T}}x_j-\alpha_i>0 \tag{12-6}$$

式中，

$$\alpha_i=x_i^{\mathrm{T}}x_i-2\sum_{j=1}^{n}\hat{\alpha}_j x^{\mathrm{T}}x_j$$

值得注意的是，α_i可以独立于测试样本$\boldsymbol{x}$而被预先进行计算。

支持向量数据描述可以使用核映射进行非线性化。对于核函数$K(x,x')$来说，拉格朗日对偶问题式（12-5）就变成了如下形式

$$\max_{\alpha}\left(\sum_{i=1}^{n}\alpha_i K(x_i,x_i)-\sum_{i,j=1}^{n}\alpha_i\alpha_j K(x_i,x_j)\right)$$

约束条件$0\leqslant\alpha_i\leqslant C$，对于$i=1$，…，$n$

$$\sum_{i=1}^{n}\alpha_i=1$$

异常值判定规则式（12-6）通过下式进行重新定义

$$K(x,x)-2\sum_{j=1}^{n}\hat{\alpha}_j K(x_i,x_j)-\alpha_j>0$$

对i，有$0<\hat{\alpha}_i<C$

$$\alpha_i=K(x_i,x_i)-2\sum_{j=1}^{n}\hat{\alpha}_j K(x_i,x_j)$$

对所有的$i=1$，…，n，$K(x_i,x_i)$恒为一常数。即通过高斯核函数

$$K(x_i,x')=\exp\left(-\frac{\|x-x'\|^2}{2h^2}\right)$$

即可转化为如下的最优化问题

$$\max_{\alpha}\sum_{i,j=1}^{n}\alpha_i\alpha_j K(x_i,x_j)$$

约束条件$0\leqslant\alpha_i\leqslant C$，对于$i=1$，…，$n$

$$\sum_{i=1}^{n} \alpha_i = 1$$

对高斯核模型应用支持向量数据描述进行异常值检测的 Python 和 MATLAB 代码如图 12-4 所示，其实例如图 12-5 所示。这就意味着，异常值检测的结果对于权衡参数 C（和高斯带宽）的选择都有较强的依赖性。所以在实际应用中如何确定这些参数的最优值是一项很重要的工作，并且由于无监督异常值检测的设定中完全没有与异常值相关的信息，因此在实际应用中并不是直接对这些参数进行适当地调整，而是需要用户对这些参数的最优值加以确定。例如，在图 12-4 所示的代码中，读者需要在优化工具箱中使用 quadprog. m 文件。

```
n=50;x=randn(n,2);x(: ,2)*4;x(1:20,1)=x(1:20,1)*3;
C=0.04;h=[C*ones(n,1);zeros(n,1);1;-1];
H=[eye(n);-eye(n);ones(1,n);-ones(1,n)];x2=sum(x.^2,2);
K=exp(-(repmat(x2,1,n)+repmat(x2',n,1)-2*x*x'));
a=quadprog(K,zeros(n,1),H,h);s=ones(n,1)-2*K*a;
s=s-mean(s(find((0<a)&(a<C))));u=(s>0.001);
figure(1);clf;hold on;axis equal;
plot(x(: ,1),x(: ,2),'rx');plot(x(u,1),x(u,2),'bo');
```

```
#Python 调用 MATLAB 的 m 文件,异常值检测算法
import matlab
import matlab.engine
#import numpy as np
eng=matlab.engine.start_matlab()
eng.DetectionM (nargout=0)
input()   #使图像保持
```

图 12-4　对高斯核模型应用支持向量数据描述进行异常值检测的 Python 和 MATLAB 代码

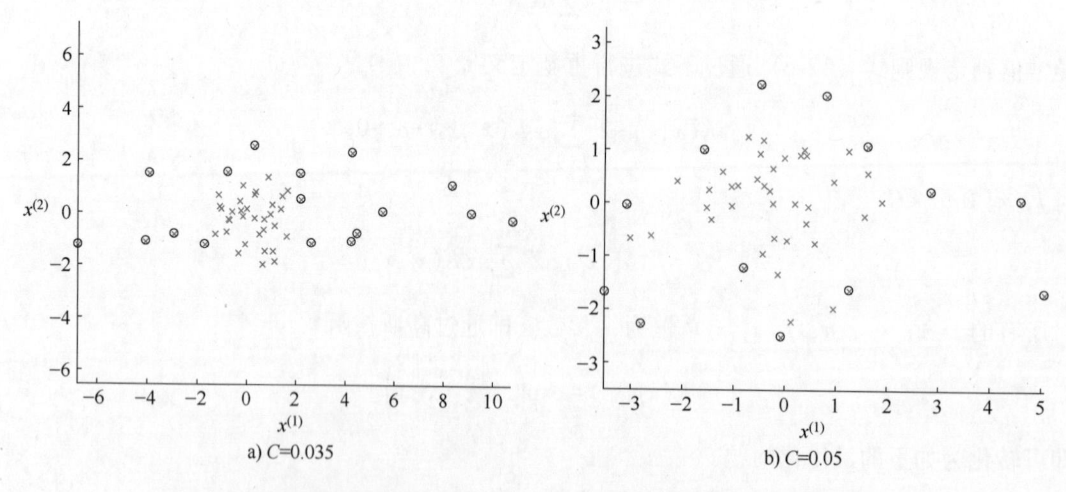

图 12-5　对高斯核模型应用支持向量数据描述进行异常值检测的实例

注：用圆圈出的样本被看作是异常值。

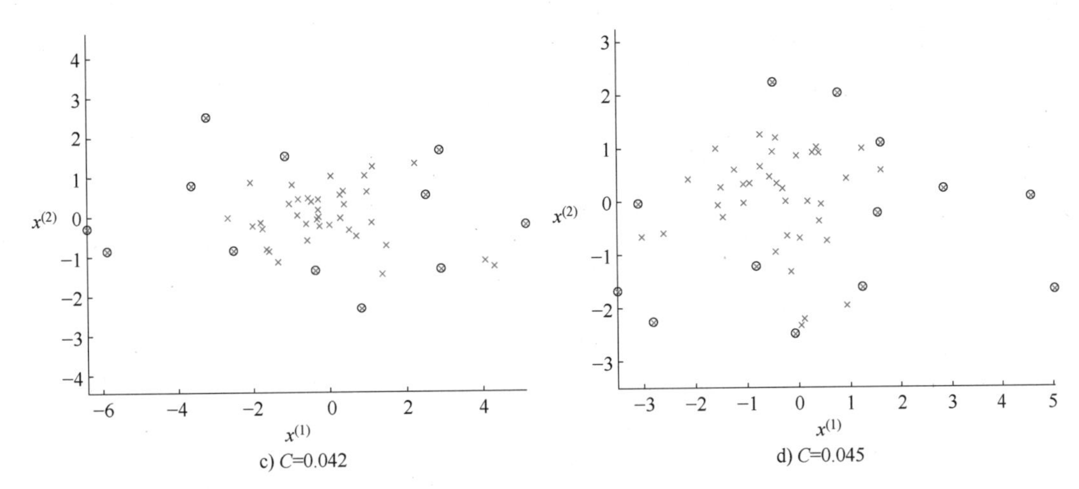

图 12-5　对高斯核模型应用支持向量数据描述进行异常值检测的实例（续）

注：用圆圈出的样本被看作是异常值。

12.3　基于正常值的异常检测

实际工业过程中，由于异常值的种类繁多，且其趋势可能会随着时间的变化而改变，所以直接对其进行模型化一般是比较困难的；另一方面，正常值相对比较稳定，因此通过把非正常的数据看作是异常数据的方法，有望实现高精度的异常值检测。本节将介绍在给定已知是正常值的样本 $\{x_i'\}_{i=1}^{n'}$ 的情况下，如何找出测试样本 $\{x_i\}_{i=1}^{n}$ 中包含的异常值。

基于正常值的异常检测常用的方法是估计出正常值样本 $\{x_i'\}_{i=1}^{n'}$ 的概率密度 $p'(x)$，当测试样本 x_i 估计得到的概率密度 $\hat{p}'(x_i)$ 较低时，被看作为异常值。然而，这种方法具有与12.1节中引入密度估计方法相同的缺点，因为概率密度很低的时候数据基本上是没有的，所以想要进行高精度的估计往往是比较困难的。

这里不妨考虑计算正常样本的概率密度 $p'(x)$ 和测试样本的概率密度 $p(x)$ 的比值：

$$\omega(x)=\frac{p'(x)}{p(x)} \tag{12-7}$$

这样的密度比 $\omega(x)$，对于正常样本会输出接近1的值，对于异常样本则会输出接近0的值，如图12-6所示。因此密度比函数对异常值的变化较为明显，因此使用密度比可以较为容易地进行异常值的检测。图12-6中，正常样本与测试样本的密度比 $\omega(x)=p'(x)/p(x)$，对于正常样本会输出接近1的值，异常样本则会输出接近0的值。

通过计算相应的概率密度 $p(x)$ 和 $p'(x)$，并求得其比值 $\omega(x)=p'(x)/p(x)$，就可以得到最终的密度比。但是，对于计算得到的密度比，如果分母的值较小，则分子的误差会相应地增加。下面将介绍不计算概率密度而直接进行密度比估计的KL（Kullback-Leibler）散度密度比估计法。

具体地，将密度比模型 $\omega(x)=p'(x)/p(x)$ 转化为与参数相关的线性模型：

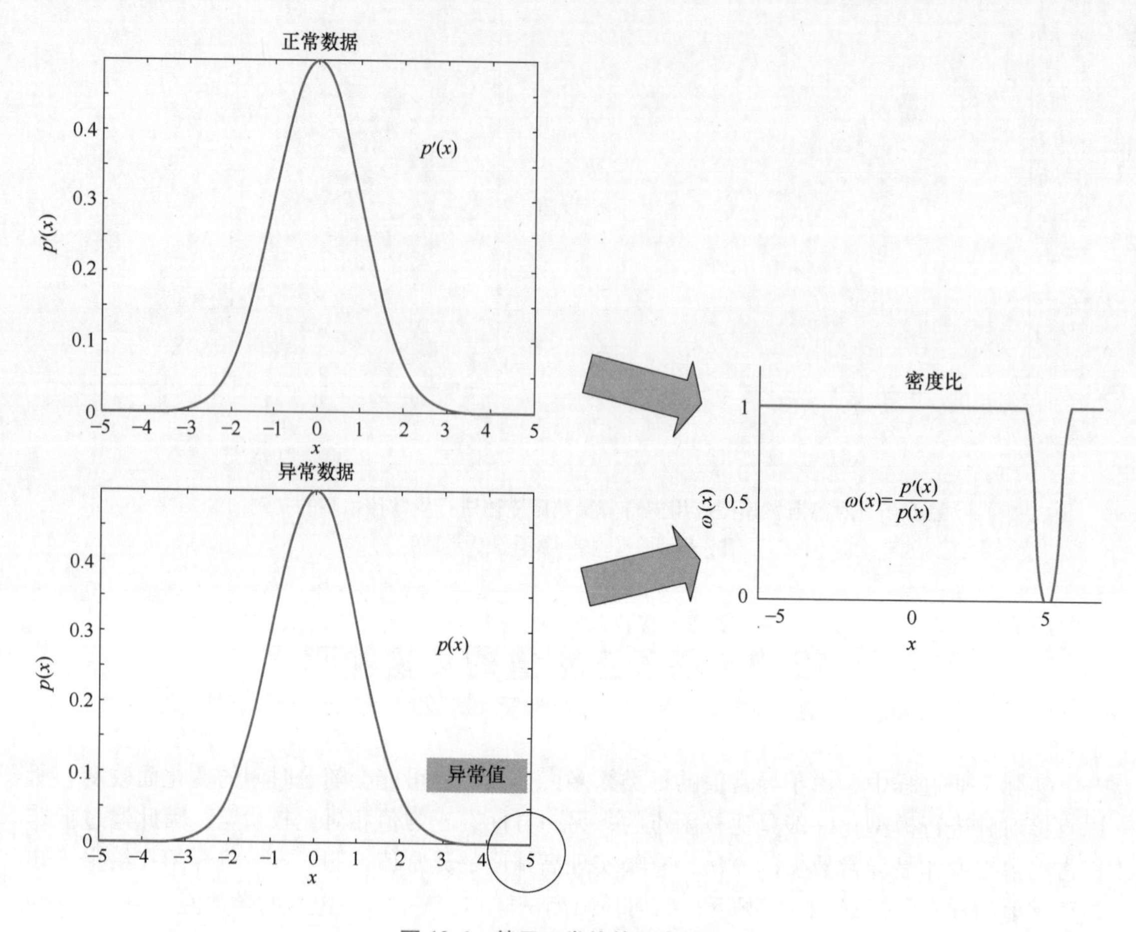

图 12-6 基于正常值的异常检测

$$\omega_\alpha(x)=\sum_{j=1}^{b}\alpha_j\psi_j(x)=\boldsymbol{\alpha}^{\mathrm{T}}\boldsymbol{\psi}(x)$$

式中，$\{\psi_j(x)\}_{j=1}^{b}$ 为非负的基函数。$\omega_\alpha(x)p(x)$ 可以看作是 $p'(x)$ 的模型，因此应该尽可能地使 $\omega_\alpha(x)p(x)$ 朝着近似 $p'(x)$ 的方向对参数进行学习。

对于这样的一类模型匹配，不妨对积分不等于 1 的非负函数 f 和 g 采用广义 KL 散度：

$$g\mathrm{KL}(f\|g)=\int f(x)\log\frac{f(x)}{g(x)}\mathrm{d}x-\int f(x)\,\mathrm{d}x+\int g(x)\,\mathrm{d}x\mathrm{d}x$$

当对 f 和 g 进行归一化时，由于上式第二项和第三项被消去，因而广义 KL 散度就变为了普通的 KL 散度。在广义 KL 散度中，对参数 α 进行最小化学习，有

$$g\mathrm{KL}(p'\|\omega_\alpha p)=\int p'(x)\log\frac{p'(x)}{\omega_\alpha(x)p(x)}\mathrm{d}x-1+\int\omega_\alpha(x)p(x)\,\mathrm{d}x \tag{12-8}$$

式（12-8）化简为

$$g\mathrm{KL}(p'\|\omega_\alpha p)=\int p'(x)\log\frac{p'(x)}{\omega_\alpha(x)p(x)}\mathrm{d}x-1+\int p'(x)\log\omega_\alpha(x)\,\mathrm{d}x-1+\int\omega_\alpha(x)p(x)\,\mathrm{d}x$$

其中，

$$\begin{cases} \int \omega_\alpha(x)p(x)\mathrm{d}x \approx \dfrac{1}{n}\sum\limits_{i=1}^{n}\omega_\alpha(x_i) \\ \int p'(x)\log\omega_\alpha(x)\mathrm{d}x \approx \dfrac{1}{n'}\sum\limits_{i=1}^{n}\log\omega_\alpha(x_i') \end{cases}$$

$$g\mathrm{KL}(p' \| \omega_\alpha p) = \int p'(x)\log\frac{p'(x)}{p(x)}\mathrm{d}x - \frac{1}{n'}\sum_{i=1}^{n'}\log\omega_\alpha(x_{i'}') - 1 + \frac{1}{n}\sum_{i=1}^{n}\omega_\alpha(x_i)$$

$$g\mathrm{KL}(p' \| \omega_\alpha p) = \frac{1}{n}\sum_{i=1}^{n}\omega_\alpha(x_i) - \frac{1}{n'}\sum_{i'=1}^{n'}\log\omega_\alpha(x_{i'}') + \int p'(x)\log\frac{p'(x)}{p(x)}\mathrm{d}x - 1$$

$$g\mathrm{KL}(p' \| \omega_\alpha p) = \frac{1}{n}\sum_{i=1}^{n}\omega_\alpha(x_i) - \frac{1}{n'}\sum_{i'=1}^{n'}\log\omega_\alpha(x_i') \tag{12-9}$$

对期望值进行样本平均近似，并忽略不相关的常数，从而产生如下的优化问题。

$$\min_\alpha\left(\frac{1}{n}\sum_{i=1}^{n}\omega_\alpha(x_i) - \frac{1}{n'}\sum_{i=1}^{n'}\log\omega_\alpha(x_{i'}')\right)$$

这是一个凸优化问题，因此可以通过梯度法来较为容易地获得全局最优解。

在之前介绍的**局部异常因子**和**支持向量数据描述**中，它们都有一个弊病，那就是缺少客观的模型选择的方法。因而，在调谐参数方面应当是基于一些现有的知识来进行主观的选择。另一方面，就 KL 散度而言，KL 散度密度比估计允许利用交叉检验法进行客观的模型选择，这在异常检测中实际上是一种显著的优势。

对高斯核模型

$$\omega_\alpha = \sum_{j=1}^{n'}\alpha_j\exp\left(-\frac{\|x-x'\|^2}{2h^2}\right)$$

应用 KL 散度密度比估计法进行异常值检测的 Python 和 MATLAB 代码如图 12-7 所示，其实例如图 12-8 所示。上式中的高斯带宽是通过交叉检验法进行确定的。通过这个实例的结果可知，偏离正常数据的点（$x=5$）的密度比为一个较小（即异常度较高）的值，因而它被认为是最有可能是异常值的点。

```
n=50;x=randn(n,1);y=randn(n,1);y(n)=5;
x2=x.^2;xx=repmat(x2,1,n)+repmat(x2',n,1)-2*x*x';
y2=y.^2;yx=repmat(y2,1,n)+repmat(x2',n,1)-2*y*x';
m=5;u=mod(randperm(n),m)+1;v=mod(randperm(n),m)+1;
hhs=2*[1 5 10].^2;
for hk=1:length(hhs)
    hh=hhs(hk);k=exp(-xx/hh);r=exp(-yx/hh);
    for i=1:m
        a=KLIEP(k(u~=i,:),r(v~=i,:));
        g(hk,i)=mean(r(u==i,:)*a-mean(log(k(u==i,:)*a)));
end,end
[gh,ggh]=min(mean(g,2));HH=hhs(ggh);
k=exp(-xx/HH);r=exp(-yx/HH);s=r*KLIEP(k,r);
figure(1);clf;hold on;plot(y,s,'rx');
```

图 12-7　对高斯核模型应用 KL 散度密度比估计法进行异常值检测的 Python 和 MATLAB 代码

```
function a=KLIEP(k,r)
a0=rand(size(k,2),1);b=mean(r)';n=size(k,1);
for o=1:10000
    a=a0-0.001*(b-k'*(1./(k*a0))/n);%a=max(0,a);
    if norm(a-a0)<0.001,break,end
    a0=a;
end
```

```
#Python 调用 MATLAB 的 m 文件,基于 KL 散度密度比估计的异常值检测算法
import matlab
import matlab.engine
#import numpy as np
eng=matlab.engine.start_matlab()
eng.KLDensity(nargout=0)
input()  #使图像保持
```

图 12-7 对高斯核模型应用 KL 散度密度比估计法进行异常值检测的 Python 和 MATLAB 代码（续）

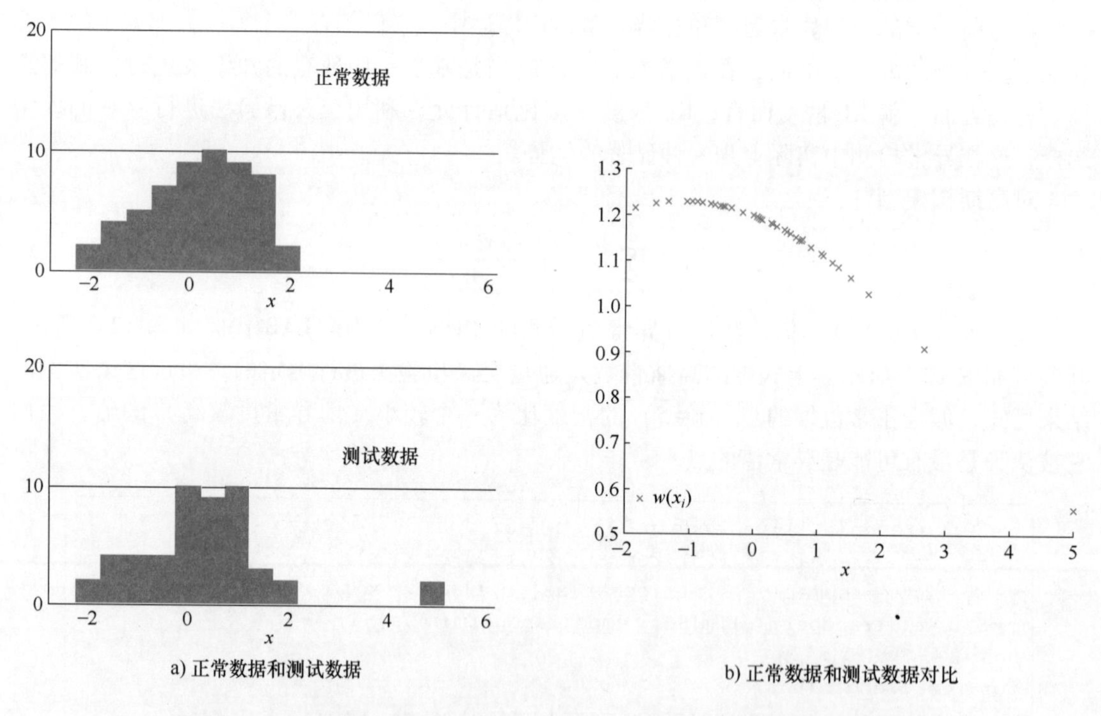

图 12-8 对高斯核模型应用 KL 散度密度比估计法进行异常值检测的实例

在 KL 散度密度比估计中，当广义 KL 散度为最小时，施加一个非负的参数 $\alpha\geqslant 0$，这个附加的非负性约束保证了密度比函数 $\omega_\alpha(\boldsymbol{x})$ 是非负的。由这种非负性约束带来的另一个好处就是解往往具有稀疏解的特征。

在 MATLAB 中能够直接地对上述非负性约束进行实现，只需在梯度算法步骤中将数值为负的参数四舍五入至 0 即可。

12.4　基于 KL 散度密度比的异常值检测工业应用

以新型干法水泥熟料生料分解过程为例，实际中为了获得生料分解率软测量值，需要采集离线及在线辅助变量数据，这样需要对这些辅助变量进行异常值检测，常用的检测方法有基于距离的异常值检测。然而它没有考虑局部密度的变化，仅适用于全局异常值检测，不适用于局部异常值检测。目前，基于密度的异常值检测方法得到广泛应用，但是对于未知样本计算概率密度是很困难的。因此，采用不计算概率密度而直接进行密度比评估的 Kullback-Leibler（简称 KL）散度密度比的异常值检测方法。

为了有效地检测采样值的异常数据，使用基于 KL 散度密度比的方法检测异常数据。设样本数据集及测试数据集分别为 $\{x'_{i'}\}_{i'=1}^{n'}$ 和 $\{x_i\}_{i=1}^{n}$，概率密度分别为 $p'(x)$ 和 $p(x)$，概率密度比为

$$\omega(x)=\frac{p'(x)}{p(x)} \tag{12-10}$$

式中，对于正常样本，$\omega(x)$ 的值接近 1；对于异常样本，$\omega(x)$ 的值与 1 相差较大的值。但是，对于计算得到的密度比 $\omega(x)$，如果测试样本的概率密度 $p(x)$ 值较小时，式（12-10）中概率密度 $p'(x)$ 的误差会相应地增大。因此，采用估计概率密度比 $\omega(x)$ 并使用线性参数模型近似 $\omega(x)$，如式（12-11）所示。

$$\omega_\alpha(x)=\sum_{j=1}^{k}\alpha_j\psi_j(x)=\boldsymbol{\alpha}^{\mathrm{T}}\boldsymbol{\psi}(x) \tag{12-11}$$

式中，$\boldsymbol{\alpha}^{\mathrm{T}}=(\alpha_1,\alpha_2,\cdots,\alpha_k)$ 代表参数向量，$\boldsymbol{\psi}(x)=(\psi_1(x),\psi_2(x),\cdots,\psi_k(x))^{\mathrm{T}}$ 是非负的基函数向量。因此，通过调整参数 α 使 $\omega_\alpha(x)p(x)$ 趋近于 $p'(x)$。

对于 $\forall p'(x)\geqslant 0, p(x)\geqslant 0$，定义广义 KL 散度函数为

$$g\mathrm{KL}(p'\|p)=\int p'(x)\log\frac{p'(x)}{p(x)}\mathrm{d}x-\int p'(x)\mathrm{d}x+\int p(x)\mathrm{d}x \tag{12-12}$$

使用 $\omega_\alpha(x)p(x)$ 代替式（12-12）中的 $p(x)$，得式（12-13）。

$$g\mathrm{KL}(p'\|p)=\int p'(x)\log\frac{p'(x)}{\omega_\alpha(x)p(x)}\mathrm{d}x-\int p'(x)\mathrm{d}x+\int \omega_\alpha(x)p(x)\mathrm{d}x \tag{12-13}$$

式（12-13）中等式右边如式（12-14）所示。

$$\begin{cases}\int p'(x)\mathrm{d}x=1\\ \int \omega_\alpha(x)p(x)\mathrm{d}x\approx\dfrac{1}{n}\sum\limits_{i}^{n}\omega_\alpha(x_i)\\ \int p'(x)\log\dfrac{p'(x)}{\omega_\alpha(x)p(x)}\mathrm{d}x=\int p'(x)\log\dfrac{p'(x)}{p(x)}\mathrm{d}x-\int p'(x)\log\omega_\alpha(x)\mathrm{d}x\end{cases} \tag{12-14}$$

由式（12-13）及式（12-14）得

$$g\mathrm{KL}(p'\|p)=\int p'(x)\log\frac{p'(x)}{p(x)}\mathrm{d}x-1+\frac{1}{n}\sum_{i=1}^{n}\omega_\alpha(x_i)-\int p'(x)\log\omega_\alpha(x)\mathrm{d}x \tag{12-15}$$

式（12-15）中，$\int p'(x)\log\omega_\alpha(x)\mathrm{d}x \approx \frac{1}{n'}\sum_{i'=1}^{n'}\log\omega_\alpha(x'_{i'})$

$$g\mathrm{KL}(p'\|p)=\int p'(x)\log\frac{p'(x)}{p(x)}\mathrm{d}x-1+\frac{1}{n}\sum_{i=1}^{n}\omega_\alpha(x_i)-\frac{1}{n'}\sum_{i'=1}^{n'}\log\omega_\alpha(x'_{i'}) \tag{12-16}$$

式（12-16）中，$\int p'(x)\log\frac{p'(x)}{p(x)}\mathrm{d}x-1=C$ 为常数，由式（12-11）和式（12-16），通过调整参数 α 并忽略 C，使式（12-17）最小，即

$$\min_\alpha\left(\frac{1}{n}\sum_{i=1}^{n}\omega_\alpha(x_i)-\frac{1}{n'}\sum_{i'=1}^{n'}\log\omega_\alpha(x'_{i'})\right) \tag{12-17}$$

式（12-11）中的密度比 $\omega_\alpha(x)$ 选择高斯核函数，如式（12-18）所示。

$$\omega_\alpha(x)=\sum_{j=1}^{n'}\alpha_j\exp\left(-\frac{\|x-x'_j\|^2}{2h^2}\right) \tag{12-18}$$

为了验证基于KL散度密度比的异常值检测的有效性，以新型干法水泥生料分解过程为研究对象。基于KL散度密度比的异常值检测模块中，在线检测数据有分解炉温度、预热器C5出口温度、回转窑窑尾温度、C5下料管温度等；离线检测数据有生料中氧化钙含量、三氧化二铁含量、二氧化硅含量及三氧化二铝含量等。式（12-11）中的 $\boldsymbol{\psi}(x)$ 选择高斯核函数，核函数的宽度 $h=135$，式（12-17）是凸优化函数，使用随机梯度下降法计算最优解。在线检测数据以分解炉温度为例，采集1700组数据测试结果如图12-9所示，离线检测数据以生料中三氧化二铝含量为例，采集450组数据测试结果如图12-10和图12-11所示。

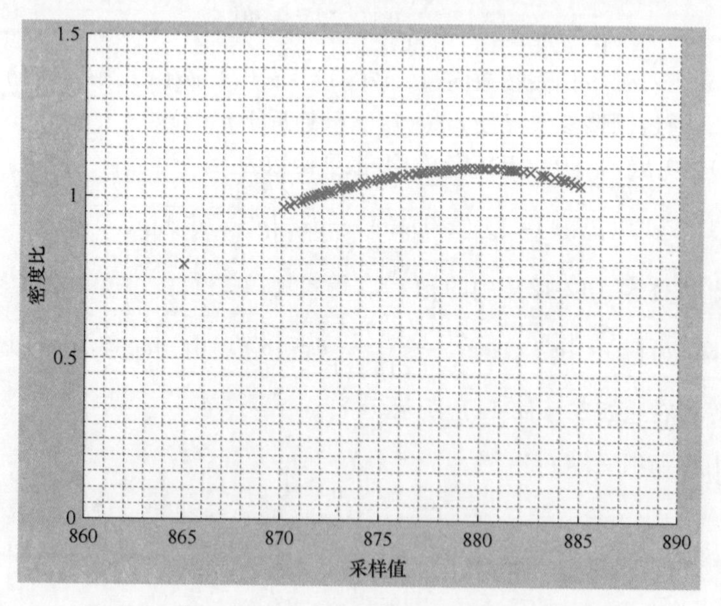

图12-9　基于KL散度密度比的分解炉温度异常值检测

图12-10所示为采集的450组正常数据和测试数据频率直方图，测试样本中氧化铝含量为3.75时有4组数据为异常数据；图12-11表明，当生料中三氧化二铝含量为3.75时，密度比估计值为0.81，偏离密度比估计值1。所以结合图12-10和图12-11，3.75为异常值。

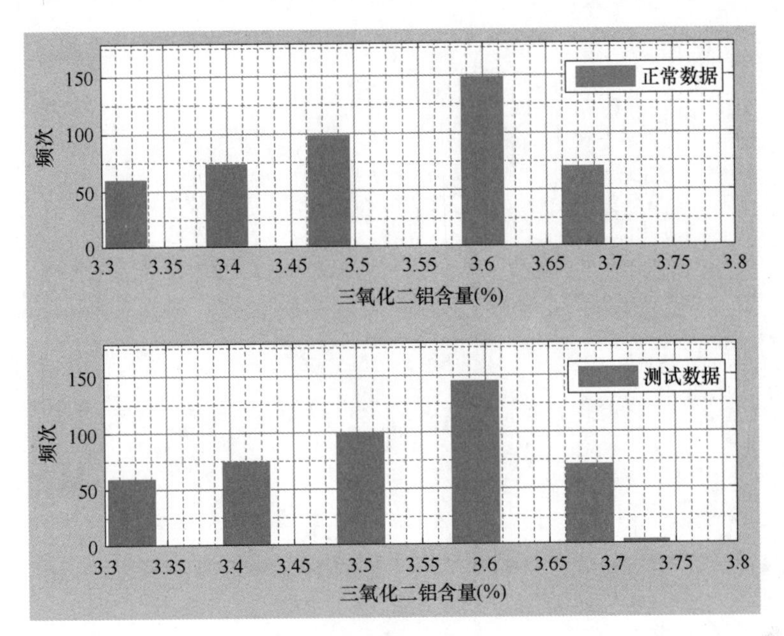

图 12-10　三氧化二铝含量正常数据和测试数据

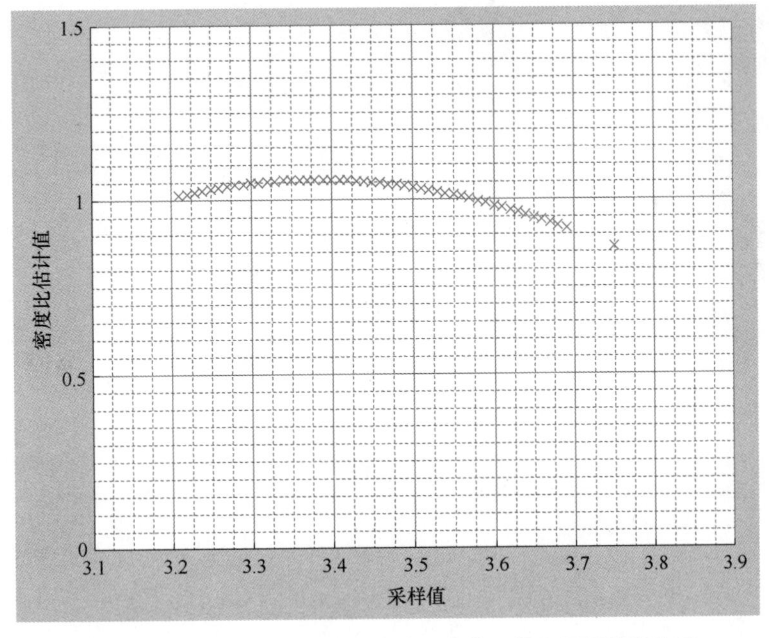

图 12-11　基于 KL 散度密度比的三氧化二铝含量异常值检测

第13章 随机配置网络

学习本章的基础是矩阵论及应用泛函分析，同时具有神经网络基础及概率论知识。本章首先介绍随机配置网络基础，对三个定理进行详细的证明；最后对鲁棒随机配置网络的原理进行详细说明。

13.1　随机配置网络基础

给定一个实值函数 $\Gamma=\{g_1,g_2,g_3\cdots\}$，$\Gamma$ 所张成的函数空间定义为 $\mathrm{span}(\Gamma)$，对于 $D\subset\mathbf{R}^d$，$\mathbf{R}^d\to\mathbf{R}^m$，$L_2(D)$ 表示所有勒贝格测度函数 $f=[f_1,f_2,\cdots,f_m]$ 的空间，L_2 范数定义为

$$\|f\|=\left(\sum_{q=1}^{m}\int_D |f_q(x)|^2\mathrm{d}x\right)^{1/2}<\infty \tag{13-1}$$

$\boldsymbol{\theta}=[\theta_1,\theta_2,\cdots,\theta_m]:\mathbf{R}^d\to\mathbf{R}^m$ 与 $f=[f_1,f_2,\cdots,f_m]$ 的内积定义为

$$\langle f,\theta\rangle=\sum_{q=1}^{m}\langle f_q,\theta_q\rangle=\sum_{q=1}^{m}\int_D f_q(x)\theta_q(x)\mathrm{d}x \tag{13-2}$$

给定一个目标函数 f：$\mathbf{R}^d\to\mathbf{R}^m$，假设已经构建了一个具有 $L-1$ 隐含层的随机配置网络（stochastic configuration networks，SCN），$f_{L-1}(x)=\sum_{j=1}^{L-1}\boldsymbol{\beta}_j g_j(\omega_j^{\mathrm{T}}x+b_j)\,(L=1,2,\cdots,f_0=0)$，其中 $\boldsymbol{\beta}_j=[\beta_{j,1},\cdots,\beta_{j,m}]^{\mathrm{T}}$，定义残差 $\boldsymbol{e}_{L-1}=f-f_{L-1}=[e_{L-1,1},\cdots,e_{L-1,m}]$。如果 $\|e_{L-1}\|$ 不能够达到预先指定的误差水平，需要产生一个新的随机基函数 g_L，这样 $f_L=f_{L-1}+\beta_L g_L$。

定理 13-1　假定 $\mathrm{span}(\Gamma)$ 在 L_2 空间稠密，对于 $\forall g\in\Gamma$，当 $b_g\in\mathbf{R}^+$，$0<\|g\|<b_g$ 时，给定 $0<r<1$，对于任意一个非负实数序列 $\{\mu_L\}$，满足 $\lim_{L\to+\infty}\mu_L=0$ 且 $\mu_L\leqslant(1-r)$。对于 $L=1，2，\cdots$，式（13-3）成立。

$$\delta_L=\sum_{q=1}^{m}\delta_{L,q},\ \delta_{L,q}=(1-r-\mu_L)\|e_{L-1,q}\|^2,\ q=1,2,\cdots,m \tag{13-3}$$

如果随机基函数 g_L 满足不等式（13-4），输出权通过式（13-5）计算。

$$\langle e_{L-1,q},g_L\rangle^2\geqslant b_g^2\delta_{L,q},q=1,2,\cdots,m \tag{13-4}$$

$$\beta_{L,q}=\frac{\langle e_{L-1,q},g_L\rangle}{\|g_L\|^2},q=1,2,\cdots,m \tag{13-5}$$

那么 $\lim_{L\to+\infty}\|f-f_L\|=0$，其中 $f_L=\sum_{j=1}^{L}\boldsymbol{\beta}_j g_j,\boldsymbol{\beta}_j=[\beta_{j,1},\cdots,\beta_{j,m}]^{\mathrm{T}}$。

证明：根据式（13-3）~式（13-5）得

$$\begin{aligned}
&\|e_L\|^2-(r+\mu_L)\|e_{L-1}\|^2\\
&=\sum_{q=1}^{m}\left(\langle e_{L-1,q}-\beta_{L,q}g_L,e_{L-1,q}-\beta_{L,q}g_L\rangle-(r+\mu_L)\langle e_{L-1,q},e_{L-1,q}\rangle\right)\\
&=\sum_{q=1}^{m}\left((1-r-\mu_L)\langle e_{L-1,q},e_{L-1,q}\rangle-2\langle e_{L-1,q},\beta_{L,q}g_L\rangle+\langle\beta_{L,q}g_L,\beta_{L,q}g_L\rangle\right)\\
&=(1-r-\mu_L)\|e_{L-1}\|^2-\frac{\sum_{q=1}^{m}\langle e_{L-1,q},g_L\rangle^2}{\|g_L\|^2}
\end{aligned}$$

$$=\delta_L-\frac{\sum_{q=1}^{m}\langle e_{L-1,q},g_L\rangle^2}{\|g_L\|^2}$$

$$\leqslant\delta_L-\frac{\sum_{q=1}^{m}\langle e_{L-1,q},g_L\rangle^2}{b_g^2}\leqslant 0 \tag{13-6}$$

因此，有下列不等式成立：

$$\|e_L\|^2\leqslant r\|e_{L-1}\|^2+\mu_L\|e_{L-1}\|^2 \tag{13-7}$$

由已知条件：$\lim_{L\to+\infty}\mu_L=0$，所以式（13-7）中的$\lim_{L\to+\infty}\mu_L\|e_{L-1}\|^2=0$，由已知条件$0<r<1$，所以$\lim_{L\to+\infty}\|e_L\|^2=0$。

定理 13-2 假定$\mathrm{span}(\Gamma)$在L_2空间稠密，对于$\forall g\in\Gamma$，当$b_g\in\mathbf{R}^+$，$0<\|g\|<b_g$时，给定$0<r<1$，对于任意一个非负实数序列$\{\mu_L\}$，满足$\lim_{L\to+\infty}\mu_L=0$且$\mu_L\leqslant(1-r)$。对于$L=1，2，\cdots$，式（13-8）成立。

$$\delta_L^*=\sum_{q=1}^{m}\delta_{L,q}^*，\ \delta_{L,q}^*=(1-r-\mu_L)\|e_{L-1,q}^*\|^2，\ q=1,2,\cdots,m \tag{13-8}$$

如果随机基函数g_L满足不等式（13-9），输出权通过式（13-10）计算。

$$\langle e_{L-1,q}^*,g_L\rangle^2\geqslant b_g^2\delta_{L,q}^*,\ q=1,2,\cdots,m \tag{13-9}$$

$$(\boldsymbol{\beta}_1^*,\boldsymbol{\beta}_2^*,\cdots,\boldsymbol{\beta}_L^*)=\mathrm{argmin}_{\beta}\left\|f-\sum_{j=1}^{L}\boldsymbol{\beta}_j g_j\right\| \tag{13-10}$$

那么$\lim_{L\to+\infty}\|f-f_L^*\|=0$，其中$f_L^*=\sum_{j=1}^{L}\boldsymbol{\beta}_j^*g_j,\boldsymbol{\beta}_j^*=(\beta_{j,1}^*,\cdots,\beta_{j,m}^*)^{\mathrm{T}}$。

证明： 很容易证明$\|e_L^*\|^2\leqslant\|\tilde{e}_L\|^2=\|e_{L-1}^*-\tilde{\beta}_L g_L\|^2\leqslant\|e_{L-1}^*\|^2\leqslant\|\tilde{e}_{L-1}\|^2$成立。因此，$\{\|e_L^*\|^2\}$单调递减且收敛。

$$\|e_L^*\|^2-(r+\mu_L)\|e_{L-1}^*\|^2$$

$$\leqslant\|\tilde{e}_L\|^2-(r+\mu_L)\|e_{L-1}^*\|^2$$

$$=\sum_{q=1}^{m}[\langle e_{L-1,q}^*-\tilde{\beta}_{L,q}g_L,e_{L-1,q}^*-\tilde{\beta}_{L,q}g_L\rangle-(r+\mu_L)\langle e_{L-1,q}^*,e_{L-1,q}^*\rangle]$$

$$=\sum_{q=1}^{m}[(1-r-\mu_L)\langle e_{L-1,q}^*,e_{L-1,q}^*\rangle-2\langle e_{L-1,q}^*,\tilde{\beta}_{L,q}g_L\rangle+\langle\tilde{\beta}_{L,q}g_L,\tilde{\beta}_{L,q}g_L\rangle]$$

$$=(1-r-\mu_L)\|e_{L-1}^*\|^2-\frac{\sum_{q=1}^{m}\langle e_{L-1,q}^*,g_L\rangle^2}{\|g_L\|^2}$$

$$=\delta_L^*-\frac{\sum_{q=1}^{m}\langle e_{L-1,q}^*,g_L\rangle^2}{\|g_L\|^2}$$

$$\leqslant\delta_L-\frac{\sum_{q=1}^{m}\langle e_{L-1,q}^*,g_L\rangle^2}{b_g^2}\leqslant 0 \tag{13-11}$$

因此，有下列不等式成立：

$$\| e_L^* \|^2 \leqslant r \| e_{L-1}^* \|^2 + \mu_L \| e_{L-1}^* \|^2 \tag{13-12}$$

由已知条件：$\lim_{L\to+\infty}\mu_L=0$，所以式（13-12）中的 $\lim_{L\to+\infty}\mu_L \| e_{L-1}^* \|^2=0$；由已知条件 $0<r<1$，所以 $\lim_{L\to+\infty}\| e_L^* \|^2=0$。

定理 13-2 直接使用 Moore-Penrose 广义逆对输出权进行评价，这种评价方法对大数据分析是不可行的。为了解决这个问题，当隐含层的节点数目超过给定数目时，采用优化部分输出权的方法，见定理 13-3。

定理 13-3 假定 $\mathrm{span}(\Gamma)$ 在 L_2 空间稠密，对于 $\forall g\in\Gamma$，当 $b_g\in\mathbf{R}^+$，$0<\| g \|<b_g$ 时，给定 $0<r<1$，对于任意一个非负实数序列 $\{\mu_L\}$，满足 $\lim_{L\to+\infty}\mu_L=0$ 且 $\mu_L\leqslant(1-r)$。对于给定的窗口尺寸 K 和 $L=1,2,\cdots$，式（13-13）成立。

$$\delta_L^* = \sum_{q=1}^{m}\delta_{L,q}^*,\ \delta_{L,q}^*=(1-r-\mu_L)\| e_{L-1,q}^* \|^2,\ q=1,2,\cdots,m \tag{13-13}$$

如果随机基函数 g_L 满足不等式（13-14）：

$$\langle e_{L-1,q}^*, g_L\rangle^2 \geqslant b_g^2\delta_{L,q}^*,\ q=1,2,\cdots,m \tag{13-14}$$

当 $L\leqslant K$ 时，输出权通过式（13-15）计算：

$$(\boldsymbol{\beta}_1^*,\boldsymbol{\beta}_2^*,\cdots,\boldsymbol{\beta}_L^*) = \mathrm{argmin}_{\beta}\left\| f-\sum_{j=1}^{L}\beta_j g_j \right\| \tag{13-15}$$

令 $\boldsymbol{\beta}^*=(\boldsymbol{\beta}_1^*,\boldsymbol{\beta}_2^*,\cdots,\boldsymbol{\beta}_L^*)^{\mathrm{T}}$ 通过标准的最小二乘方法计算得到，如式（13-16）所示：

$$\boldsymbol{\beta}^* = \mathrm{argmin}_{\beta}\| \boldsymbol{H}_L\boldsymbol{\beta}-\boldsymbol{T} \|_F^2 = \boldsymbol{H}_L^-\boldsymbol{T} \tag{13-16}$$

式中，$\boldsymbol{H}_L^-$ 是 Moore-Penrose 广义逆矩阵；$\| \cdot \|_F^2$ 代表 Frobenius 范数。

当 $L>K$ 时，保持 β_1^*，β_2^*，$\cdots$，β_{L-K}^* 不变，更新 $\boldsymbol{\beta}_{L-K+1}$，$\cdots$，$\boldsymbol{\beta}_L$ 输出权通过式（13-17）计算。

$$(\boldsymbol{\beta}_1^*,\boldsymbol{\beta}_2^*,\cdots,\boldsymbol{\beta}_L^*) = \mathrm{argmin}_{\beta}\left\| f-\sum_{j=1}^{L-K}\beta_j^* g_j-\sum_{j=1}^{L}\beta_j g_j \right\| \tag{13-17}$$

令 $\boldsymbol{\beta}^{\mathrm{window}}=(\boldsymbol{\beta}_{L-K+1}^*,\boldsymbol{\beta}_{L-K+2}^*,\cdots,\boldsymbol{\beta}_L^*)^{\mathrm{T}}\in\boldsymbol{R}^{(K-1)\times m}$ 通过全局最小二乘方法计算得到，如式（13-18）所示。

$$\boldsymbol{\beta}^{\mathrm{window}} = \mathrm{argmin}_{\beta}\| \boldsymbol{H}_L\boldsymbol{\beta}-\boldsymbol{T} \|_F^2 = \boldsymbol{H}_K^+\boldsymbol{T} \tag{13-18}$$

式中，$\boldsymbol{H}_K^+$ 是 Moore-Penrose 广义逆矩阵；$\boldsymbol{H}_K$ 是 $\boldsymbol{H}$ 的最后 K 列，即 $\boldsymbol{H}_K=(h_{L-K+1},\cdots,h_L)$，$\boldsymbol{\beta}_1$，$\cdots$，$\boldsymbol{\beta}_{L-K}$ 保持不变。

那么 $\lim_{L\to+\infty}\| f-f_L^* \|=0$，其中 $f_L^*=\sum_{j=1}^{L}\beta_j^* g_j,\boldsymbol{\beta}_j^*=(\beta_{j,1}^*,\cdots,\beta_{j,m}^*)^{\mathrm{T}}$。

13.2 鲁棒随机配置网络原理

实际的复杂工业过程存在多种工况且边界条件频繁变化，为了解决如成分波动对产品指标的影响，需要采取具有逼近任意复杂非线性函数且具有很强鲁棒性的方法。拟采用鲁棒随机配置网络（RSCN）与自适应权的建模方法，具体如下：

引理：假定 span(Γ) 在 L_2 空间稠密，对于 $\forall g \in \Gamma$，当 $b_g \in \boldsymbol{R}^+$ 时，$0<\|g\|<b_g$。给定 $0<r<1$，对于任意一个非负实数序列 $\{\mu_L\}$，满足 $\lim_{L\to+\infty}\mu_L=0$ 且 $\mu_L \leqslant (1-r)$。对于 $L=1$，2，…，式（13-19）成立。

$$\delta_L=\sum_{q=1}^{m}\delta_{L,q}, \delta_{L,q}=(1-r-\mu_L)\|e_{L-1,q}\|^2,\ q=1,2,\cdots,m \tag{13-19}$$

如果随机基函数 g_L 满足不等式（13-20），输出权通过式（13-21）计算。

$$\langle e_{L-1,q}g_L\rangle^2 \geqslant b_g^2\delta_{L,q},\ q=1,2,\cdots,m \tag{13-20}$$

$$(\boldsymbol{\beta}_1^*,\boldsymbol{\beta}_2^*,\cdots,\boldsymbol{\beta}_L^*)=\mathrm{argmin}_{\beta}\left\|f-\sum_{j=1}^{L}\beta_j g_j\right\| \tag{13-21}$$

那么 $\lim_{L\to+\infty}\|f-f_L\|=0$，其中 $f_L=\sum_{j=1}^{L}\boldsymbol{\beta}_j^* g_j, \boldsymbol{\beta}_j^*=(\beta_{j,1}^*,\cdots,\beta_{j,q}^*,\cdots,\beta_{j,m}^*)^{\mathrm{T}}\in\mathbf{R}^m$，残差 $\boldsymbol{e}_{L-1}=f-f_{L-1}=(e_{L-1,1},\cdots,e_{L-1,m})^{\mathrm{T}}$，优化输出权 $\boldsymbol{\beta}^*$ 如式(13-22)所示。

$$\boldsymbol{\beta}^*=\begin{pmatrix}\boldsymbol{\beta}_1^{*\mathrm{T}}\\ \vdots \\ \boldsymbol{\beta}_j^{*\mathrm{T}}\\ \vdots \\ \boldsymbol{\beta}_L^{*\mathrm{T}}\end{pmatrix}=\begin{pmatrix}\beta_{1,1}^* & \cdots & \beta_{1,q}^* & \cdots & \beta_{1,m}^*\\ \vdots & & \vdots & & \vdots\\ \beta_{j,1}^* & \cdots & \beta_{j,q}^* & \cdots & \beta_{j,m}^*\\ \vdots & & \vdots & & \vdots\\ \beta_{L,1}^* & \cdots & \beta_{L,q}^* & \cdots & \beta_{L,m}^*\end{pmatrix}_{L\times m} \tag{13-22}$$

为了使拟提出的方法具有一般性，构建隐含层节点 $j=1$ 的网络并按照式（13-21）计算输出权，然后逐渐增加隐含层节点数，即 $j=1$，2，…，L，直到模型满足给定的终止条件，如 $\lim_{L\to+\infty}\|f-f_L\|=0$。令目标函数 f：$\mathbf{R}^d\to\mathbf{R}^m$，采样数据 $\boldsymbol{X}=\{\boldsymbol{x}_1,\boldsymbol{x}_2,\cdots,\boldsymbol{x}_N\}$，$\boldsymbol{x}_i=(x_{i,1},\cdots,x_{i,d})\in\mathbf{R}^d$，输出为 $\boldsymbol{T}=\{\boldsymbol{t}_1,\boldsymbol{t}_2,\cdots,\boldsymbol{t}_N\}$，$\boldsymbol{t}_i=(t_{i,1},\cdots,t_{i,m})^{\mathrm{T}}\in\mathbf{R}^m$，其中 $i=1$，…，N，通过求解式（13-23）构建鲁棒随机配置网络模型。

$$\min_{\beta,\theta}\sum_{i=1}^{N}\theta_i\left\|\sum_{j=1}^{L}\beta_j g(w_j,b_j,x_i)-t_i\right\|^2 \tag{13-23}$$

式中，$\theta_i\geqslant 0(i=1,\cdots,N)$ 是惩罚权；$g(\cdot)$ 是激活函数；L 代表隐含层节点的数量；w_j 和 b_j 分别代表输入权和偏置；β_j 是输出权。

13.3 鲁棒随机配置网络应用

以新型干法水泥生料分解过程生料分解率为例。根据生料分解过程采样数据 $\boldsymbol{X}=\{\boldsymbol{x}_1,\boldsymbol{x}_2,\cdots,\boldsymbol{x}_N\}$，$\boldsymbol{x}_i=(x_{i,1},\cdots,x_{i,d})\in\mathbf{R}^d$，定义 $\boldsymbol{e}_{L-1}(\boldsymbol{X})=(e_{L-1,1}(\boldsymbol{X}),\cdots,e_{L-1,m}(\boldsymbol{X}))^{\mathrm{T}}\in\mathbf{R}^{N\times m}$，其中 $\boldsymbol{e}_{L-1,q}(\boldsymbol{X})=(e_{L-1,q}(\boldsymbol{x}_1),\cdots,e_{L-1,q}(\boldsymbol{x}_N))^{\mathrm{T}}\in\mathbf{R}^N$，$q=1$，2，…，$m$。当新增隐含层节点数 $j=L$ 时，对于输入 $\boldsymbol{X}=\{\boldsymbol{x}_1,\boldsymbol{x}_2,\cdots,\boldsymbol{x}_N\}$，隐含层第 L 个节点的输出 $\boldsymbol{h}_L(X)=(g_L(w_L^{\mathrm{T}}x_1+b_L),\cdots,g_L(w_L^{\mathrm{T}}x_N+b_L)]$，这样隐含层输出权 $\boldsymbol{H}_L$ 如式（13-24）所示。

$$\boldsymbol{H}_L=\begin{pmatrix}\boldsymbol{h}_1\\ \vdots\\ \boldsymbol{h}_L\end{pmatrix}^{\mathrm{T}}=\begin{pmatrix}g_1(w_1,b_1,x_1) & \cdots & g_L(w_L,b_L,x_1)\\ \vdots & & \vdots\\ g_1(w_1,b_1,x_N) & \cdots & g_L(w_L,b_L,x_N)\end{pmatrix}_{N\times L} \tag{13-24}$$

取对角矩阵 $\Theta=\mathrm{diag}\{\sqrt{\theta_1},\cdots,\sqrt{\theta_N}\}$，令 $\tilde{\boldsymbol{e}}_{L-1}(X)=\Theta\boldsymbol{e}_{L-1}(X)$，$\tilde{\boldsymbol{h}}_L(X)=\Theta\boldsymbol{h}_L(X)$，如式(13-25)所示。

$$\begin{cases}\tilde{\boldsymbol{e}}_{L-1}(X)=(\tilde{e}_{L-1,1}(X),\cdots,\tilde{e}_{L-1,m}(X))^{\mathrm{T}}\\ \tilde{\boldsymbol{h}}_L(X)=(\tilde{g}_L(w_L^{\mathrm{T}}x_1+b_L),\cdots,\tilde{g}_L(w_L^{\mathrm{T}}x_N+b_L))^{\mathrm{T}}\end{cases} \tag{13-25}$$

根据引理，令 $\tilde{\xi}_L=\sum_{q=1}^{m}\tilde{\xi}_{L,q}$，$\tilde{\xi}_{L,q}$如式（13-26）所示。

$$\tilde{\xi}_{L,q}=\frac{(\tilde{\boldsymbol{e}}_{L-1,q}^{\mathrm{T}}(X)\cdot\tilde{\boldsymbol{h}}_L(X))^2}{\tilde{\boldsymbol{h}}_L^{\mathrm{T}}(X)\cdot\tilde{\boldsymbol{h}}_L(X)}-(1-r-\mu_L)\tilde{\boldsymbol{e}}_{L-1,q}^{\mathrm{T}}(X)\tilde{\boldsymbol{e}}_{L-1,q}(X) \tag{13-26}$$

当 $\tilde{\xi}_{L,q}\geqslant 0$，$q=1,2,\cdots,m$，通过多次计算选择最大的 $\tilde{\xi}_L$，随机配置隐含层参数 w 和 b。

对于惩罚权 $\theta_i\geqslant 0(i=1,\cdots,N)$，构造残差 $\boldsymbol{e}_L$ 的概率密度函数，如式（13-27）所示。

$$\Phi(\boldsymbol{e}_L)=\frac{1}{N}\sum_{k=1}^{N}K(\|\boldsymbol{e}_L-\boldsymbol{e}_L(x_k)\|) \tag{13-27}$$

式中，$\boldsymbol{e}_L(x_k)=(e_{L-1,1}(x_k),\cdots,e_{L-1,m}(x_k))^{\mathrm{T}}\in\mathbf{R}^m$，$K(\cdot)$ 是核函数，广义高斯分布和非高斯分布的核函数分别记为 $K_{\mathrm{GG}}(\cdot)$ 和 $K_{\mathrm{NG}}(\cdot)$。

对于核函数 $K(\cdot)$ 的选择，现有研究均假设数据符合高斯分布，这样对于 Silverman 的带宽选择器才有效。但是实际中的采样数据受到噪声和扰动影响，具有多种分布特征。因此，本研究拟采用偏度、峰度定量检测离线数据与在线实时数据分布类型，根据采样数据的分布，选择广义高斯分布核函数或非高斯分布经过 Yeo-Johnson 转换后的核函数。

当采样数据是广义高斯分布时，选择广义高斯分布的核函数并经过适当处理后如式（13-28）所示。

$$K_{\mathrm{GG}}(x)=\frac{\gamma}{2\sigma\alpha(\gamma)\Gamma(1/\gamma)}\exp\left(-\left(\frac{x}{\sigma\alpha(\gamma)}\right)^{\gamma}\right) \tag{13-28}$$

式中，$\Gamma(z)=\int_0^{\infty}\mathrm{e}^{-t}t^{z-1}\mathrm{d}t$ 是伽马分布；$\alpha=\sqrt{\frac{\Gamma(1/\gamma)}{\Gamma(3/\gamma)}}$是比例参数；$\gamma$ 是形状参数。

当采样数据具有非高斯分布特征时，采用 Yeo-Johnson 转换后的变量 $x_i^{\lambda}\sim N(\mu,\sigma^2)$，$i=1,\cdots,n$，核函数如式（13-29）所示。

$$K_{\mathrm{NG}}(x^{\lambda})=\frac{1}{\sigma\sqrt{2\pi}}\exp\left(-\frac{(x^{\lambda})^2}{2\sigma^2}\right) \tag{13-29}$$

因此，根据式（13-28）、式（13-29）及采样数据的分布，令第 i 个惩罚权 $\theta_i\geqslant 0(i=1,\cdots,N)$ 的值等于第 i 个残差 $e_L(x_i)(i=1,2,\cdots,N)$ 或 $e_L(x_i^{\lambda})(i=1,2,\cdots,N)$ 的概率，如式（13-30）所示。

$$\begin{cases}\theta_i=\Phi(e_L(x_i))=\frac{1}{N}\sum_{k=1}^{N}K_{\mathrm{GG}}(\|e_L(x_i)-e_L(x_k)\|)\\ \theta_i=\Phi(e_L(x_i^{\lambda}))=\frac{1}{N}\sum_{k=1}^{N}K_{\mathrm{NG}}(\|e_L(x_i^{\lambda})-e_L(x_k^{\lambda})\|)\end{cases} \tag{13-30}$$

式（13-30）的惩罚权 $\theta_i \geqslant 0(i=1,\cdots,N)$。通过式（13-31）计算输出权 $\boldsymbol{\beta}^*=(\boldsymbol{\beta}_1^*,\cdots,\boldsymbol{\beta}_j^*,\cdots,\boldsymbol{\beta}_L^*)^{\mathrm{T}}$。

$$\begin{aligned}\boldsymbol{\beta}^* &= \underset{\beta}{\operatorname{argmin}}(\boldsymbol{H}_L\boldsymbol{\beta}-T)^{\mathrm{T}}\boldsymbol{\Lambda}(\boldsymbol{H}_L\boldsymbol{\beta}-T)\\ &=(\boldsymbol{H}_L^{\mathrm{T}}\boldsymbol{\Lambda}\boldsymbol{H}_L)^{+}\boldsymbol{H}_L^{\mathrm{T}}\boldsymbol{\Lambda}\boldsymbol{T}\end{aligned} \tag{13-31}$$

式中，$(\boldsymbol{H}_L^{\mathrm{T}}\boldsymbol{\Lambda}\boldsymbol{H}_L)^{+}$是矩阵 $\boldsymbol{H}_L^{\mathrm{T}}\boldsymbol{\Lambda}\boldsymbol{H}_L$ 的 Moore-Penrose 广义逆，隐含层输出矩阵 $\boldsymbol{H}_L$ 如式（13-24）所示，权值 β 和对角矩阵 $\boldsymbol{\Lambda}$ 如式（13-32）所示。

$$\begin{cases}\boldsymbol{\beta}=\begin{pmatrix}\boldsymbol{\beta}_1^{\mathrm{T}}\\ \boldsymbol{\beta}_2^{\mathrm{T}}\\ \vdots\\ \boldsymbol{\beta}_L^{\mathrm{T}}\end{pmatrix}=\begin{pmatrix}\beta_{11} & \beta_{12} & \cdots & \beta_{1m}\\ \beta_{21} & \beta_{22} & \cdots & \beta_{2m}\\ \vdots & \vdots & & \vdots\\ \beta_{L1} & \beta_{L2} & \cdots & \beta_{Lm}\end{pmatrix}\\ \boldsymbol{\Lambda}=\Theta^2=\operatorname{diag}\{\theta_1,\cdots,\theta_N\}\end{cases} \tag{13-32}$$

采用交替优化（简称 AO）的方法，用 v 表示 AO 方法第 v 次迭代，那么 $\theta_i^{(v+1)}$，$\beta^{(v+1)}$ 和 $\boldsymbol{\Lambda}^{(v+1)}$ 如式（13-33）所示。

$$\begin{cases}\boldsymbol{\theta}_i^{(v+1)}=\dfrac{1}{N}\displaystyle\sum_{k=1}^{N}K(e_L^{(v)}(x_i)-e_L^{(v)}(x_k))\\ \boldsymbol{\Lambda}^{(v+1)}=\operatorname{diag}\{\theta_1^{(v+1)},\theta_2^{(v+1)},\cdots,\theta_N^{(v+1)}\}\\ \boldsymbol{\beta}^{(v+1)}=(\boldsymbol{H}_L^{\mathrm{T}}\boldsymbol{\Lambda}^{(v+1)}\boldsymbol{H}_L)^{+}\boldsymbol{H}_L^{\mathrm{T}}\boldsymbol{\Lambda}^{(v+1)}T\end{cases} \tag{13-33}$$

对于本研究的生料分解率 RSCN 模型输出 $q=1$，根据上面的 RSCN 进行鲁棒性分析：研究惩罚权 $\theta_i \geqslant 0(i=1,\cdots,N)$ 变化对模型预测精度的影响；广义高斯核函数的形状参数 γ 及非高斯分布的参数 λ 对模型精度的影响，如 RMSE 等，并给出上述参数变化的合理范围；解决隐含层节点数 L 和 AO 算法迭代次数 v 对模型性能的影响，如平均 RMSE 等。

第14章
强化学习

复杂工业过程及智能制造过程中，存在状态和动作的一一对应关系。在实际生产中，针对所出现的异常工况，操作员根据系统当前状态，采取再学习的控制策略，直到达到工艺要求的效果。在机器学习范畴，根据反馈的不同，学习技术可以分为监督学习、非监督学习和强化学习。其中监督学习方法是目前研究较为广泛的一种，该方法需要目标函数对所调参数的一种梯度信息，然而，由于对象的不确定性，这种梯度信息很难得到。另外，在非监督学习中，系统的输入仅包含有环境的状态信息，而不存在与环境的交互。强化学习强调在与环境的交互中学习，可以不需要系统模型而实现无导师的在线学习。强化学习（reinforcement learning，RL）是机器学习的一个重要分支，主要用来解决连续决策的问题，可以在复杂的、不确定的环境中学习如何实现人们设定的目标，适用于复杂工业过程出现的异常工况。

14.1 *Q* 学习

一个 agent（智能体）在任意的环境中如何能学到最优的策略 π^*？直接学习函数 π^*：$S\to A$ 很困难，因为训练数据中没有提供 $\langle S,A\rangle$ 形式的训练样例，作为替代，唯一可用的训练信息是立即回报序列 $r(s_i,a_i),i=0,1,2,\cdots$。如我们将看到的，给定了这种类型的训练信息，更容易的是学习一个定义在状态和动作上的数值评估函数，然后以此评估函数的形式实现最优策略。

agent 应尝试学习什么样的评估函数？很明显的一个选择是 V^*。只要当 $V^*(s_1)>V^*(s_2)$ 时，agent 认为状态 s_1 优于 s_2，因为从 s_1 中可得到较大的立即回报。当然 agent 的策略要选择的是动作而非状态。然而在合适的设定中使用 V^* 也可选择动作。在状态 s 下的最优动作是使立即回报 $r(s,a)$ 加上立即后继状态的 V^* 值（被 γ 折算）最大的动作 a。

$$\pi^*(s)=\underset{a}{\operatorname{argmax}}[r(s,a)+\gamma V^*(\delta(s,a))] \tag{14-1}$$

回忆 $\delta(s,a)$ 代表应用动作 a 到状态 s 的结果状态。因此，agent 可通过学习 V^* 获得最优策略的条件是：它具有立即回报函数 r 和状态转换函数 δ 的完美知识。当 agent 得知了外界环境用来响应动作的函数 r 和 δ 的完美知识，它就可用式（14-1）来计算任意状态下的最优动作。

遗憾的是，只在 agent 具有 r 和 δ 完美知识时，学习 V^* 才是学习最优策略的有效方法。这要求它能完美预测任意状态转换的立即结果（即立即回报和立即后续）。在许多实际的问题中，比如机器人控制，agent 以及它的程序设计者都不可能预先知道应用任意动作到任意状态的确切输出。例如，对于一个用手臂铲土的机器人，当结果状态包含土块的状态时，如何描述 δ 函数？因此当 δ 或 r 都未知时，学习 V^* 是无助于选择最优动作的，因为 agent 不能用式（14-1）进行评估。在更一般的选择中，agent 应使用什么样的评估函数呢？下一节定义的评估函数 Q 提供了答案。

14.1.1 *Q* 函数

评估函数 $Q(s,a)$ 定义为：它的值是从状态 s 开始并使用 a 作为第一个动作时的最大折算累积回报。换言之，Q 的值为从状态 s 执行动作 a 的立即回报加上以后遵循最优策略的值（用γ折算）。

$$Q(s,a)=r(s,a)+\gamma V^*(\delta(s,a)) \tag{14-2}$$

注意：式（14-1）中，当$Q(s,a)$取得最大值时，状态s需对应最优动作a。因此，可将式（14-1）重写为$Q(s,a)$的形式：

$$\pi^*(s)=\underset{a}{\operatorname{argmax}}Q(s,a) \tag{14-3}$$

重写该式为什么很重要？因为它显示了如果agent学习Q函数而不是V^*函数，即使在缺少函数r和δ的知识时，agent也可选择最优动作。式（14-3）清楚地显示出，agent只须考虑其当前的状态s下每个可用的动作a，并选择其中使$Q(s,a)$最大化的动作。

这一点开始看起来令人惊奇，只需对当前状态的Q的局部值重复做出反应，就可选择到全局最优化的动作序列，这意味着agent不须进行前瞻性搜索，不须明确地考虑从此动作得到的状态，就可选择最优动作。Q学习的美妙之处部分在于其评估函数的定义精确地拥有此属性：当前状态和动作的Q值在单个的数值中概括了所有需要的信息，以确定在状态s下选择动作a时在将来会获得的折算累积回报。

14.1.2 Q学习算法

学习Q函数对应于学习最优策略。Q怎样才能被学习到呢？

关键在于要找到一个可靠的方法，只在时间轴上展开的立即回报序列的基础上估计训练值。这可通过迭代逼近的方法完成。为理解怎样完成这一过程 ，注意Q和V^*之间的密切联系：

$$V^{\xi}(s)=\max_{a'}Q(s,a')$$

用它可重写式（14-2）为

$$Q(s,a)=r(s,a)+\gamma\max_{a'}Q(\delta(s,a),a') \tag{14-4}$$

这个Q函数的递归定义提供了迭代逼近Q算法的基础。为描述此算法，我们将使用符号$\hat{Q}$来指代学习器对实际Q函数的估计，或者说假设。在此算法中学习器通过一个大表表示其假设$\hat{Q}$，其中对每个状态-动作对有一表项。状态-动作对〈s，a〉的表项中存储了$\hat{Q}(s,a)$的值，即学习器对实际的但未知的$Q(s,a)$值的当前假设。此表可被初始填充为随机值（当然，如果认为是全0的初始值更易于理解）。agent重复地观察其当前的状态s，选择某动作a，执行此动作，然后观察结果回报$r=r(s,a)$以及新状态$s'=\delta(s,a)$。然后agent遵循每个这样的转换更新$\hat{Q}(s,a)$的表项，按照以下的规则：

$$\hat{Q}(s,a)\leftarrow r+\gamma\max_{a'}\hat{Q}(s',a') \tag{14-5}$$

注意，此训练法则使用agent对新状态s'的当前$\hat{Q}$值来精确其对前一状态s的$\hat{Q}(s,a)$估计。此训练规则是从式（14-4）中得到的，不过此训练值考虑agent的近似$\hat{Q}$，而式（14-4）应用到实际的Q函数。注意，虽然式（14-4）以函数$\delta(s,a)$和$r(s,a)$的形式描述Q，但agent不需要知道这些一般函数来应用式（14-5）的训练规则。相反，它在其环境中执行动作、并观察结果状态s'和回报r。这样，它可被看作是在s和a的当前值上采样。

上述对于确定性马尔科夫决策过程（MDP）的Q学习算法在表14-1中被更精确地描述。使用此算法，agent估计的$\hat{Q}$在极限时收敛到实际Q函数，只要系统可被建模为一个确定性马尔科夫决策过程，回报函数r有界，并且动作的选择可使每个状态-动作对被无限频繁地访问。

表 14-1　在确定性回报和动作假定下的 Q 学习算法

Q 学习算法
对每个 s，a 初始化表项 $\hat{Q}(s, a)$ 为 0
观察当前状态 s
一直重复做：
1）选择一个动作 a 并执行
2）接收到立即回报 r
3）观察新状态 s'
4）对 $\hat{Q}(s,a)$ 按照下式更新表项：

$$\hat{Q}(s,a) \leftarrow r+\gamma \max_{a'} Q(s',a')$$

5）$s \leftarrow s'$

14.1.3　Q 学习算法实例

为说明 Q 学习算法的操作过程，考虑图 14-1 显示的某个 agent 采取的一个动作和对应的对 $\hat{Q}$ 的精化。在此例中，agent 在其格子世界中向右移动一个单元格，并收到此转换的立即回报为 0。然后它应用训练规则式（14-5）来对刚执行的状态-动作转化精确其对 $\hat{Q}$ 的估计。按照训练规则，此转换的新 $\hat{Q}$ 估计为收到的回报（0）与用 $\gamma(0.9)$ 折算的与结果状态相关联的最高 $\hat{Q}$ 值（100）的和。

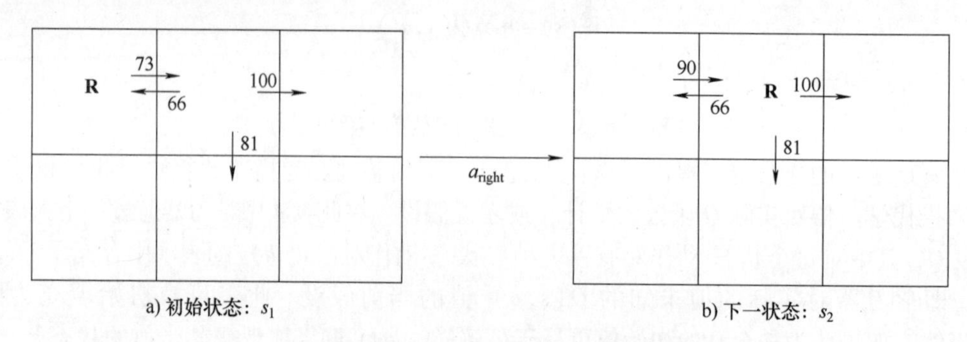

图 14-1　在执行单个动作后对 Q 的更新

$$\hat{Q}(s_1,a_{\text{right}}) \leftarrow r+\gamma \max_{a'} \hat{Q}(s_2,a') \leftarrow 0+0.9\max\{66,81,100\} \leftarrow 90$$

图 14-1a 显示了机器人 **R** 的初始状态 s_1，以及初始假设中几个相关的 $\hat{Q}$ 值。例如 $\hat{Q}(s_1, a_{\text{right}})=72.9$，其中 a_{right} 指代 **R** 向右移动的动作。当机器人执行动作 a_{right} 后，它收到立即回报 $r=0$，并转换到状态 s_2，然后它基于其对新状态 s_2 的 $\hat{Q}$ 估计更新其 $\hat{Q}(s_1,a_{\text{right}})$ 估计，这里 $\gamma=0.9$。

每次 agent 从一旧状态前进到一新状态，Q 学习会从新状态到旧状态向后传播其 $\hat{Q}$ 估计。同时，agent 收到的此转换的立即回报被用于扩大这些传播的 $\hat{Q}$ 值。

14.1.4　Q 学习算法的收敛性

表 14-1 的算法是否会收敛到一个等于真实 Q 函数的 $\hat{Q}$ 值？在特定条件下，回答是肯定

的。首先，需要假定系统为确定性的马尔科夫决策过程。其次，必须假定立即回报值都是有界的，即存在某正常数 c，对所有状态 s 和动作 a，$|r(s,a)|<c$。第三，agent 选择动作的方式为它无限频繁地访问所有可能的状态-动作对。这个条件意味着如果动作 a 是从状态 s 出发的一个合法的动作，那么随着时间的累计，agent 的动作序列逐渐达到无限长。agent 必须以非 0 的频率重复地从状态 s 执行动作 a。注意，这些条件在某种程度上很随意，但有时又相当严格。它们描述了比前一节所举的例子中更简单的设定，因为它们允许环境有任意的正或负回报，并且环境之中可有任意数量的状态-动作转换产生非零回报。这些条件的严格性在于它要求 agent 无限频繁地访问每个不同的状态-动作转换。这在非常大的（甚至是连续的）领域中是很强的假定。我们将在后面讨论更强的收敛结果。本节描述的结果将为理解 Q 学习的运行机制提供直观的理解。

对收敛性证明的关键思路在于，有最大误差的表项 $\hat{Q}(s,a)$ 必须在其更新时将误差按因子 γ 减小。原因在于它的新值的一部分依赖于有误差倾向的 $\hat{Q}$ 估计，其余的部分依赖于无误差的观察到的立即回报 r。

定理 14-1　确定性马尔科夫决策过程中的 Q 学习的收敛性。

考虑一个 Q 学习 agent，在一个存在有界回报 $(\forall s,a)\ |r(s,a)|\leqslant c$ 的确定性 MDP 中，Q 学习 agent 使用式（14-5）的训练规则，将表 $\hat{Q}(s,a)$ 初始化为任意有限值，并且使用折算因子 γ，$0\leqslant\gamma<1$。令 $\hat{Q}_n(s,a)$ 代表在第 n 次更新后 agent 的假设 $\hat{Q}(s,a)$。如果每个状态-动作对都被无限频繁地访问，那么对所有 s 和 a，当 $n\rightarrow\infty$ 时 $\hat{Q}_n(s,a)$ 收敛到 $Q(s,a)$。

14.2　非确定性回报和动作

上面考虑了确定环境下的 Q 学习。这里考虑非确定性情况，其中回报函数 $r(s,a)$ 和动作转换函数 $\delta(s,a)$ 可能有概率的输出。例如，在 Tesauro（1995）的西洋双陆棋对弈程序中，输出的动作具有固有的概率性，因为每次移动需要掷骰子决定。类似地，在有噪声的传感器和效应器的机器人中，将动作和回报建模为非确定性过程较为合适。在这样的情况下，函数 $\delta(s,a)$ 和 $r(s,a)$ 可被看作是首先基于 s 和 a 产生输出的概率分布，然后按此分布抽取随机的输出。当这些概率分布主要依赖于 s 和 a 时（即它们不依赖以前的状态和动作），可称这个系统为非确定性马尔科夫决策过程。

本节中把处理确定问题的 Q 学习算法扩展到非确定性的马尔科夫决策过程。为达到这个目的，我们回顾在确定性情况下的算法推导步骤，在需要时对其做出修正。

在非确定性情况下，我们必须先重新叙述学习器的目标，以考虑动作的输出不再是确定性的情况。很明显，一种一般化的方法是把一个策略 π 的值 V^{π} 重定义为应用此策略时收到折算累积回报的期望值（在这些非确定性输出上）。

$$V^{\pi}(s_t)\equiv E\left[\sum_{i=0}^{\infty}\gamma^{i}r_{t+i}\right]$$

如以前那样，回报序列 r_{t+i} 是从状态 s 开始遵循策略 π 而生成的。同样如以前那样，我们定义最优策略 π^* 为所有状态 s 中使 $V^{\pi}(s)$ 最大化的策略 π。下一步把先前式（14-2）中对 Q 的定义一般化，再一次运用其期望值。

$$\begin{aligned}Q(s,a) &= E[r(s,a)+\gamma V^*(\delta(s,a))] \\ &= E[r(s,a)]+\gamma E[V^*(\delta(s,a))] \\ &= E[r(s,a)]+\gamma\sum_{s'}P(s'\mid s,a)V^*(s')\end{aligned} \tag{14-6}$$

式中，$P(s'\mid s,a)$ 为在状态 s 采取动作 a 会产生下一个状态为 s' 的概率。注意，我们在这里已经使用了 $P(s'\mid s,a)$ 来改写 $V^*(\delta(s,a))$ 的期望值，所用的形式是与概率性的 δ 的可能输出相关联的概率。

如以前一样，可将 Q 重新表达为递归的形式：

$$Q(s,a)=E[r(s,a)]+\gamma\sum_{s'}P(s'\mid s,a)\max_{a'}Q(s',a') \tag{14-7}$$

式（14-7）是式（14-4）的一般形式。概括地说，我们把非确定性情况下的 $Q(s,a)$ 简单地重定义为在确定性情况下定义的量的期望值。

我们已经把 Q 的定义一般化，以适应非确定性环境下的函数 r 和 δ。现在所需要的是一个新训练法则。前面对确定性情形推导的训练法则式（14-7）不能够在非确定性条件下收敛。例如，考虑一个非确定性回报函数 $r(s,a)$，每次重复（s,a）转换时产生不同的回报。这样，即使 $\hat{Q}$ 的表值被初始化为正确的 Q 函数，训练规则仍会不断地改变 $\hat{Q}(s,a)$ 的值。简单地说，此训练规则不收敛。此难题的解决可通过修改训练规则，令其使用当前 $\hat{Q}$ 值和修正估计的一个衰减的加权平均。用 $\hat{Q}_n$ 来代表第 n 次循环中 agent 的估计，下面修改后的训练规则足以保证 $\hat{Q}$ 收敛到 Q：

$$\hat{Q}_n(s,a)\leftarrow(1-a_n)\hat{Q}_{n-1}(s,a)+a_n(r+\gamma\max_{a'}\hat{Q}_{n-1}(s',a')) \tag{14-8}$$

式中，

$$a_n=\frac{1}{1+\text{visits}_n(s,a)} \tag{14-9}$$

式中，s 和 a 为第 n 次循环中更新的状态和动作；$\text{visits}_n(s,a)$ 为此状态-动作对在这 n 次循环内（包括第 n 次循环）被访问的总次数。

在此修正了的规则中，关键思想是对 $\hat{Q}$ 的更新比确定性情况下更为平缓。注意，如果在式（14-8）中把 a_n 设置为 1，可得到确定性情形下的训练规则。使用较小的 a 值，该项可以被当前的 $\hat{Q}(s,a)$ 均化以产生新的更新值。在式（14-9）中 a_n 的值随 n 的增长而减小，因此当训练进行时更新程度逐渐变小。在训练中以一定速率减小 a，可以达到收敛到正确 Q 函数的目的。上面给出的 a_n 的选择是满足收敛性条件的选择之一，它遵循下面的定理。

定理 14-2　对非确定性马尔科夫决策过程的 Q 学习收敛性。

考虑一个 Q 学习 agent 在一个存在有界的回报 $(\forall s,a)\mid r(s,a)\mid\leqslant c$ 的非确定性 MDP 中，此 Q 学习 agent 使用式（14-8）的训练规则，初始化表 $\hat{Q}(s,a)$ 为任意有限值，并且使用折算因子 $0\leqslant\gamma<1$，令 $n(i,s,a)$ 为对应动作 a 第 i 次应用于状态 s 的迭代，如果每个状态-动作对被无限频繁访问，$0\leqslant a_n<1$，并且

$$\sum_{i=1}^{\infty}a_{n(i,s,a)}=\infty\ ,\ \sum_{i=1}^{\infty}[a_{n(i,s,a)}]^2<\infty$$

那么对所有 s 和 a，当 $n\to\infty$ 时 $\hat{Q}_n(s,a)\to Q(s,a)$，概率为 1。

虽然 Q 学习和有关的增强算法可被证明在一定条件下收敛，在使用 Q 学习的实际系统

中，通常需要数以千计的训练循环来达到收敛。例如，Tesauro 的西洋双陆棋对弈使用 150 万个对弈棋局进行训练，每次包括数十个状态-动作转换。

14.3　时间差分算法

Q 学习算法的学习过程是循环地减小对相邻状态的 Q 值的估计之间的差异。在这个意义上，Q 学习是更广泛的时间差分（temporal difference）算法中的特例。时间差分学习算法学习过程是减小 agent 在不同的时间做出估计间的差异。因为式（14-8）的规则减小了对某状态的 $\hat{Q}$ 值估计以及其立即后继的 $\hat{Q}$ 估计之间的差异，也可以设计算法来减小此状态与更远的后继或前趋状态之间的差异。

为进一步探讨这个问题，回忆一下 Q 学习，它的训练规则计算出的 $\hat{Q}(s_t,a_t)$ 的训练值是以 $\hat{Q}(s_{t+1},a_{t+1})$ 表示的，其中 s_{t+1}是应用动作 a_t 到 s_t 的结果。令 $Q^{(1)}(s_t,a_t)$ 为此单步前瞻计算的训练值：

$$Q^{(1)}(s_t,a_t) \equiv r_t+\gamma \max_a \hat{Q}(s_{t+1},a)$$

计算 $Q(s_t,a_t)$ 训练值的另一种方法是基于两步的观察到的回报：

$$Q^{(2)}(s_t,a_t) \equiv r_t+\gamma r_{t+1}+\gamma^2 \max_a \hat{Q}(s_{t+2},a)$$

以及在一般的情况下 n 步的回报：

$$Q^{(n)}(s_t,a_t) \equiv r_t+\gamma r_{t+1}+\cdots+\gamma^{(n-1)} r_{t+n-1}+\gamma^n \max_a \hat{Q}(s_{t+n},a)$$

Sutton（1998）介绍了混合这些不同训练估计的一般方法，称为 TD(λ)。这一想法是使用常量 $0\leqslant\lambda<1$ 来合并从不同前瞻距离中获得的估计，见下式：

$$Q^{\lambda}(s_t,a_t) \equiv (1-\lambda)[Q^{(1)}(s_t,a_t)+\lambda Q^{(2)}(s_t,a_t)+\lambda^2 Q^{(3)}(s_t,a_t)+\cdots]$$

Q^{λ} 的一个等价的递归定义为

$$Q^{\lambda}(s_t,a_t) = r_t+\gamma[(1-\lambda)\max_a \hat{Q}(s_t,a_t)+\lambda Q^{\lambda}(s_{t+1},a_{t+1})]$$

注意，如果选择 $\lambda=0$，则得到原来的训练估计 $Q^{(1)}$，它只考虑 $\hat{Q}$ 估计中的单步差异。当 λ 增大时，此算法重点逐渐转移到更远的前瞻步中。在极端情况 $\lambda=1$ 时，只考虑观察到的 r_{t+i}值，当前的 $\hat{Q}$ 估计对其没有贡献。注意当 $\hat{Q}=Q$ 时，由 Q^{λ} 给出的训练值对于 $0\leqslant\lambda\leqslant1$ 的所有 λ 值都相同。

TD(λ) 方法的动机是，在某些条件下，如果考虑更远的前瞻，训练会更有效。例如，当 agent 遵循最优策略选择动作时，$\lambda=1$ 时的 Q^{λ} 将提供对真实 Q 值的完美估计，不论 $\hat{Q}$ 有多么不精确。另一方面，如果动作序列的选择是次优的，那么对未来的观察 r_{t+i}可能有误导性。

与蒙特卡洛算法比较，时序差分算法是一种实时的算法。蒙特卡洛算法通过对样本轨迹进行采样克服了未知模型造成的困难，将一个无模型强化学习问题转化为一个有模型强化学习问题进行求解。显然，采样越精细得到的结果越准确。但是，蒙特卡洛算法并没有利用 MDP 模型在强化学习中的优势，导致蒙特卡洛算法的计算效率很低。于是，将蒙特卡洛算法结合马尔科夫决策便构成了时序差分（temporal difference，TD）强化学习算法。图 14-2 给出了蒙特卡洛算法的伪代码。

输入：环境 E

动作空间 A

起始状态 x_0

策略执行步数 T_0

过程：

1） $Q(x,a)=0$，$\text{count}(x,a)=0$，$\pi(x,a)=\dfrac{1}{|A(x)|}$；

2） for $n=1, 2, \cdots$do

3） 在 E 中执行策略 π 产生轨迹

$<x_0, a_0, r_1, x_1, a_1, r_2, \cdots, x_{r-1}, a_{r-1}, r_r, x_T>$

4） for $t=0, 1, \cdots, T\text{-}1$ do

5） $R=\dfrac{1}{T-t}\sum_{i=t+1}^{T} r_i$

6） $Q(x_t, a_1)=\dfrac{Q(x_t, a_t)\times \text{count}(x_t, a_t)+R}{|\text{count}(x_t, a_t)+1|}$

7） $\text{count}(x_t, n_t)=\text{count}(x_t, a_t)+1$

8） end for

9） 对所有可见状态 x：

$$\pi(x,a)=\begin{cases}\arg\max\limits_{a} Q(x,a'),\text{以概率}(1-\theta)\\ \text{以均匀概率从} A \text{中选取动作},\text{以概率}\ \theta\end{cases}$$

10） end for

输出：策略 π

图 14-2　蒙特卡洛算法的伪代码

时序差分算法中最有名的算法就是 Q 学习（Q-Learning）算法，在 Q 学习中采用的是一种增量式的计算。这区别于蒙特卡洛算法采样一条轨迹之后再进行更新的方法。在 Q 学习中，通过 Bellman 方程，利用下一个状态的 Q 值可以计算出一个当前状态的 Q 值；计算出来的 Q 值与原来该状态下的 Q 值存在一个差异，这个差异就是 Q 值的增量，通过它就可以更新当前的 Q 值。具体的算法伪代码如图 14-3 所示。

Q 学习算法在实际中有非常多的使用和改进。因此，接下来将举例说明。图 14-4 所示为一座房子的平面图，其中有 5 个房间，分别用 0~4 进行表示（可以看作是 5 个状态），5 号则表示的是房间外面的院子，其中的弧线表示门，处在相关的房间便可以通过它进行穿行（也就是可以进行状态转移）。现在假设有一个扫地机器人处于 Start（开始）位置，也就是 2 号房间，那么请问它到房屋外面的最好的路径是什么？

很明显没有门的房间之间是不能够穿行的，那么扫地机器人的动作（action）就存在一些合理的动作（如从 2 号房间到 3 号房间），同时也存在一些不合理的动作（如从 2 号房间直接到 5 号院子）。因此这样的动作就是需要惩罚的，为了确定最终的路线，给所有的状态之间的转换设定好相应的奖励。如图 14-5 所示，其中纵列的标号表示的是当前所处的房间状态，横行的标号表示的是到达的房间的状态。于是，这个矩阵当中的每一个元素都表示的是采取了对应的动作之后得到的奖励值。为了限制不合理的动作以及停留在原位置，例如从 0 号房间到 1 号房间，因此给它们的奖励设置为-1；为了奖励达到了最终的状态，例如从 4

号房间到了5号院子，将它的奖励值设为100。因此，得到图14-5的动作奖励表。接下来进行 Q 学习的迭代更新。

输入：环境 E

动作空间 A

起始状态 x_0

奖赏折扣 γ

更新步长 α

过程：

1）$Q(x,a)=0$，$\pi(x,a)=\frac{1}{|A(x)|}$

2）$x=x_0$

3）for $t=1, 2, \cdots$ do

4）r，x'=在 E 中执行动作 $\pi^{\theta}(x)$ 产生的奖赏与转移的状态

5）$\alpha'=\pi(x')$

6）$Q(x,a)=Q(x,a)+a(r+\gamma Q(x',a')-Q(x,a))$

7）$\pi(x)=\arg\max_{a''} Q(x,a'')$

8）$x=x'$，$a=a'$

9）end for

输出：策略 π

图14-3 Q 学习算法的伪代码

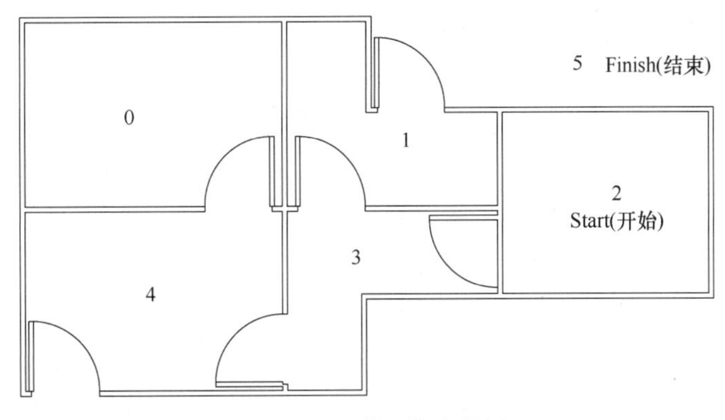

图14-4 Q 学习算法举例

有了上面的条件之后进行算法的迭代。首先，将每一个位置的 Q 值初始化为0，同时，假设这里的折扣因子为0.8，当把 Q 学习中的步长设为1时可以得到

$$Q^*(s,a)=r_s^a+\gamma\max Q(s',a')$$

由于大部分 Q 值都为0，所以，在第一次的迭代中得到和目标位置相关的位置的 Q 值会有较大的更新。例如，$Q(1,5)$ 经过第一次迭代变为100。于是得到，接下来和状态1相关的状态也会得到一个大的更新，例如 $Q(3,1)$ 在第二次迭代时变为80，即 $80=0+0.8\times100$。因此，如此迭代得到一个收敛的 Q 值表，如图14-6所示。

动作

状态 0 1 2 3 4 5

$$R=\begin{array}{c}0\\1\\2\\3\\4\\5\end{array}\begin{pmatrix}-1 & -1 & -1 & -1 & 0 & -1\\ -1 & -1 & -1 & 0 & -1 & 100\\ -1 & -1 & -1 & 0 & -1 & -1\\ -1 & 0 & 0 & -1 & 0 & -1\\ 0 & -1 & -1 & 0 & -1 & 100\\ -1 & 0 & -1 & -1 & 0 & 100\end{pmatrix}$$

图 14-5　动作奖励表

0 1 2 3 4 5

$$Q=\begin{array}{c}0\\1\\2\\3\\4\\5\end{array}\begin{pmatrix}0 & 0 & 0 & 0 & 80 & 0\\ 0 & 0 & 0 & 64 & 0 & 100\\ 0 & 0 & 0 & 64 & 0 & 0\\ 0 & 80 & 51 & 0 & 80 & 0\\ 64 & 0 & 0 & 64 & 0 & 100\\ 0 & 80 & 0 & 0 & 80 & 100\end{pmatrix}$$

图 14-6　多次迭代后的 Q 值表

为进一步理解上面介绍的 Q-learning 算法是如何工作的，下面一步一步地迭代几个 episode（过程）。

首先，取学习参数 $\gamma=0.8$，初始状态为房间 1，并将 $\boldsymbol{Q}$ 初始化为一个零矩阵，如图 14-7。

观察矩阵 $\boldsymbol{R}$ 的第二行（对应房间 1 或状态 1），它包含两个非负值，即当前状态 1 的下一步行为有两种可能，转至状态 3 或转至状态 5，随机地，我们选取转至状态 5，如图 14-8 所示。

0 1 2 3 4 5

$$Q=\begin{array}{c}0\\1\\2\\3\\4\\5\end{array}\begin{pmatrix}0 & 0 & 0 & 0 & 0 & 0\\ 0 & 0 & 0 & 0 & 0 & 0\\ 0 & 0 & 0 & 0 & 0 & 0\\ 0 & 0 & 0 & 0 & 0 & 0\\ 0 & 0 & 0 & 0 & 0 & 0\\ 0 & 0 & 0 & 0 & 0 & 0\end{pmatrix}$$

图 14-7　将 Q 初始化为一个零矩阵

动作

状态 0 1 2 3 4 5

$$R=\begin{array}{c}0\\1\\2\\3\\4\\5\end{array}\begin{pmatrix}-1 & -1 & -1 & -1 & 0 & -1\\ -1 & -1 & -1 & 0 & -1 & 100\\ -1 & -1 & -1 & 0 & -1 & -1\\ -1 & 0 & 0 & -1 & 0 & -1\\ 0 & -1 & -1 & 0 & -1 & 100\\ -1 & 0 & -1 & -1 & 0 & 100\end{pmatrix}$$

图 14-8　动作奖励表

想象一下，当 agent 位于状态 5 以后，会发生什么事情呢？观察矩阵 $\boldsymbol{R}$ 的第六行（对应状态 5），它对应三个可能的行为，转至状态 1，4 或 5，可以得到

$$\begin{aligned}Q(1,5)&=R(1,5)+0.8\times\max\{Q(5,1),Q(5,4),Q(5,5)\}\\&=100+0.8\times\max\{0,0,0\}\\&=100\end{aligned}$$

现在状态 5 变成了当前状态，因为状态 5 即为目标状态，故一次 episode 便完成了，如图 14-9。至此，agent 的“大脑”中的 $\boldsymbol{Q}$ 矩阵刷新为

0 1 2 3 4 5

$$Q=\begin{array}{c}0\\1\\2\\3\\4\\5\end{array}\begin{pmatrix}0 & 0 & 0 & 0 & 0 & 0\\ 0 & 0 & 0 & 0 & 0 & 100\\ 0 & 0 & 0 & 0 & 0 & 0\\ 0 & 0 & 0 & 0 & 0 & 0\\ 0 & 0 & 0 & 0 & 0 & 0\\ 0 & 0 & 0 & 0 & 0 & 0\end{pmatrix}$$

图 14-9　一次 episode 后的 Q 矩阵

接下来，进行下一次的 episode 迭代。首先，随机地选取一个初始状态，这次选取状态 3 作为初始状态。

观察矩阵 **R** 的第四行（对应状态 3），它对应三个可能的行为：转至状态 1、2 或 4。随机地，我们选取转至状态 1，因此观察矩阵 **R** 的第二行（对应状态 1），它对应两个可能的行为，转至状态 3 或 5，有

$$
\begin{aligned}
Q(3,1) &= R(3,1)+0.8\times\max\{Q(1,3),Q(1,5)\}\\
&= 100+0.8\times\max\{0,100\}\\
&= 80
\end{aligned}
$$

注意：上式中的 $Q(1,5)$ 用到了图 14-10 中的刷新值。此时，矩阵 **Q** 变为

$$
\boldsymbol{Q}=\begin{matrix} & \begin{matrix}0 & 1 & 2 & 3 & 4 & 5\end{matrix} \\ \begin{matrix}0\\1\\2\\3\\4\\5\end{matrix} & \begin{pmatrix}0 & 0 & 0 & 0 & 0 & 0\\ 0 & 0 & 0 & 0 & 0 & 100\\ 0 & 0 & 0 & 0 & 0 & 0\\ 0 & 80 & 0 & 0 & 0 & 0\\ 0 & 0 & 0 & 0 & 0 & 0\\ 0 & 0 & 0 & 0 & 0 & 0\end{pmatrix}\end{matrix}
$$

图 14-10 矩阵刷新状态值

现在状态 1 变成了当前状态，因为状态 1 还不是目标状态，因此需要继续往前探索，状态 1 对应两个可能的行为：转至状态 3 或 5，不妨假定我们幸运地选择了状态 5。图 14-11 中，圆圈中的数字表示机器人所处的各个状态，箭头上的值（0 或 100）代表奖励值。

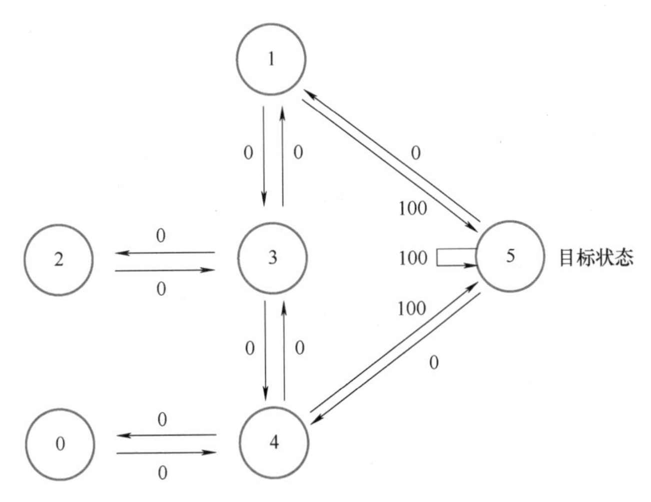

图 14-11 扫地机器人的移动策略

此时，同前面的分析一样，状态 5 有三个可能的行为：转至状态 1，4 或 5，有

$$
\begin{aligned}
Q(1,5) &= R(1,5)+0.8\times\max\{Q(5,1),Q(5,4),Q(5,5)\}\\
&= 100+0.8\times\max\{0,0,0\}\\
&= 100
\end{aligned}
$$

注意，经过上一步刷新，矩阵 $\boldsymbol{Q}$ 并没有发生变化。

因为状态 5 即为目标状态，故这一次 episode 便完成了，至此 agent 的“大脑”中的 $\boldsymbol{Q}$ 矩阵刷新为图 14-12 所示的形式：

$$\boldsymbol{Q}=\begin{array}{c} \\ 0 \\ 1 \\ 2 \\ 3 \\ 4 \\ 5 \end{array}\begin{array}{c} \begin{array}{cccccc} 0 & 1 & 2 & 3 & 4 & 5 \end{array} \\ \begin{pmatrix} 0 & 0 & 0 & 0 & 0 & 0 \\ 0 & 0 & 0 & 0 & 0 & 100 \\ 0 & 0 & 0 & 0 & 0 & 0 \\ 0 & 80 & 0 & 0 & 0 & 0 \\ 0 & 0 & 0 & 0 & 0 & 0 \\ 0 & 0 & 0 & 0 & 0 & 0 \end{pmatrix} \end{array}$$

图 14-12　矩阵刷新状态值

若继续执行更多的 episode，矩阵 $\boldsymbol{Q}$ 将最终收敛成图 14-13 所示的形式：

$$\boldsymbol{Q}=\begin{array}{c} \\ 0 \\ 1 \\ 2 \\ 3 \\ 4 \\ 5 \end{array}\begin{array}{c} \begin{array}{cccccc} 0 & 1 & 2 & 3 & 4 & 5 \end{array} \\ \begin{pmatrix} 0 & 0 & 0 & 0 & 400 & 0 \\ 0 & 0 & 0 & 320 & 0 & 500 \\ 0 & 0 & 0 & 320 & 0 & 0 \\ 0 & 400 & 256 & 0 & 400 & 0 \\ 320 & 0 & 0 & 320 & 0 & 500 \\ 0 & 400 & 0 & 0 & 400 & 500 \end{pmatrix} \end{array}$$

图 14-13　矩阵 $\boldsymbol{Q}$ 收敛值

对其进行规范化，每个非零元素都除以矩阵 $\boldsymbol{Q}$ 的最大元素（这里为 500），可得（这里省略了百分号）图 14-14 所示的形式：

$$\boldsymbol{Q}=\begin{array}{c} \\ 0 \\ 1 \\ 2 \\ 3 \\ 4 \\ 5 \end{array}\begin{array}{c} \begin{array}{cccccc} 0 & 1 & 2 & 3 & 4 & 5 \end{array} \\ \begin{pmatrix} 0 & 0 & 0 & 0 & 80 & 0 \\ 0 & 0 & 0 & 64 & 0 & 100 \\ 0 & 0 & 0 & 64 & 0 & 0 \\ 0 & 80 & 51 & 0 & 80 & 0 \\ 64 & 0 & 0 & 64 & 0 & 100 \\ 0 & 80 & 0 & 0 & 80 & 100 \end{pmatrix} \end{array}$$

图 14-14　规范化后的矩阵 $\boldsymbol{Q}$

一旦矩阵 $\boldsymbol{Q}$ 足够接近于收敛状态，我们的 agent 便学习到了转移至目标状态的最佳路径，只需按照上面结尾时介绍的步骤，即可找到最优的路径，如图 14-15 所示。

例如，从 2 为初始状态，利用 $\boldsymbol{Q}$，可得

1）从状态 2，最大 $\boldsymbol{Q}$ 元素值指向状态 3。

2）从状态 3，最大 $\boldsymbol{Q}$ 元素值指向状态 1 或 4（这里假设我们随机地选择了 1）。

3）从状态 1，最大 $\boldsymbol{Q}$ 元素值指向状态 5。

因此最佳路径的序列为 2-3-1-5。

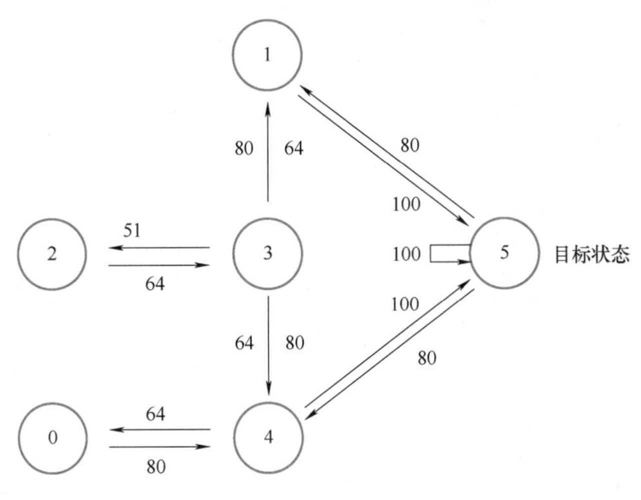

图 14-15 扫地机器人移动的最优路径

14.4 改进 Elman 网络

在大量的强化学习研究中，尤其以 Q 学习应用最广。同时强化学习大多数把系统的状态看作有限集合，采用查表的形式存储和迭代计算状态或行为的值函数。但是在复杂工业过程中，生产过程的状态是大规模或连续的，表格无法表示这些状态，存在状态变量的空间复杂性问题。针对这一问题，常采用 BOX 方法、状态聚类、函数差值、模糊逻辑及神经网络等方法对状态进行离散化或泛化。在采用神经网络方法进行的研究中，使用最多的是 BP 网络。BP 网络是前向网络的一种，其结构简单且易于实现，但是它是一种静态的非线性网络，有可能收敛到局部极小点。因此，它不适合模型未知的非线性动态系统，所以动态神经网络的研究具有重要意义。在动态神经网络中，典型的有 Elman 网络和 Hopfield 网络。由于 Hopfield 网络要求输入模式具有正交性、对称性及“外积法”定理，这些条件有时很难达到，所以 Hopfield 网络的应用受到限制。Elman 网络是一种带有局部反馈的神经网络，它可以很好地实现非线性系统的逼近及对 Q 学习的状态-动作对的 Q 值进行在线实时估计，它除了具有输入层、隐含层、输出层外，还有一个特殊的单元——关联层。其结构单元与通常的多层前馈网络相同，输入层单元仅起信号传输的作用，输出层单元起线性加权和的作用，隐含层单元可由线性或非线性激发函数进行计算，关联层则用来记忆隐含层单元前一时刻的输出值，可认为是一个一步时延算子，它使该网络具有动态的记忆功能。这里的前馈连接部分可进行连接权修正，而递归部分则是固定的，即不能进行学习修正，从而 Elman 网络仅是部分递归的。为了更好地提高递归结构的作用，将输出层单元与隐含层单元进行全反馈连接，因此，本节提出一种改进的 Elman 网络来进行 Q 值函数学习控制，如图 14-16 所示。

图 14-16 中，网络的输入为 $\boldsymbol{x}=[x_1,x_2,\cdots,x_n]^{\mathrm{T}}$，$\boldsymbol{x}_c(t)$ 和 $\boldsymbol{x}_h(t)$ 分别表示关联层和隐含层的输出向量，且均为 m 维。$Q(\boldsymbol{s}_t,\boldsymbol{a}_t)$ 表示输出层的输出，$w_{ji}^1(i=1,\cdots,n;j=1,\cdots,m)$ 为输入层与隐含层的连接权，$w_{jl}^2(i=1,\cdots,n;j=1,\cdots,m)$ 为关联层与隐含层的连接权，

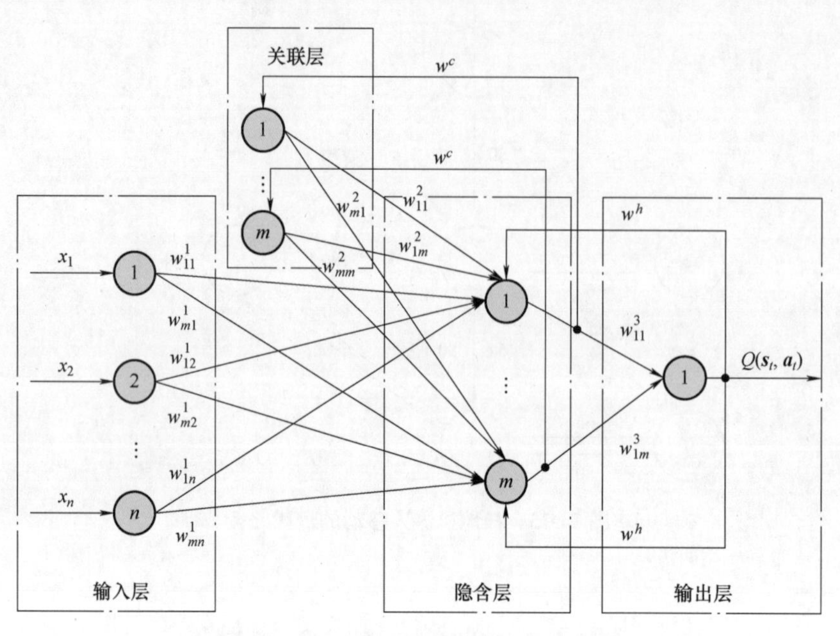

图 14-16　改进的 Elman 网络与 Q 学习网络结构

$w_{1j}^3(j=1,\cdots,m)$ 为隐含层与输出层的连接权，w^c 为隐含层输出与关联层的权值（$w^c=1$），w^h 为输出层输出与隐含层的权值（$w^h=1$）。隐含层的激活函数 $f(x)$ 为 tansig 函数，如式（14-10）所示。输出层 $g(x)$ 为 purelin 线性函数。

$$f(x)=\frac{2}{(1+\mathrm{e}^{(-2x)})}-1 \tag{14-10}$$

因此，各层之间的表达式如下：

$$Q(\boldsymbol{s}_t,\boldsymbol{a}_t)=g(\boldsymbol{w}^3x_h(t)) \tag{14-11}$$

$$x_h(t)=f(\boldsymbol{w}^1x(t-1)+\boldsymbol{w}^2x_c(t)+I_{m\times1}Q(\boldsymbol{s}_{t-1},\boldsymbol{a}_{t-1})) \tag{14-12}$$

$$x_c(t)=x_h(t-1) \tag{14-13}$$

式中，$I_{m\times1}$ 为单位矩阵；$\boldsymbol{w}^1$、$\boldsymbol{w}^2$ 和 $\boldsymbol{w}^3$ 分别为输入层与隐含层的连接权矩阵、关联层与隐含层的连接权矩阵、隐含层与输出层的连接权矩阵。分别如式（14-14）~式（14-16）所示。

$$\boldsymbol{w}^1=\begin{pmatrix} w_{11}^1 & w_{12}^1 & \cdots & w_{1n}^1 \\ \vdots & \vdots & & \vdots \\ w_{m1}^1 & w_{m2}^1 & \cdots & w_{mn}^1 \end{pmatrix} \tag{14-14}$$

$$\boldsymbol{w}^2=\begin{pmatrix} w_{11}^2 & w_{12}^2 & \cdots & w_{1n}^2 \\ \vdots & \vdots & & \vdots \\ w_{m1}^2 & w_{m2}^2 & \cdots & w_{mn}^2 \end{pmatrix} \tag{14-15}$$

$$\boldsymbol{w}^3=(w_{11}^3 \quad w_{12}^3 \quad \cdots \quad w_{1m}^3) \tag{14-16}$$

由于输出层 $g(x)$ 为 purelin 线性函数，所以式（14-11）可以写为

$$Q(\boldsymbol{s}_t,\boldsymbol{a}_t)=\boldsymbol{w}^3x_h(t) \tag{14-17}$$

14.5 基于改进 Elman 网络的 Q 学习控制应用

在生料预分解过程中，当生产处于异常工况时，系统的动力学特性是未知的。此时系统为非确定性马尔科夫决策过程。Q 学习的目的是学习一个控制策略 π，使得未来的时间步内获得的累计折扣回报 $\sum_{i=0}^{\infty}\gamma^{i}r_{t+i}$ 最大。其中，$0\leqslant\gamma<1$ 为折扣因子，它确定了延迟回报与立即回报的相对比例；r_t 为立即回报。学习系统要学习到最优策略，唯一可用的训练信息是回报 r_t，学习系统不用估计环境模型，而是直接优化一个可迭代计算的 Q 函数。

生料异常工况控制器的输入为 $e_c(t)$、$e_{c5}(t)$ 和 $e_{c1}(t)$，输出为给煤量增量 $\Delta u_{c3}(t)$ 和高温风机风门开度增量 $\Delta u_{c4}(t)$。由于 Q 学习控制是状态和动作的一一对应，因此，图 14-16 中的 $\boldsymbol{x}$ 写为 $\boldsymbol{x}=(e_c(t)\ \ e_{c5}(t)\ \ e_{c1}(t)\ \ \Delta u_{c3}(t)\ \ \Delta u_{c4}(t))^{\mathrm{T}}$，其中 $e_c(t)$、$e_{c5}(t)$ 和 $e_{c1}(t)$ 为 Q 学习的状态量，$\Delta u_{c3}(t)$ 和 $\Delta u_{c4}(t)$ 为 Q 学习的一组动作。为了描述方便，向量 $\boldsymbol{x}$ 表述为 $\boldsymbol{x}=(\boldsymbol{s}_t\ \ \boldsymbol{a}_t)^{\mathrm{T}}\in\boldsymbol{R}^5$，表示在时刻 t 时的状态-动作对，其中 $\boldsymbol{s}_t=(s_1\ \ s_2\ \ s_3)^{\mathrm{T}}\in\boldsymbol{R}^3$ 表示三维系统状态变量，$\boldsymbol{a}_t=(a_1\ \ a_2)^{\mathrm{T}}\in\boldsymbol{R}^2$ 表示二维动作向量，网络输出由 1 个节点组成，且描述为 $Q(\boldsymbol{s}_t\ \ \boldsymbol{a}_t)\in\boldsymbol{R}$。

给定一个策略 π，Watkins 定义 Q 函数为在状态 s_t 时，执行动作 a_t 及后续策略 π 下的回报折扣和的数学期望，即

$$Q^{\pi}(\boldsymbol{s}_t,\boldsymbol{a}_t)=r(\boldsymbol{s}_t,\boldsymbol{a}_t)+\gamma\sum_{\boldsymbol{s}_{t+1}\in\boldsymbol{S}}\boldsymbol{p}(\boldsymbol{s}_t,\boldsymbol{a}_t,\boldsymbol{s}_{t+1})V^{\pi}(\boldsymbol{s}_{t+1})\tag{14-18}$$

式中，$V^{\pi}(\boldsymbol{s})=\max\limits_{\boldsymbol{a}\in\boldsymbol{A}}Q^{\pi}(\boldsymbol{s},\boldsymbol{a})$，$\boldsymbol{A}$ 为动作集；$r(\boldsymbol{s}_t,\boldsymbol{a}_t)$ 为在状态 $\boldsymbol{s}_t$ 选择动作 $\boldsymbol{a}_t$ 的立即回报；$\boldsymbol{p}(\boldsymbol{s}_t,\boldsymbol{a}_t,\boldsymbol{s}_{t+1})$ 为系统在状态 $\boldsymbol{s}_t$ 选择动作 $\boldsymbol{a}_t$，收到立即回报 $\boldsymbol{r}_t$，并使系统转移到下一个状态 $\boldsymbol{s}_{t+1}$ 的转移概率。

Q 学习就是要在过程特性未知的情况下估计最优策略的 Q 值，在线 Q 学习方法的实现是按式（14-19）递推公式进行的。

$$Q_{t+1}(\boldsymbol{s},\boldsymbol{a})=(1-\delta)Q_t(\boldsymbol{s},\boldsymbol{a})+\eta\left(r+\gamma\sum_{\boldsymbol{a}_{t+1}}p(\boldsymbol{s}_t,\boldsymbol{a}_t,\boldsymbol{s}_{t+1})V^{\pi}(\boldsymbol{s}_{t+1})\right)\tag{14-19}$$

式中，η 为学习速率，可以由式（14-20）表示：

$$\eta=\frac{1}{1+\mathrm{visits}_n(\boldsymbol{s},\boldsymbol{a})}\tag{14-20}$$

式中，$\boldsymbol{s}$ 和 $\boldsymbol{a}$ 为第 n 次循环中更新的状态和动作；$\mathrm{visits}_n(\boldsymbol{s},\boldsymbol{a})$ 为此状态-动作对在这 n 次循环内（包括第 n 次循环）被访问的总次数。Watkins 证明了 η 满足式（14-20）的选择时，二元组（$\boldsymbol{s},\boldsymbol{a}$）用式（14-19）进行无穷多次迭代，则当 $t\to\infty$ 时，$Q_t(\boldsymbol{s},\boldsymbol{a})$ 以概率 1 收敛到最优策略 $Q^*(\boldsymbol{s},\boldsymbol{a})$。

基于改进 Elman 网络的 Q 学习网络结构如图 14-16 所示，则网络的输出如式（14-21）所示。

$$Q(\boldsymbol{s}_t,\boldsymbol{a}_t)=\sum_{j=1}^{m}w_{1j}^{3}x_{hj}(t)$$

$$= \sum_{j=1}^{m} w_{1j}^{3} \cdot f\left(\sum_{i=1}^{n} w_{ji}^{1} x_i(t-1) + \sum_{l=1}^{m} w_{jl}^{2} x_{cl}(t) + I_{m\times 1} Q(t-1)\right)$$

$$= \sum_{j=1}^{m} w_{1j}^{3} \cdot f\left(\sum_{i=1}^{n} w_{ji}^{1} x_i(t-1) + \sum_{l=1}^{m} w_{jl}^{2} x_{hl}(t-1) + I_{j\times 1} w_{1j}^{3} x_{hj}(t-1)\right) \tag{14-21}$$

式中，w_{ji}^1、w_{jl}^2和 w_{1j}^3分别表示输入层与隐含层、隐含层与连接层以及隐含层与输出层之间的连接权值；$x_{hl}(t-1)$ 和 $x_{hj}(t-1)$ 分别为隐含层第 l 个和第 j 个神经元 $t-1$ 时刻的输出，隐含层节点数为 m 个，根据生料异常工况控制器的输入为 $e_c(t)$、$e_{c5}(t)$ 和 $e_{c1}(t)$，输出为给煤量增量 $\Delta u_{c3}(t)$ 和高温风机风门开度增量 $\Delta u_{c4}(t)$，取 $n=5$。

针对式（14-21）的 Q 值，当系统处于状态 s_t 时，如何选择动作 a_k 是能否获得最优策略的关键，因此，采用近似贪心且连续可微的 Boltzmann-Gibbs（玻尔兹曼-吉布斯）分布作为动作选择策略，则动作 a_k 被选择的概率为

$$P(\boldsymbol{a}_t=\boldsymbol{a}_k \mid \boldsymbol{s}_t)=\frac{\exp(Q(\boldsymbol{s}_t,\boldsymbol{a}_t)/T_t)}{\sum_{a}\exp(Q(\boldsymbol{s}_t,\boldsymbol{a})/T_t)} \tag{14-22}$$

其中 $T_t>0$ 为温度参数。为了提高学习的速度，采用式（14-23）进行温度值的动态调整，即在学习的初期选择较大的温度，以保证动作选择的随机性较大，增加搜索能力，在学习的过程中逐渐降低温度，保证以前的学习效果不被破坏。

$$\begin{cases} T_0 = T_{\max} \\ T_{t+1} = T_{\min} + \xi(T_t - T_{\min}) \end{cases} \tag{14-23}$$

式中，$0\leqslant\xi<1$ 为退火因子；$T_{\min}$ 和 $T_{\max}$ 分别为温度参数的最小值和最大值。

采用上面动作集 $\boldsymbol{A}$ 中概率大的动作 a_k 作用于状态 s_t 上，必须知道 Elman 网络的权值才能根据式（14-21）计算 $Q(\boldsymbol{s}_t,\boldsymbol{a}_t)$ 值。因此这里采用最速下降梯度法对 Elman 网络的权值（包括输入层与隐含层之间的连接权值 $w_{ji}^1(i=1,\cdots,n;j=1,\cdots,m)$、关联层与隐含层之间的连接权值 $w_{ji}^2(j=1,\cdots,m;l=1,\cdots,m)$ 以及隐含层与输出层之间的连接权值 $w_{1j}^3(j=1,\cdots,m)$ 进行学习。Q 学习算法的学习过程是循环地减小对相邻状态-动作的 Q 值估计之间的差异，在这个意义上，Q 学习是更广泛的时间差分（temporal difference，TD）算法中的特例。定义 TD 误差为

$$\delta_{\mathrm{TD}}(t)=r_t+\gamma Q(\boldsymbol{s}_{t+1},\boldsymbol{a}_{t+1})-Q(\boldsymbol{s}_t,\boldsymbol{a}_t) \tag{14-24}$$

式中，$\delta_{\mathrm{TD}}(t)$ 表示 TD 误差；r_t 为立即回报；$0\leqslant\gamma<1$ 为折扣因子，它确定了延迟回报与立即回报的相对比例。

采用如式（14-25）所示的 TD 误差的平方和作为网络权值更新的规则。

$$E(t)=\frac{1}{2}\delta_{\mathrm{TD}}^2(t) \tag{14-25}$$

下面以输入层与隐含层之间连接权值 $w_{ji}^1(i=1,\cdots,n;j=1,\cdots,m)$ 更新为例，输入层与隐含层之间的连接权值 $w_{ji}^1(i=1,\cdots,n;j=1,\cdots,m)$ 表示为

$$w_{ji}^1(t+1)=w_{ji}^1(t)-\Delta w_{ji}^1(t) \tag{14-26}$$

式中，$\Delta w_{ji}^1(t)$ 为第 i 个输入对隐含层第 j 个神经元网络权值的更新，如式（14-27）所示。

$$\Delta w_{ji}^1(t)=-\alpha \boldsymbol{g}_{ji}^1(t) \tag{14-27}$$

式中，α 为网络权值的学习速率；$\boldsymbol{g}_{ji}^{1}(t)$ 为梯度向量，如式（14-28）。

$$\boldsymbol{g}_{ji}^{1}(t)=\frac{\partial E(t)}{\partial w_{ji}^{1}(t)} \tag{14-28}$$

根据式（14-24）、式（14-25）和式（14-28），式（14-27）可以表达为

$$\begin{aligned}\Delta w_{ji}^{1}(t)&=-\alpha\frac{\partial E(t)}{\partial w_{ji}^{1}(t)}\\&=\alpha\delta_{\mathrm{TD}}(t)\frac{\partial Q(\boldsymbol{s}_t,\boldsymbol{a}_t)}{\partial w_{ji}^{1}(t)}\\&=\alpha(r_t+\gamma Q(\boldsymbol{s}_{t+1},\boldsymbol{a}_{t+1})-Q(\boldsymbol{s}_t,\boldsymbol{a}_t))\frac{\partial Q(\boldsymbol{s}_t,\boldsymbol{a}_t)}{\partial w_{ji}^{1}(t)}\end{aligned} \tag{14-29}$$

式中，$\frac{\partial Q(\boldsymbol{s}_t,\boldsymbol{a}_t)}{\partial w_{ji}^{1}(t)}$可由式（14-21）递推求得。

同理可以求解出关联层与隐含层之间的连接权值的更新 $\Delta w_{jl}^{2}(t)(j=1,\cdots,m;l=1,\cdots,m)$ 以及隐含层与输出层之间的连接权值的更新 $\Delta w_{1j}^{3}(j=1,\cdots,m)$，分别如式（14-30）和式（14-31）所示。

$$\begin{aligned}\Delta w_{ji}^{2}(t)&=-\alpha\frac{\partial E(t)}{\partial w_{ji}^{2}(t)}\\&=\alpha\delta_{\mathrm{TD}}(t)\frac{\partial Q(\boldsymbol{s}_t,\boldsymbol{a}_t)}{\partial w_{ji}^{2}(t)}\\&=\alpha(r_t+\gamma Q(\boldsymbol{s}_{t+1},\boldsymbol{a}_{t+1})-Q(\boldsymbol{s}_t,\boldsymbol{a}_t))\frac{\partial Q(\boldsymbol{s}_t,\boldsymbol{a}_t)}{\partial w_{ji}^{2}(t)}\end{aligned} \tag{14-30}$$

$$\begin{aligned}\Delta w_{1j}^{3}(t)&=-\alpha\frac{\partial E(t)}{\partial w_{1j}^{3}(t)}\\&=\alpha\delta_{\mathrm{TD}}(t)\frac{\partial Q(\boldsymbol{s}_t,\boldsymbol{a}_t)}{\partial w_{1j}^{3}(t)}\\&=\alpha(r_t+\gamma Q(\boldsymbol{s}_{t+1},\boldsymbol{a}_{t+1})-Q(\boldsymbol{s}_t,\boldsymbol{a}_t))\frac{\partial Q(\boldsymbol{s}_t,\boldsymbol{a}_t)}{\partial w_{1j}^{3}(t)}\end{aligned} \tag{14-31}$$

式中，$\frac{\partial Q(\boldsymbol{s}_t,\boldsymbol{a}_t)}{\partial w_{jl}^{2}(t)}$和$\frac{\partial Q(\boldsymbol{s}_t,\boldsymbol{a}_t)}{\partial w_{1j}^{3}}$可由式（14-21）递推求得。则关联层与隐含层之间的连接权值 $w_{jl}^{2}(t)(j=1,\cdots,m;l=1,\cdots,m)$ 和隐含层与输出层之间的连接权值 $w_{1j}^{3}(t+1)(j=1,\cdots,m)$ 分别如式（14-32）和式（14-33）所示。

$$w_{jl}^{2}(t+1)=w_{jl}^{2}(t)-\Delta w_{jl}^{2}(t) \tag{14-32}$$

$$w_{1j}^{3}(t+1)=w_{1j}^{3}(t)-\Delta w_{1j}^{3}(t) \tag{14-33}$$

其中 $\Delta w_{jt}^{2}(t)$ 和 Δw_{1j}^{3}如式（14-30）和式（14-31）所示。

下面详细介绍基于改进 Elam 网络的 Q 学习控制器算法步骤：

1）初始化系统的状态和学习控制器参数，包括网络权值 $w^{1}(0)$、$w^{2}(0)$ 和 $w^{3}(0)$，学习率 $\boldsymbol{\eta}$ 和 α、折扣因子 γ、退火因子 ξ、温度参数 $T_{\min}$和 $T_{\max}$。

2）检测当前状态 s_t。

3）将状态-动作对（$\boldsymbol{s}_t,\boldsymbol{a}_t$）作为 Elman 网络的输入，由式（14-21）计算网络的输出 $Q(\boldsymbol{s}_t,\boldsymbol{a}_t)$，$\forall \boldsymbol{a}\in \boldsymbol{A}$。

4）根据式（14-22）计算概率分布，选择一个动作 $\boldsymbol{a}_t$ 作用于系统。

5）对被选择的动作 $\boldsymbol{a}_t$，根据式（14-21）计算$\dfrac{\partial Q(\boldsymbol{s}_t,\boldsymbol{a}_t)}{\partial w_{ji}^1(t)}$、$\dfrac{\partial Q(\boldsymbol{s}_t,\boldsymbol{a}_t)}{\partial w_{jl}^2(t)}$和$\dfrac{\partial Q(\boldsymbol{s}_t,\boldsymbol{a}_t)}{\partial w_{1j}^3}$，观察新状态 s_{t+1}和立即回报 r_t。

6）应用（$\boldsymbol{s}_{t+1},\boldsymbol{a}_t$）作为 Elman 网络的输入，由式（14-21）计算网络的输出 $Q(\boldsymbol{s}_{t+1},\boldsymbol{a}_t)$，$\forall \boldsymbol{a}_t\in \boldsymbol{A}$。

7）根据式（14-22）计算概率分布，选择下一动作 $\boldsymbol{a}_{t+1}$ 作用于系统。

8）根据式（14-29）、式（14-30）和式（14-31）更新网络的权值。

9）若满足学习结束条件，结束；否则，$t\leftarrow t+1$，转到步骤 2。

第15章 机器人轨迹跟踪学习控制

迭代学习控制是迭代修正达到某种控制目标的改善，它的算法较为简单，且能在给定的时间范围内实现未知对象实际运行轨迹以高精度跟踪给定期望轨迹，且不依赖系统的精确数学模型，因而一经推出，就在控制领域得到了广泛的运用。

15.1 迭代学习控制方法介绍

迭代学习控制（iterative learning control，ILC）是智能控制中具有严格数学描述的一个分支。1984 年，Arimoto 等人提出了迭代学习控制的概念，该控制方法适合于具有重复运动性质的被控对象，它不依赖于系统的精确数学模型，能以非常简单的方式处理不确定度相当高的非线性强耦合动态系统。目前，迭代学习控制在学习算法、收敛性、鲁棒性、学习速度及工程应用研究上取得了巨大的进展。

近年来，迭代学习控制理论和应用在国外得到快速发展，取得了许多成果。在国内，迭代学习控制理论也得到广泛的重视，有许多重要著作出版，发表了许多综述性论文。

15.2 迭代学习控制基本原理

设被控对象的动态过程为

$$\dot{\boldsymbol{x}}(t)=f(\boldsymbol{x}(t),\boldsymbol{u}(t),t),\quad \boldsymbol{y}(t)=g(\boldsymbol{x}(t),\boldsymbol{u}(t),t) \tag{15-1}$$

式中，$\boldsymbol{x}\in R^n$，$\boldsymbol{y}\in R^m$，$\boldsymbol{u}\in R^r$ 分别为系统的状态、输出变量和输入变量；$f(\cdot)$、$g(\cdot)$ 为适当维数的向量函数，其结构与参数均未知。若期望控制 $u_{\mathrm{d}}(t)$ 存在，则迭代学习的控制目标为：给定期望输出 $y_{\mathrm{d}}(t)$ 和每次运行的初始状态 $x_k(0)$，要求在给定的时间 $t\in[0,T]$ 内，按照一定的学习控制算法通过多次重复的运行，使控制输入 $u_k(t)\to u_{\mathrm{d}}(t)$，而系统输出 $y_k(t)\to y_{\mathrm{d}}(t)$。第 k 次运行时，式（15-1）表示为

$$\dot{\boldsymbol{x}}_k(t)=f(\boldsymbol{x}_k(t),\boldsymbol{u}_k(t),t),\quad \boldsymbol{y}_k(t)=g(\boldsymbol{x}_k(t),\boldsymbol{u}_k(t),t) \tag{15-2}$$

跟踪误差为

$$\boldsymbol{e}_k(t)=\boldsymbol{y}_{\mathrm{d}}(t)-\boldsymbol{y}_k(t) \tag{15-3}$$

迭代学习控制可分为以下开环学习和闭环学习两种方法：

1）开环学习的控制方法是：第 $k+1$ 次的控制等于第 k 次控制再加上第 k 次输出误差的校正项，即

$$\boldsymbol{u}_{k+1}(t)=L(\boldsymbol{u}_k(t),\boldsymbol{e}_k(t)) \tag{15-4}$$

式中，L 为线性或非线性算子。

2）闭环学习的控制方法是：取第 $k+1$ 次运行的误差作为学习的修正项，即

$$\boldsymbol{u}_{k+1}(t)=L(\boldsymbol{u}_k(t),\boldsymbol{e}_{k+1}(t)) \tag{15-5}$$

15.3 迭代学习控制算法

Arimoto 等人首先给出了线性时变连续系统的 D 型迭代学习控制律。

$$\boldsymbol{v}_{k+1}(t)=\boldsymbol{u}_k(t)+\boldsymbol{\Gamma}\dot{\boldsymbol{e}}_k(t) \tag{15-6}$$

式中，$\boldsymbol{\Gamma}$ 为常数增益矩阵。在 D 型算法的基础上，相继出现了 P 型、PI 型、PD 型迭代学习控制律。从一般意义来看它们都是 PID 型迭代学习控制的特殊形式，PID 迭代学习控制律表示为

$$\boldsymbol{u}_{k+1}(t)=\boldsymbol{u}_k(t)+\boldsymbol{\Gamma}\dot{\boldsymbol{e}}_k(t)+\boldsymbol{\Phi}\boldsymbol{e}_k(t)+\boldsymbol{\psi}\int_0^t\boldsymbol{e}_k(\tau)\mathrm{d}\tau \tag{15-7}$$

式中，$\boldsymbol{\Gamma}$、$\boldsymbol{\Phi}$、$\boldsymbol{\psi}$ 为学习增益矩阵。算法中的误差信息使用 $\boldsymbol{e}_k(t)$，称为**开环迭代学习控制**，如果使用 $\boldsymbol{e}_{k+1}(t)$ 则称为**闭环迭代学习控制**，如果同时使用 $\boldsymbol{e}_k(t)$ 和 $\boldsymbol{e}_{k+1}(t)$ 则称为**开闭环迭代学习控制**。

此外，还有高阶迭代学习控制算法、最优迭代学习控制算法、遗忘因子迭代学习控制算法和反馈-前馈迭代学习控制算法等。

15.4　迭代学习控制主要学习方法

学习算法的收敛性分析是迭代学习控制的核心问题，这方面的研究成果很丰富。

15.4.1　迭代学习控制收敛性分析的方法

对于如下线性离散系统：

$$\begin{cases}\boldsymbol{x}(t+1)=\boldsymbol{A}\boldsymbol{x}(t)+\boldsymbol{B}\boldsymbol{u}(t)\\ \boldsymbol{y}(t)=\boldsymbol{C}\boldsymbol{x}(t)\end{cases} \tag{15-8}$$

迭代学习控制算法为

$$\boldsymbol{u}_{k+1}(t)=\boldsymbol{u}_k(t)+\boldsymbol{\Gamma}\dot{\boldsymbol{e}}_k(t+1) \tag{15-9}$$

针对学习算法式（15-9）的收敛性，有以下两种分析方法：

1）压缩映射方法：即系统要求满足全局 Lipschitz 条件和相同的初始条件，如果 $\|\boldsymbol{I}-\boldsymbol{CB\Gamma}\|<1$，则有

$$\|\boldsymbol{e}_{k+1}\|=\|(\boldsymbol{I}-\boldsymbol{CB\Gamma})\boldsymbol{e}_k\|<\|\boldsymbol{I}-\boldsymbol{CB\Gamma}\|\,\|\boldsymbol{e}_k\|<\|\boldsymbol{e}_k\| \tag{15-10}$$

此时算法是单调收敛的。该方法依赖于范数的选择，常用的有 l_1 范数、l_2 范数、l_∞ 范数及 λ 范数。在收敛证明过程中常用到 Bellman-Gronwall（贝尔曼-格朗沃尔）引理。

2）谱半径条件法：如果谱半径 ρ 满足 $\rho(\boldsymbol{I}-\boldsymbol{CB\Gamma})\leqslant\rho<1$，则有

$$\lim_{k\to\infty}\|\boldsymbol{e}_k\|=\lim_{k\to\infty}\|(\boldsymbol{I}-\boldsymbol{CB\Gamma})\boldsymbol{e}_k\|=\lim_{k\to\infty}\rho(\boldsymbol{I}-\boldsymbol{CB\Gamma})^k\|\boldsymbol{e}_k\| \tag{15-11}$$

即 $\lim\limits_{k\to\infty}\|\boldsymbol{e}_k\|=0$。

15.4.2　基于 2-D 理论的分析方法

迭代学习控制系统的学习按两个相互独立的方向进行：时间轴方向和迭代次数轴方向，因此迭代学习过程本质上是二维系统，可利用成熟的 2-D 理论系统地研究和分析时间域的稳定性和迭代次数域的收敛性问题。2-D 系统的稳定性理论为迭代学习控制的收敛性证明提供了一种非常有效的方法，2-D 系统理论中的 Roesser（罗瑟）模型成为迭代学习控制中最基

本的分析模型。

15.4.3 基于 Lyapunov 直接法的设计方法

Lyapunov 直接法已广泛用于非线性动态系统的控制器设计和分析中，在研究非线性不确定系统时，该方法是最重要的应用工具之一。受 Lyapunov 直接法的启发，在时间域和迭代域能量函数的概念得到研究，它为学习控制在迭代域设计和收敛性分析方面提供了一种新的研究方法。

在迭代域能量函数的迭代学习控制方法基础上，发展了鲁棒和自适应迭代学习控制，可解决具有参数或非参数不确定性非线性系统控制器的设计问题。近年来反映时间域和迭代域系统能量的组合能量函数方法也应用于迭代学习控制，它可保证在迭代域跟踪误差的渐近收敛以及在时间域具有界和逐点跟踪的动态特性，并且控制输入在整个迭代区间内是范数收敛的，适用于一类不具有全局 Lpschitz（利普希茨）条件的非线性系统。通过能量函数的方法，许多新的控制方法如反演设计和非线性优化方法都作为系统设计工具应用到迭代学习控制中。此外，还有最优化分析方法、频域分析法等分析方法。

15.5 迭代学习控制的关键技术

15.5.1 学习算法的稳定性和收敛性

稳定性和收敛性是研究当学习律与被控系统满足什么条件时，迭代学习控制过程才是稳定收敛的。算法的稳定性保证了随着学习次数的增加，控制系统不发散，但是对于学习控制系统而言，仅仅稳定是没有实际意义的，只有使学习过程收敛到真值，才能保证得到的控制为某种意义下最优的控制。收敛是对学习控制的最基本要求，多数学者在提出新的学习律的同时，基于被控对象的一些假设，给出了收敛的条件。例如，Arimoto 在最初提出 PID 型学习控制律时，仅针对线性系统在 D 型学习律下的稳定性和收敛条件作了证明。

15.5.2 初始值问题

运用迭代学习控制技术设计控制器时，只需要通过重复操作获得受控对象的误差或误差导数信号。在这种控制技术中，迭代学习总要从某初始点开始，初始点指初始状态或初始输出。几乎所有的收敛性证明都要求初始条件是相同的。解决迭代学习控制理论中的初始条件问题一直是人们追求的目标之一。目前已提出的迭代学习控制算法大多数要求被控系统每次运行时的初始状态在期望轨迹对应的初始状态上，即满足初始条件：

$$x_k(0)=x_{\mathrm{d}}(0),\ k=0,1,2,\cdots \tag{15-12}$$

当系统的初始状态不在期望轨迹上，而在期望轨迹的某一很小的邻域内时，通常把这类问题归结为学习控制的鲁棒性问题研究。

15.5.3 学习速度问题

在迭代学习算法研究中，其收敛条件基本上都是在学习次数 $k\to\infty$ 下给出的。而在实际应用场合，学习次数 $k\to\infty$ 显然是没有任何实际意义的。因此，如何使迭代学习过程更快地收敛于期望值是迭代学习控制研究中的另一个重要问题。

ILC 本质上是一种前馈控制技术，大部分学习律尽管证明了学习收敛的充分条件，但收敛速度还是很慢。可利用多次学习过程中得到的知识来改进后续学习过程的速度，例如，采用高阶迭代控制算法、带遗忘因子的学习律、利用当前项或反馈配置等方法来构造学习律，可使收敛速度大大加快。

15.5.4　鲁棒性问题

迭代学习控制理论的提出有浓厚的工程背景，因此仅仅在无干扰条件下讨论收敛性问题是不够的，还应讨论存在各种干扰的情形下系统的跟踪性能。一个实际运行的迭代学习控制系统除了存在初始偏移外，还或多或少存在状态扰动、测量噪声、输入扰动等各种干扰。鲁棒性问题讨论存在各种干扰时迭代学习控制系统的跟踪性能。具体地说，一个迭代学习控制系统是鲁棒的，指系统在各种有界干扰的影响下，其迭代轨迹能收敛到期望轨迹的邻域内，而当这些干扰消除时，迭代轨迹会收敛到期望轨迹。

15.6　任意初始状态下的迭代学习控制

下面介绍一种任意初始状态下的学习控制方法及其仿真设计方法。

15.6.1　问题的提出

假设一种系统为

$$\begin{cases}\dot{\boldsymbol{x}}(t)=\boldsymbol{A}\boldsymbol{x}(t)+\boldsymbol{B}\boldsymbol{u}(t)\\ \boldsymbol{y}(t)=\boldsymbol{C}\boldsymbol{x}(t)\\ \boldsymbol{x}(t_0)=\boldsymbol{x}(0)\end{cases}\tag{15-13}$$

式中，$\boldsymbol{x}(t)\in\mathbf{R}^n$；$\boldsymbol{u}(t)$，$\boldsymbol{y}(t)\in\mathbf{R}^m$；$\boldsymbol{A}$，$\boldsymbol{B}$，$\boldsymbol{C}$ 为相应维数的常量矩阵且满足假设：

$$\operatorname{rank}(\boldsymbol{CB})=m\tag{15-14}$$

设系统所要跟踪的期望轨迹为 $\boldsymbol{y}_{\mathrm{d}}(t),t\in[0,T]$。系统第 i 次输出为 $\boldsymbol{y}_i(t)$，令 $\boldsymbol{e}_i(t)=\boldsymbol{y}_{\mathrm{d}}(t)-\boldsymbol{y}_i(t)$。

在学习开始时，系统的初始状态为 $x_0(0)$，初始控制输入为 $\boldsymbol{u}_0(t)$。学习控制的任务为已知第 i 次运动的 $\boldsymbol{u}_i(t)$、$\boldsymbol{x}_i(t)$ 和 $\boldsymbol{e}_i(t)$，通过学习控制律设计 $\boldsymbol{u}_{i+1}(t)$ 和 $\boldsymbol{x}_{i+1}(t)$，使第 $i+1$ 次运动误差 $\boldsymbol{e}_{i+1}(t)$ 减小。

15.6.2　控制器的设计

首先介绍范数如下：

$$\|\boldsymbol{e}(t)\|_{\infty}=\max_{1\leqslant i\leqslant m}|e^{(i)}(t)|\tag{15-15}$$

$$\|\boldsymbol{G}\|_{\infty}=\max_{1\leqslant i\leqslant m}\left\{\sum_{j=1}^{m}|g^{(i,j)}|\right\}\tag{15-16}$$

$$\|\boldsymbol{e}(t)\|_2=\sup_{1\leqslant t\leqslant T}\{\exp(-\lambda t)\|\boldsymbol{e}(t)\|_\infty\} \tag{15-17}$$

式中，$e^{(i)}(t)$ 为 $\boldsymbol{e}(t)\in\mathbf{R}^m$ 中的第 i 个元素；$g^{(i,j)}$ 是 $\boldsymbol{G}\in\mathbf{R}^{m\times m}$ 中的第 i，j 个元素，$\lambda>0$。

学习控制律及初始状态学习律分别为

$$\boldsymbol{u}_{i+1}(t)=\boldsymbol{u}_i(t)+\boldsymbol{L}\dot{\boldsymbol{e}}_i(t) \tag{15-18}$$

$$\boldsymbol{x}_{i+1}(0)=\boldsymbol{x}_i(0)+\boldsymbol{BL}e_t(0) \tag{15-19}$$

式中，$\boldsymbol{L}\in\mathbf{R}^{m\times m}$ 为常阵。

定理 15-1　若学习控制律式（15-18）及初始状态学习律式（15-19）满足以下条件：

1）$\boldsymbol{u}_0(t)$ 在 $[0,T]$ 上连续，$y_{\mathrm{d}}(t)$ 在 $[0,T]$ 上连续可微。

2）$\|\boldsymbol{I}_\infty-\boldsymbol{CBL}\|<1$。

则当 $i\to\infty$ 时，有

$$y_i(t)\to y_{\mathrm{d}}(t),\ t\in[0,T] \tag{15-20}$$

下面给出该定理的详细分析过程。

式（15-13）的解为

$$\boldsymbol{x}(t)=\exp(\boldsymbol{A}t)\boldsymbol{x}(0)+\int_0^t\exp(\boldsymbol{A}(t-\tau))\boldsymbol{Bu}(t)\,\mathrm{d}\tau$$

则

$$\boldsymbol{x}_{i+1}(t)=\exp(\boldsymbol{A}t)\boldsymbol{x}_{i+1}(0)+\int_0^t\exp(\boldsymbol{A}(t-\tau))\boldsymbol{Bu}_{i+1}(t)\,\mathrm{d}\tau$$

将式（15-18）和式（15-19）代入上式，得

$$\boldsymbol{x}_{i+1}(t)=\exp(\boldsymbol{A}t)(\boldsymbol{x}_i(0)+\boldsymbol{BLe}_i(0))+\int_0^t\exp(\boldsymbol{A}(t-\tau))(\boldsymbol{Bu}_i(t)+\boldsymbol{BL}\dot{\boldsymbol{e}}_i(t))\,\mathrm{d}\tau$$

则

$$\begin{aligned}\boldsymbol{e}_{i+1}(t)&=\boldsymbol{y}_{\mathrm{d}}(t)-\boldsymbol{y}_{i+1}(t)=\boldsymbol{y}_{\mathrm{d}}(t)-\boldsymbol{Cx}_{i+1}(t)\\&=\boldsymbol{y}_{\mathrm{d}}(t)-\boldsymbol{C}\left[\exp(\boldsymbol{A}t)(\boldsymbol{x}_i(0)+\boldsymbol{BLe}_i(0))+\int_0^t\exp(\boldsymbol{A}(t-\tau))(\boldsymbol{Bu}_i(t)+\boldsymbol{BL}\dot{\boldsymbol{e}}_i(t))\,\mathrm{d}\tau\right]\\&=\boldsymbol{y}_{\mathrm{d}}(t)-\left[\boldsymbol{C}\exp(\boldsymbol{A}t)\boldsymbol{x}_i(0)+\boldsymbol{C}\exp(\boldsymbol{A}t)\boldsymbol{BLe}_i(0)+\int_0^t\boldsymbol{C}\exp(\boldsymbol{A}(t-\tau))\boldsymbol{Bu}_i(t)\,\mathrm{d}\tau+\right.\\&\left.\int_0^t\boldsymbol{C}\exp(\boldsymbol{A}(t-\tau))\boldsymbol{BLe}_i(t)\,\mathrm{d}\tau\right]\end{aligned}$$

采用分部积分方法：

$$\int_0^t x\dot{y}\,\mathrm{d}t=xy_0^t-\int_0^t\dot{x}y\,\mathrm{d}t$$

则

$$\begin{aligned}&\int_0^t\boldsymbol{C}\exp(\boldsymbol{A}(t-\tau))\boldsymbol{BL}\dot{\boldsymbol{e}}_i(t)\,\mathrm{d}\tau\\&=(\boldsymbol{C}\exp(\boldsymbol{A}(t-\tau))\boldsymbol{BLe}_i(t))\Big|_0^t-\int_0^t(-1)\boldsymbol{CA}\exp(\boldsymbol{A}(t-\tau))\boldsymbol{BLe}_i(t)\,\mathrm{d}\tau\\&=\boldsymbol{CBLe}_i(t)-\boldsymbol{C}\exp(\boldsymbol{A}t)\boldsymbol{BLe}_i(0)+\int_0^t\boldsymbol{CA}\exp(\boldsymbol{A}(t-\tau))\boldsymbol{BLe}_i(\tau)\,\mathrm{d}\tau\end{aligned}$$

$$
\begin{aligned}
\boldsymbol{e}_{i+1}(t) &= \boldsymbol{y}_{\mathrm{d}}(t) - \boldsymbol{C}\exp(\boldsymbol{A}t)\boldsymbol{x}_i(0) - \boldsymbol{C}\exp(\boldsymbol{A}t)\boldsymbol{BLe}_i(0) - \int_0^t \boldsymbol{C}\exp(\boldsymbol{A}(t-\tau))\boldsymbol{Bu}_i(\tau)\mathrm{d}\tau \\
&\quad - \boldsymbol{CBLe}_i(t) + \boldsymbol{C}\exp(\boldsymbol{A}t)\boldsymbol{BLe}_i(0) - \int_0^t \boldsymbol{CA}\exp(\boldsymbol{A}(t-\tau))\boldsymbol{BLe}_i(\tau)\mathrm{d}\tau \\
&= \boldsymbol{y}_{\mathrm{d}}(t) - \boldsymbol{C}\left(\exp(\boldsymbol{A}t)\boldsymbol{x}_i(0) + \int_0^t \exp(\boldsymbol{A}(t-\tau))\boldsymbol{Bu}_i(\tau)\mathrm{d}\tau\right) - \boldsymbol{CBLe}_i(t) \\
&\quad - \int_0^t \boldsymbol{CA}\exp(\boldsymbol{A}(t-\tau))\boldsymbol{BLe}_i(\tau)\mathrm{d}\tau \\
&= \boldsymbol{y}_{\mathrm{d}}(t) - \boldsymbol{y}_i(t) - \boldsymbol{CBLe}_i(t) - \int_0^t \boldsymbol{CA}\exp(\boldsymbol{A}(t-\tau))\boldsymbol{BLe}(\tau)\mathrm{d}\tau
\end{aligned}
$$

即

$$
\begin{aligned}
\boldsymbol{e}_{i+1}(t) &= \boldsymbol{e}_i(t) - \boldsymbol{CBLe}_i(t) - \int_0^t \boldsymbol{CA}\exp(\boldsymbol{A}(t-\tau))\boldsymbol{BLe}(\tau)\mathrm{d}\tau \\
&= (\boldsymbol{I}_m - \boldsymbol{CBL})\boldsymbol{e}_i(t) - \int_0^t \boldsymbol{CA}\exp(\boldsymbol{A}(t-\tau))\boldsymbol{BLe}(\tau)\mathrm{d}\tau
\end{aligned}
$$

式中，$\boldsymbol{I}_m$ 表示具有 m 行 m 列的单位矩阵。

上式两边同时乘以 $\mathrm{e}^{-\lambda t}$，取范数，并考虑

$$
\|XY\| \leqslant \|X\|\,\|Y\|, \|X+Y\| \leqslant \|X\| + \|Y\|
$$

则

$$
\begin{aligned}
&\exp(-\lambda t)\,\|\boldsymbol{e}_{i+1}(t)\|_\infty \\
&\leqslant \|(\boldsymbol{I}_m - \boldsymbol{CBL})\boldsymbol{e}_i(t)\|_\infty \exp(-\lambda t) + \left\|\int_0^t \boldsymbol{CA}\exp(A(t-\tau))\boldsymbol{BLe}_i(\tau)\mathrm{d}\tau\right\|_\infty \exp(-\lambda t) \\
&\leqslant \|(\boldsymbol{I}_m - \boldsymbol{CBL})\|_\infty\, \|\boldsymbol{e}_i(t)\|_\infty \exp(-\lambda t) + \left\|\int_0^t \boldsymbol{CA}\exp(A(t-\tau))\boldsymbol{BLe}_i(\tau)\mathrm{d}\tau\right\|_\infty \exp(-\lambda t) \\
&= \|(\boldsymbol{I}_m - \boldsymbol{CBL})\|_\infty\, \|\boldsymbol{e}_i(t)\|_\lambda + \|\boldsymbol{CABL}\|_\infty \left\|\int_0^t \exp(\boldsymbol{A}(t-\tau))\boldsymbol{e}_i(\tau)\mathrm{d}\tau\right\|_\infty \exp(-\lambda t) \\
&= \|(\boldsymbol{I}_m - \boldsymbol{CBL})\|_\infty\, \|\boldsymbol{e}_i(t)\|_\lambda + \|\boldsymbol{CABL}\|_\infty\, \|h(t)\|_\lambda
\end{aligned}
$$

式中，$h(t) \leqslant \int_0^t \boldsymbol{CA}\exp(\boldsymbol{A}(t-\tau))\boldsymbol{e}_i(\tau)\mathrm{d}\tau$。

根据 λ 范数的性质，当 $\lambda > \boldsymbol{A}$ 时，有

$$
\|h(t)\|_2 \leqslant \frac{1-\exp((\boldsymbol{A}-\lambda)T)}{\lambda - \boldsymbol{A}} \|\boldsymbol{e}_i(t)\|_\lambda
$$

则

$$
\|\boldsymbol{e}_{i+1}(t)\|_\lambda \leqslant \left(\|\boldsymbol{I}_m - \boldsymbol{CBL}\|_\infty + \|\boldsymbol{CABL}\|_\infty \frac{1-\exp((\boldsymbol{A}-\lambda)T)}{\lambda - \boldsymbol{A}}\right) \|\boldsymbol{e}_i(t)\|_\lambda = \rho \|\boldsymbol{e}_i(t)\|_\lambda
$$

定义

$$
\rho = \|\boldsymbol{I}_m - \boldsymbol{CBL}\|_\infty + \|\boldsymbol{CABL}\|_\infty \frac{1-\exp((\boldsymbol{A}-\lambda)T)}{\lambda - \boldsymbol{A}} \tag{15-21}
$$

当 λ 足够大时，$\dfrac{1-\exp((\boldsymbol{A}-\lambda)T)}{\lambda - \boldsymbol{A}} \to 0$，考虑定理 15-1 的条件 2)，则

$$
\rho < 1
$$

当 $i\to\infty$ 时，有

$$\| \boldsymbol{e}_{i+1}(t) \|_{\lambda}\to 0,\ t\in[0,T]$$

由 ρ 的定义可知，当取 $\boldsymbol{L}=(\boldsymbol{CB})^{-1}$ 时，$\|\boldsymbol{I}_m-\boldsymbol{CBL}\|_{\infty}=0$，$\rho$ 的值最小，收敛速度最快。

15.6.3 仿真实例

考虑多输入多输出的非线性系统：

$$\begin{pmatrix}\dot{x}_1(t)\\ \dot{x}_2(t)\end{pmatrix}=\begin{pmatrix}-2 & 3\\ 1 & 1\end{pmatrix}\begin{pmatrix}x_1(t)\\ x_2(t)\end{pmatrix}+\begin{pmatrix}1 & 1\\ 0 & 1\end{pmatrix}\begin{pmatrix}u_1(t)\\ u_2(t)\end{pmatrix}$$

$$\begin{pmatrix}y_1(t)\\ y_2(t)\end{pmatrix}=\begin{pmatrix}2 & 0\\ 0 & 1\end{pmatrix}\begin{pmatrix}x_1(t)\\ x_2(t)\end{pmatrix}$$

期望跟踪轨迹为

$$\begin{pmatrix}y_{1\mathrm{d}}(t)\\ y_{2\mathrm{d}}(t)\end{pmatrix}=\begin{pmatrix}1.5t\\ 1.5t\end{pmatrix},\ t\in[0,1]$$

由于 $\boldsymbol{CB}=\begin{pmatrix}2 & 2\\ 0 & 1\end{pmatrix}$，故 $\boldsymbol{L}=(\boldsymbol{CB})^{-1}=\begin{pmatrix}0.5 & -1\\ 0 & 1\end{pmatrix}$，可满足定理 15-1 中的条件 2)。

于是，学习控制律及初始状态学习律分别为

$$\begin{pmatrix}u_{1(i+1)}(t)\\ u_{2(i+1)}(t)\end{pmatrix}=\begin{pmatrix}u_{1(i)}(t)\\ u_{2(i)}(t)\end{pmatrix}+\begin{pmatrix}0.4 & -0.5\\ 0 & 0.5\end{pmatrix}\begin{pmatrix}\dot{e}_{1(i)}(t)\\ \dot{e}_{2(i)}(t)\end{pmatrix}$$

$$\begin{pmatrix}x_{1(i+1)}(0)\\ x_{2(i+1)}(0)\end{pmatrix}=\begin{pmatrix}x_{1(i)}(0)\\ x_{2(i)}(0)\end{pmatrix}+\begin{pmatrix}0.4 & 0\\ 0 & 0.5\end{pmatrix}\begin{pmatrix}e_{1(i)}(0)\\ e_{2(i)}(0)\end{pmatrix}$$

系统的初始控制输入为 $\begin{pmatrix}u_{1(0)}(t)\\ u_{2(0)}(t)\end{pmatrix}=\begin{pmatrix}0\\ 0\end{pmatrix}$，系统的初始状态为 $\begin{pmatrix}x_{1(0)}(0)\\ x_{2(0)}(0)\end{pmatrix}=\begin{pmatrix}2\\ 1\end{pmatrix}$。仿真结果如图 15-1～图 15-6 所示。

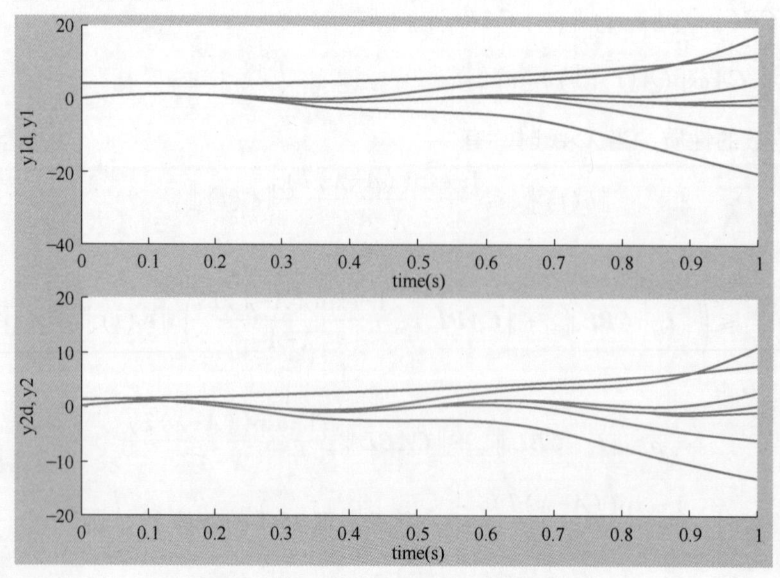

图 15-1 20 次迭代对象输出的跟踪过程

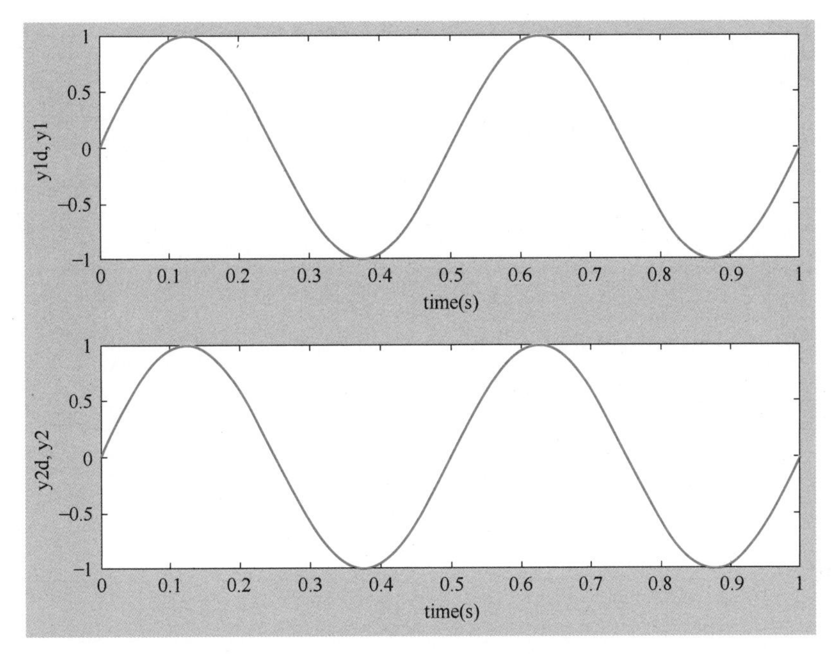

图 15-2　20 次迭代后正弦位置跟踪

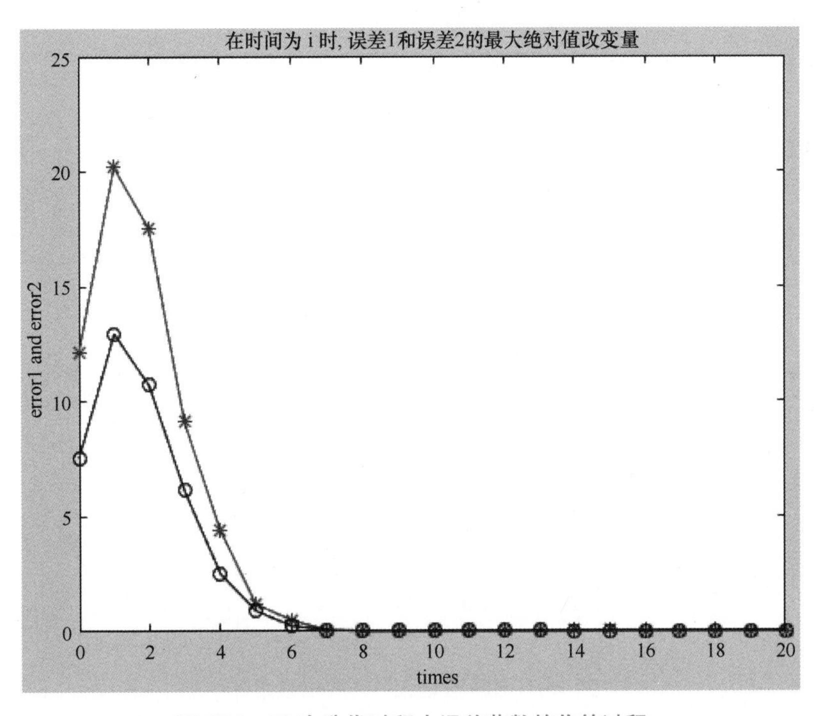

图 15-3　20 次迭代过程中误差范数的收敛过程

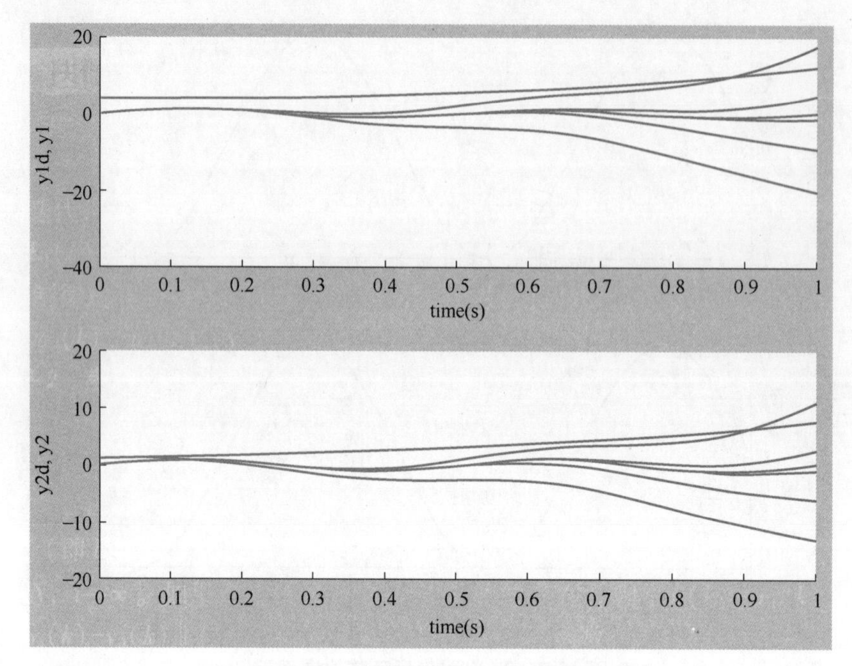

图 15-4　100 次迭代对象输出的跟踪过程

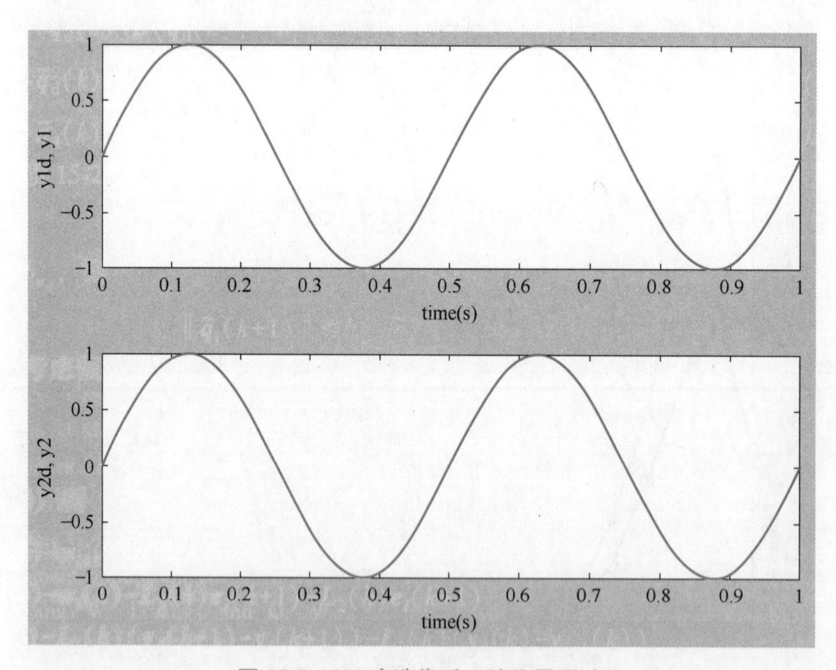

图 15-5　100 次迭代后正弦位置跟踪

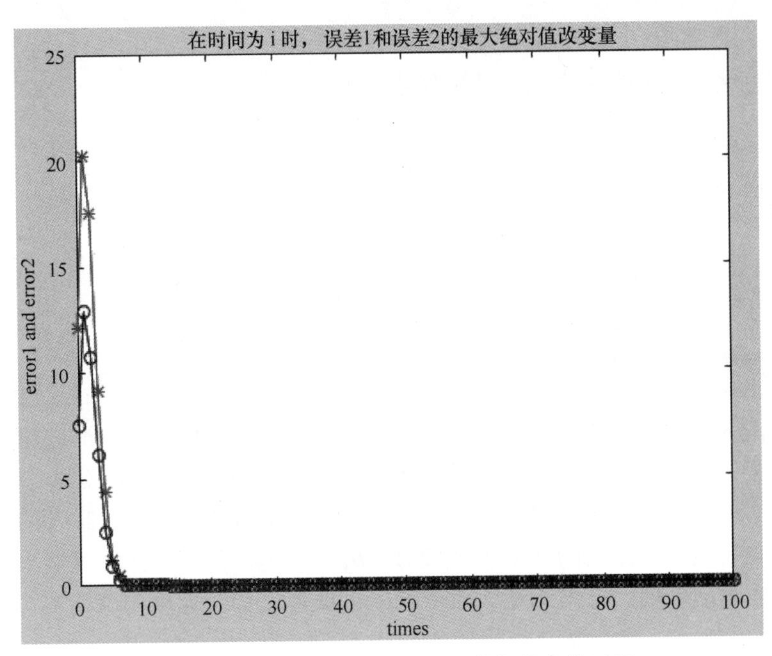

图 15-6　100 次迭代过程中误差范数的收敛过程

15.7　移动机器人轨迹跟踪迭代学习控制

迭代学习控制（iterative learning control，ILC）的思想于 1984 年由 Arimoto 等人做出了开创性的研究。这些学者借鉴人们在重复过程中追求满意指标达到期望行为的简单原理，成功地使得具有强耦合非线性多变量的工业机器人快速、高精度地执行轨迹跟踪任务。其基本做法是：对于一个在有限时间区间上执行轨迹跟踪任务的机器人，利用前一次或前几次操作时测得的误差信息修正控制输入，使得该重复任务在下次操作过程中做得更好。如此不断重复，直至在整个时间区间上输出轨迹跟踪的期望轨迹。

迭代学习控制适合于具有重复运动性质的被控对象，通过迭代修正达到某种控制目标的改善。迭代学习控制方法不依赖于系统的精确数学模型，能在给定的时间范围内，以非常简单的算法实现不确定性高的非线性强耦合动态系统的控制，并高精度跟踪给定期望轨迹，因而一经推出，就在运动控制领域得到了广泛的运用。

移动机器人是一种在复杂的环境下具有自规划、自组织、自适应工作能力的机器人。在移动机器人的相关技术研究中，控制技术是其核心技术，也是其实现真正智能化和完全的自主移动的关键技术。移动机器人具有时变、强耦合和非线性的动力学特征，由于测量和建模的不精确，加上负载的变化以及外部扰动的影响，实际上无法得到机器人精确、完整的运动模型。

15.7.1　数学基础

R^n 代表 n 维欧氏空间，定义向量范数为

$$\|z\| = (z^{\mathrm{T}}z)^{1/2} \tag{15-22}$$

式中，$z \in R^n$。

$\boldsymbol{C} \in R^{p\times m}$ 为 $p\times m$ 阶实数矩阵，定义矩阵范数为

$$\|\boldsymbol{C}\|_2=\sqrt{\lambda_{\max}(\boldsymbol{C}^{\mathrm{T}}\boldsymbol{C})} \tag{15-23}$$

式中，$\lambda_{\max}(\cdot)$ 为矩阵的最大特征值。

取 $N\in\{1,\cdots,n\}$，$\bar{z}=z_{\mathrm{d}}-z_i$，$z\in\{q,u,y\}$，定义 α 的范数为

$$\|z(\cdot)\|_\alpha=\sup_{k\in N} z(k)\left(\frac{1}{\alpha}\right)^k,\quad \alpha\geqslant 1,\quad z:N\rightarrow R \tag{15-24}$$

15.7.2 系统描述

图 15-7 为移动机器人的运动模型，它在同一根轴上有两个独立的推进轮，机器人在二维空间移动，点 $P(k)$ 代表机器人的当前位置，广义坐标 $P(k)$ 定义为 $[x_p(k),y_p(k),\theta_p(k)]$，$x_p(k)$ 和 $y_p(k)$ 为直角坐标系下 $P(k)$ 的坐标，$\theta_p(k)$ 为机器人的方位角。当机器人的标定方向为地理坐标系的横轴正半轴时，$\theta_p(k)$ 定义为 0。移动机器人受不完全约束的影响而只能在驱动轮轴的方向运动，点 $P(k)$ 的线速度和角速度定义为 $v_p(k)$ 和 $\omega_p(k)$。

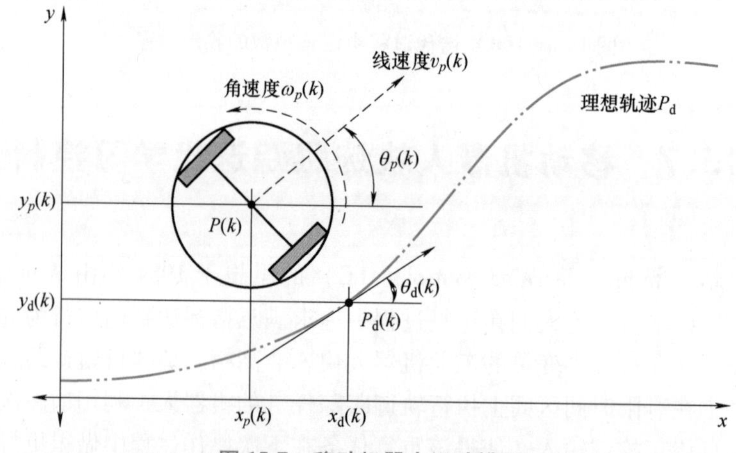

图 15-7　移动机器人运动模型

根据图 15-7，针对 P 点，移动机器人的离散运动学方程可由下式描述：

$$\begin{pmatrix} x_p(k+1) \\ y_p(k+1) \\ \theta_p(k+1) \end{pmatrix}=\begin{pmatrix} x_p(k) \\ y_p(k) \\ \theta_p(k) \end{pmatrix}+\Delta T\begin{pmatrix} \cos\theta_p(k) & 0 \\ \sin\theta_p(k) & 0 \\ 0 & 1 \end{pmatrix}\begin{pmatrix} v_p(k) \\ \omega_p(k) \end{pmatrix} \tag{15-25}$$

式中，ΔT 为采样时间；机器人状态向量为 $\boldsymbol{q}(k)=(x_p(k)\quad y_p(k)\quad \theta_p(k))^{\mathrm{T}}$，速度向量为 $\boldsymbol{u}_p(k)=(v_p(k)\quad \omega_p(k))^{\mathrm{T}}$。

式（15-25）可写为

$$\boldsymbol{q}(k+1)=\boldsymbol{q}(k)+\boldsymbol{B}(\boldsymbol{q}(k),k)\boldsymbol{u}_p(k) \tag{15-26}$$

式中，

$$\boldsymbol{B}(\boldsymbol{q}(k),k)=\Delta T\begin{pmatrix} \cos\theta_p(k) & 0 \\ \sin\theta_p(k) & 0 \\ 0 & 1 \end{pmatrix} \tag{15-27}$$

如图 15-7 所示，期望轨迹为 $\boldsymbol{p}_{\mathrm{d}}(k)=[x_{\mathrm{d}}(k)y_{\mathrm{d}}(k)\theta_{\mathrm{d}}(k)]$，$1\leqslant k\leqslant n$，运动轨迹跟踪的控制问题就是为确定 $\boldsymbol{u}_p(k)=(v_p(k)\quad\omega_p(k))^{\mathrm{T}}$，使 $\boldsymbol{p}(k)$ 跟踪 $\boldsymbol{p}_{\mathrm{d}}(k)$。

线速度和角速度误差分别为

$$\tilde{v}(k)=v_p(k)-v(k)\tag{15-28}$$

$$\tilde{\omega}(k)=\omega_p(k)-\omega(k)\tag{15-29}$$

移动机器人迭代学习控制系统结构如图 15-8 所示。

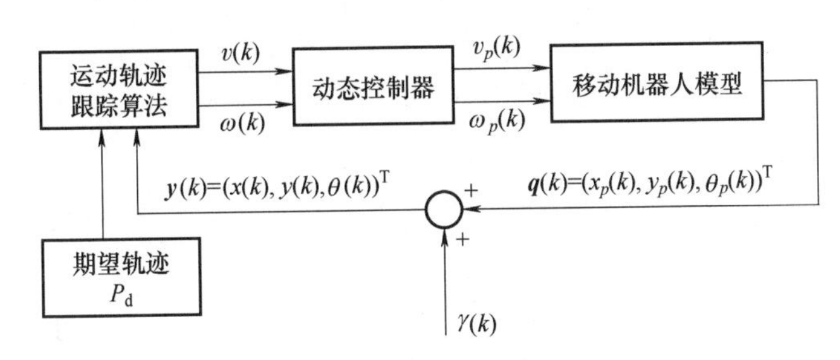

图 15-8　移动机器人迭代学习控制系统结构

移动机器人离散运动学方程可描述如下：

$$\boldsymbol{q}(k+1)=\boldsymbol{q}(k)+\boldsymbol{B}(\boldsymbol{q}(k),k)\boldsymbol{u}_p(k)+\boldsymbol{\beta}(k)\tag{15-30}$$

$$\boldsymbol{y}(k)=\boldsymbol{q}(k)+\boldsymbol{\gamma}(k)\tag{15-31}$$

式中，$\boldsymbol{\beta}(k)$ 为状态干扰；$\boldsymbol{\gamma}(k)$ 为输出测量噪声；$\boldsymbol{y}(k)=(x(k)\quad y(k)\quad\theta(k))^{\mathrm{T}}$ 为系统输出；$\boldsymbol{u}(k)=(v(k)\quad\omega(k))^{\mathrm{T}}$。

考虑迭代过程，由式（15-30）和式（15-31）可得

$$\boldsymbol{q}_i(k+1)=\boldsymbol{q}_i(k)+\boldsymbol{B}(\boldsymbol{q}_i(k),k)\boldsymbol{u}_i(k)+\boldsymbol{\beta}_i(k)\tag{15-32}$$

$$\boldsymbol{y}_i(k)=\boldsymbol{q}_i(k)+\boldsymbol{\gamma}_i(k)\tag{15-33}$$

式中，i 为迭代次数；k 为离散时间，$k=1,\cdots,n$；$\boldsymbol{\beta}_i(k)$，$\boldsymbol{\gamma}_i(k)$ 分别代表第 i 次迭代的状态干扰和输出噪声。

机器人运动方程式（15-32）和式（15-33）满足下列性质和假设。

性质 15-1　考虑理想情况，取状态干扰 $\beta_i(k)$ 和输出测量噪声 $\gamma_i(k)$ 均为零，$k\in N$，则期望轨迹的方程可写为

$$\boldsymbol{q}_{\mathrm{d}}(k+1)=\boldsymbol{q}_{\mathrm{d}}(k)+\boldsymbol{B}(\boldsymbol{q}_{\mathrm{d}}(k),k)\boldsymbol{u}_{\mathrm{d}}(k)\tag{15-34}$$

$$\boldsymbol{y}_{\mathrm{d}}(k)=\boldsymbol{q}_{\mathrm{d}}(k)\tag{15-35}$$

性质 15-2　矩阵函数 $\boldsymbol{B}(\boldsymbol{q}_i(k),k)$ 满足 Lipschitz 条件：

$$\|\boldsymbol{B}(q_1,k)-\boldsymbol{B}(q_2,k)\|\leqslant c_B\|\boldsymbol{q}_1-\boldsymbol{q}_2\|,\quad k\in N,\quad c_B\text{ 为正常数}\tag{15-36}$$

性质 15-3　矩阵 $(\boldsymbol{q}_i(k),k)$ 是有界的，$\|\boldsymbol{B}(\boldsymbol{q}_i(k),k)\|\leqslant b_B$ 为正常数，矩阵 $\boldsymbol{B}(\boldsymbol{q}_i(k),k)$ 为 $(\boldsymbol{q}_i(k),k)$ 的满秩矩阵。

假设 15-1　$\max\limits_{1\leqslant k\leqslant n}\|\boldsymbol{u}_{\mathrm{d}}(k)\|\leqslant b_{\boldsymbol{u}_{\mathrm{d}}}$。

假设 15-2　干扰和噪声有界：

$$\max_{1\leqslant i\leqslant\infty}\max_{1\leqslant k\leqslant n}\|\boldsymbol{\beta}_i(k)\|\leqslant b_\beta,\quad\max_{1\leqslant i\leqslant\infty}\max_{1\leqslant k\leqslant n}\|\boldsymbol{\gamma}_i(k)\|\leqslant b_\gamma\tag{15-37}$$

式中，b_β，b_γ 为正常数。

假设 15-3 在每一次迭代中，轨迹都是从 $\boldsymbol{q}_{\mathrm{d}}(0)$ 的邻域开始，即 $\|\boldsymbol{q}_{\mathrm{d}}(0)-\boldsymbol{q}_i(0)\| \leqslant b_{q_0}$，$b_{q_0} \geqslant 0$，$i \geqslant 1$。

15.7.3 迭代学习控制律设计及收敛性分析

迭代学习控制律设计为

$$\boldsymbol{u}_{i+1}(k)=\boldsymbol{u}_i(k)+\boldsymbol{L}_1(k)\boldsymbol{e}_i(k+1)+\boldsymbol{L}_2(k)\boldsymbol{e}_{i+1}(k) \tag{15-38}$$

对于第 i 次迭代，跟踪误差信号为 $\boldsymbol{e}_i(k)=\boldsymbol{y}_{\mathrm{d}}(k)-\boldsymbol{y}_i(k)$，$\boldsymbol{L}_1(k)$ 和 $\boldsymbol{L}_2(k)$ 为学习的增益矩阵，满足 $\|\boldsymbol{L}_1(k)\| \leqslant b_{L_1}$，$\|\boldsymbol{L}_2(k)\| \leqslant b_{L_2}$，$k \in N$，$b_{L_1}>0$，$b_{L_2}>0$。

通过控制律式（15-38），使状态变量 $q_i(k)$、控制输入 $u_i(k)$、系统输出 $y_i(k)$ 分别收敛于期望值 $q_{\mathrm{d}}(k)$、$u_{\mathrm{d}}(k)$、$y_{\mathrm{d}}(k)$。

定理 15-2 考虑离散系统式（15-32）和式（15-33），满足假设 15-1~假设 15-3，采用控制律式（15-38），则

$$\|\boldsymbol{I}-\boldsymbol{L}_1(k)\boldsymbol{B}(\boldsymbol{q}_i,k)\|<1 \tag{15-39}$$

对于所有 $(\boldsymbol{q}_i,k) \in R^n \times N$，$(q_i,k) \in R^n \times N$ 都成立。如果忽略状态干扰，输出噪声和初始状态误差（即 $b_\beta=b_\gamma=b_{q_0}=0$），则 $u_i(k)$，$q_i(k)$，$y_i(k)$ 分别收敛于 $u_{\mathrm{d}}(k)$，$q_{\mathrm{d}}(k)$，$y_{\mathrm{d}}(k)$，$k \in N$，$i \to \infty$。如果考虑干扰、噪声和误差的存在，则 $\|u_i(k)-u_{\mathrm{d}}(k)\|$，$\|q_i(k)-q_{\mathrm{d}}(k)\|$，$\|y_i(k)-y_{\mathrm{d}}(k)\|$ 有界，且收敛于 b_β，b_γ，b_{q_0} 的函数。

下面给出定理 15-2 的收敛性分析过程。由式（15-34）和式（15-32）得

$$\begin{aligned}
\tilde{\boldsymbol{q}}_i(k+1) &= \boldsymbol{q}_{\mathrm{d}}(k+1)-\boldsymbol{q}_i(k+1)\\
&=(\boldsymbol{q}_{\mathrm{d}}(k)+\boldsymbol{B}(\boldsymbol{q}_{\mathrm{d}}(k),k)\boldsymbol{u}_{\mathrm{d}}(k))-(\boldsymbol{q}_i(k)+\boldsymbol{B}(\boldsymbol{q}_i(k),k)\boldsymbol{u}_i(k)+\boldsymbol{\beta}_i(k))\\
&=\tilde{\boldsymbol{q}}_{\mathrm{d}}(k)+\boldsymbol{B}(\boldsymbol{q}_{\mathrm{d}}(k),k)\boldsymbol{u}_{\mathrm{d}}(k)-\boldsymbol{B}(\boldsymbol{q}_i(k),k)(\boldsymbol{u}_i(k)-\boldsymbol{u}_{\mathrm{d}}(k)+\boldsymbol{u}_{\mathrm{d}}(k))-\boldsymbol{\beta}_i(k)\\
&=\tilde{\boldsymbol{q}}_{\mathrm{d}}(k)+(\boldsymbol{B}(\boldsymbol{q}_{\mathrm{d}}(k),k)-\boldsymbol{B}(\boldsymbol{q}_i(k),k))\boldsymbol{u}_{\mathrm{d}}(k)+\boldsymbol{B}(\boldsymbol{q}_i(k),k)\tilde{\boldsymbol{u}}_i(k)-\boldsymbol{\beta}_i(k)
\end{aligned} \tag{15-40}$$

考虑性质 15-2 和性质 15-3 及假设 15-1 和假设 15-2，得

$$\|\tilde{\boldsymbol{q}}_i(k+1)\| \leqslant \|\tilde{\boldsymbol{q}}_i(k)\|+c_B b_{u_{\mathrm{d}}}\|\tilde{\boldsymbol{q}}_i(k)\|+b_B\|\tilde{\boldsymbol{u}}_i(k)\|+b_\beta$$

令 $h_2=1+c_B b_{u_{\mathrm{d}}}$，则

$$\|\tilde{\boldsymbol{q}}_i(k+1)\| \leqslant h_2\|\tilde{\boldsymbol{q}}_i(k)\|+b_B\|\tilde{\boldsymbol{u}}_i(k)\|+b_\beta$$

上式递推并考虑假设 3，得

$$\|\tilde{\boldsymbol{q}}_i(k)\| \leqslant \sum_{j=0}^{k-1} h_2^{k-1-j}(b_B\|\tilde{\boldsymbol{u}}_i(k)\|+b_\beta)+h_2^k b_{q_0} \tag{15-41}$$

由式（15-38）得

$$\begin{aligned}
\tilde{\boldsymbol{u}}(k) &= \boldsymbol{u}_{\mathrm{d}}(k)-\boldsymbol{u}_{i+1}(k)\\
&=\boldsymbol{u}_{\mathrm{d}}(k)-\boldsymbol{u}_i(k)-\boldsymbol{L}_1(k)\boldsymbol{e}_i(k+1)-\boldsymbol{L}_2(k)\boldsymbol{e}_i(k+1)\\
&=\boldsymbol{u}_i(k)-\boldsymbol{L}_1(k)(\boldsymbol{y}_{\mathrm{d}}(k+1)-\boldsymbol{y}_i(k+1))-\boldsymbol{L}_2(k)(\boldsymbol{y}_{\mathrm{d}}(k)-\boldsymbol{y}_{i+1}(k))\\
&=\tilde{\boldsymbol{u}}_i(k)-\boldsymbol{L}_1(k)(\boldsymbol{q}_{\mathrm{d}}(k+1)-\boldsymbol{q}_i(k+1)-\boldsymbol{\gamma}_i(k+1))-\boldsymbol{L}_2(k)(\boldsymbol{q}_{\mathrm{d}}(k)-\boldsymbol{q}_{i+1}(k)-\boldsymbol{\gamma}_{i+1}(k))\\
&=\tilde{\boldsymbol{u}}_i(k)-\boldsymbol{L}_i(k)(\boldsymbol{q}_{\mathrm{d}}(k)+\boldsymbol{B}(\boldsymbol{q}_{\mathrm{d}}(k),k)u_{\mathrm{d}}(k)-\boldsymbol{q}_i(k)-\boldsymbol{B}(\boldsymbol{q}_i(k),k)\boldsymbol{u}_i(k))+\\
&\quad \boldsymbol{L}_1(k)(\boldsymbol{\beta}_i(k)+\boldsymbol{\gamma}_i(k+1))-\boldsymbol{L}_2(k)(\tilde{\boldsymbol{q}}_{i+1}(k)-\boldsymbol{\gamma}_{i+1}(k+1))
\end{aligned}$$

$$
\begin{aligned}
&= \tilde{\boldsymbol{u}}_i(k) - \boldsymbol{L}_1(k)\boldsymbol{q}_i(k) - \boldsymbol{L}_i(k)[\boldsymbol{B}(\boldsymbol{q}_{\rm d}(k),k)u_{\rm d}(k) - \boldsymbol{B}(\boldsymbol{q}_i(k),k)(\boldsymbol{u}_i(k) - \boldsymbol{u}_{\rm d}(k) + \boldsymbol{u}_i(k))] + \\
&\quad \boldsymbol{L}_1(k)(\boldsymbol{\beta}_i(k) + \boldsymbol{\gamma}_i(k)) - \boldsymbol{L}_i(k)(\tilde{\boldsymbol{q}}_{i+1}(k) - \boldsymbol{\gamma}_{i+1}(k)) \\
&= \tilde{\boldsymbol{u}}_i(k) - \boldsymbol{L}_1(k)\boldsymbol{q}_i(k) - \boldsymbol{L}_1(k)\boldsymbol{B}(\boldsymbol{q}_i(k),k)\tilde{\boldsymbol{u}}_i(k) - \boldsymbol{L}_1(k)(\boldsymbol{B}(\boldsymbol{q}_{\rm d}(k),k) - \\
&\quad \boldsymbol{B}(\boldsymbol{q}_i(k),k))\boldsymbol{u}_{\rm d}(k) - \boldsymbol{L}_2(k)\tilde{\boldsymbol{q}}_{i+1}(k) + \boldsymbol{L}_1(k)(\boldsymbol{\beta}_i(k) + \boldsymbol{\gamma}_i(k)) + \boldsymbol{L}_2(k)\boldsymbol{\gamma}_{i+1}(k) \\
&= (\boldsymbol{I} - \boldsymbol{L}_1(k)\boldsymbol{B}(\boldsymbol{q}_i(k),k))\tilde{u}_i(k) - \boldsymbol{L}_1(k)\tilde{\boldsymbol{q}}_i(k) - \boldsymbol{L}_1(k)(\boldsymbol{B}(\boldsymbol{q}_{\rm d}(k),k) - \\
&\quad \boldsymbol{B}(\boldsymbol{q}_i(k),k))\boldsymbol{u}_{\rm d}(k) - \boldsymbol{L}_2(k)\tilde{\boldsymbol{q}}_{i+1}(k) + \boldsymbol{L}_1(k)(\boldsymbol{\beta}_i(k) + \boldsymbol{\gamma}_i(k)) + \boldsymbol{L}_2(k)\boldsymbol{\gamma}_{i+1}(k)
\end{aligned}
$$

利用性质 15-2 和假设 15-2，得

$$
\begin{aligned}
\tilde{\boldsymbol{u}}_{i+1}(k) \leqslant & \|\boldsymbol{I} - \boldsymbol{L}_1(k)\boldsymbol{B}(\boldsymbol{q}_i(k),k)\tilde{\boldsymbol{u}}_i(k)\| + \\
& b_{L_1}\|\tilde{\boldsymbol{q}}_i(k)\| + b_{L_1}c_B b_{u_{\rm d}}\|\boldsymbol{q}_i(k)\| + \\
& b_{L_2}\|\tilde{\boldsymbol{q}}_{i+1}(k)\| + b_{L_1}(b_\beta + b_\gamma) + b_{L_2}b_\gamma
\end{aligned}
$$

令 $h = b_{L_1}(1 + c_B b_{u_{\rm d}}) = b_{L_1}h_2$，$b_1 = b_{L_1}(b_\beta + b_\gamma) + b_{L_2}b_\gamma$，则

$$
\begin{aligned}
\tilde{\boldsymbol{u}}_{i+1}(k) \leqslant & \|\boldsymbol{I} - \boldsymbol{L}_1(k)\boldsymbol{B}(\boldsymbol{q}_i(k),k)\| \|\tilde{\boldsymbol{u}}_i(k)\| + \\
& h_1\|\tilde{\boldsymbol{q}}_i(k)\| + b_{L_2}\|\tilde{\boldsymbol{q}}_{i+1}(k)\| + b_1
\end{aligned}
$$

将式（15-39）和式（15-41）代入上式，得

$$
\begin{aligned}
\|\tilde{\boldsymbol{u}}_{i+1}(k)\| \leqslant & \rho\|\tilde{\boldsymbol{u}}_i(k)\| + h_1\left[\sum_{j=0}^{k-1} h_2^{k-1-j}(b_B\|\tilde{\boldsymbol{u}}_i(j)\| + b_\beta) + h_2^k b_{q_0}\right] + \\
& b_{L_2}\left[\sum_{j=0}^{k-1} h_2^{k-1-j}(b_B\|\tilde{\boldsymbol{u}}_{i+1}(j)\| + b_\beta) + h_2^k b_{q_0}\right] + b_1
\end{aligned}
$$

因此

$$
\begin{aligned}
\|\tilde{\boldsymbol{u}}_{i+1}(k)\| \leqslant & \rho\|\tilde{\boldsymbol{u}}_i(k)\| + (h_1 + b_{L_2})h_2^k b_{q_0} + b_1 + h_1\sum_{j=0}^{k-1} h_2^{k-1-j}(b_B\|\tilde{\boldsymbol{u}}_i(j)\| + b_\beta) + \\
& b_{L_2}\sum_{j=0}^{k-1} h_2^{k-1-j}(b_B\|\tilde{\boldsymbol{u}}_{i+1}(j)\| + b_\beta)
\end{aligned}
$$

上式两端同乘$\left(\dfrac{1}{\alpha}\right)^k$，取 α 范数，得

$$
\begin{aligned}
\|\tilde{\boldsymbol{u}}_{i+1}(k)\|\left(\frac{1}{\alpha}\right)^k \leqslant & \rho\|\tilde{\boldsymbol{u}}_i(k)\|\left(\frac{1}{\alpha}\right)^k + (h_1 + b_{L_2})b_{q_0}\left(\frac{h_2}{\alpha}\right)^k + b_1\left(\frac{1}{\alpha}\right)^k + \\
& \left(\frac{h_1}{\alpha}\right)\sum_{j=0}^{k-1}\left(\frac{h_2}{\alpha}\right)^{k-1-j} \times \left[b_B\|\tilde{\boldsymbol{u}}_i(j)\|\left(\frac{1}{\alpha}\right)^j + b_\beta\left(\frac{1}{\alpha}\right)^j\right] + \\
& \left(\frac{b_{L_2}}{\alpha}\right)\sum_{j=0}^{k-1}\left(\frac{h_2}{\alpha}\right)^{k-1-j} \times \left[b_B\|\tilde{\boldsymbol{u}}_{i+1}(j)\|\left(\frac{1}{\alpha}\right)^j + b_\beta\left(\frac{1}{\alpha}\right)^j\right]
\end{aligned}
$$

取 $\alpha > \max\{1, h_2\}$，得

$$
\|\tilde{\boldsymbol{u}}_{i+1}\|_\alpha \leqslant \rho\|\tilde{\boldsymbol{u}}_i\|_\alpha + (h_1 + b_{L_2})b_{q_0} + b_1 + (b_B\|\tilde{\boldsymbol{u}}_i\|_\alpha + b_\beta)\left(\frac{h_1}{\alpha}\right)\sum_{j=0}^{k-1}\left(\frac{h_2}{\alpha}\right)^{k-1-j} +
$$

$$(b_B\|\tilde{\boldsymbol{u}}_{i+1}\|_\alpha+b_\beta)\left(\frac{b_{L_2}}{\alpha}\right)\sum_{j=0}^{k-1}\left(\frac{h_2}{\alpha}\right)^{k-1-j}$$

$$\leqslant\rho\|\tilde{\boldsymbol{u}}_i\|_\alpha+(h_1+b_{L_2})b_{q_0}+b_1+(b_B\|\tilde{\boldsymbol{u}}_i\|_\alpha+b_\beta)\frac{h_1[1-(h_2/\alpha)^n]}{\alpha-h_2}+$$

$$(b_B\|\tilde{\boldsymbol{u}}_{i+1}\|_\alpha+b_\beta)\frac{b_{L_2}[1-(h_2/\alpha)^n]}{\alpha-h_2}$$

$$=\left(\rho+b_Bh_1\frac{1-(h_2/\alpha)^n}{\alpha-h_2}\right)\|\tilde{\boldsymbol{u}}_i\|_\alpha+b_Bb_{L_2}\frac{1-(h_2/\alpha)^n}{\alpha-h_2}\|\tilde{\boldsymbol{u}}_{i+1}\|_\alpha+$$

$$(h_1+b_{L_2})b_{q_0}+b_1+\frac{b_\beta(h_1+b_{L_2})[1-(h_2/\alpha)^n]}{\alpha-h_2}$$

即

$$\left(1-b_Bb_{L_2}\frac{1-(h_2/\alpha)^n}{\alpha-h_2}\right)\|\tilde{\boldsymbol{u}}_{i+1}\|_\alpha\leqslant\left(\rho+b_Bh_1\frac{1-(h_2/\alpha)^n}{\alpha-h_2}\right)\|\tilde{\boldsymbol{u}}_i\|_\alpha+(h_1+b_{L_2})b_{q_0}+b_1+$$

$$\frac{b_\beta(h_1+b_{L_2})[1-(h_2/\alpha)^n]}{\alpha-h_2} \tag{15-42}$$

其中，根据等比数列有

$$\frac{1}{\alpha}\sum_{j=1}^{k-1}\left(\frac{h_2}{\alpha}\right)^{k-1-j}=\frac{1}{\alpha}\left(\frac{h_2}{\alpha}\right)^{k-1}\sum_{j=0}^{k-1}\left(\frac{h_2}{\alpha}\right)^{-j}=\frac{1}{\alpha}\left(\frac{h_2}{\alpha}\right)^{k-1}\sum_{j=0}^{k-1}\left(\frac{\alpha}{h_2}\right)^{j}$$

$$=\frac{1}{a}\left(\frac{h_2}{\alpha}\right)^{k-1}\frac{1-\left(\frac{\alpha}{h_2}\right)^k}{1-\frac{\alpha}{h_2}}=\frac{(h_2/\alpha)^{k-1}[(\alpha/h_2)^k-1]}{\alpha(\alpha/h_2-1)}$$

$$=\frac{1-(h_2/\alpha)^k}{\alpha-h_2}\leqslant\frac{1-(h_2/\alpha)^n}{\alpha-h_2},\quad(k=1,2,\cdots,n) \tag{15-43}$$

令 $\alpha>\max(1,h_2,h_2+b_Bb_{L_2})$，则式（15-42）变为

$$\|\tilde{\boldsymbol{u}}_{i+1}\|_\alpha\leqslant\hat{\rho}\|\tilde{\boldsymbol{u}}_i\|_\alpha+\varepsilon \tag{15-44}$$

式中，

$$\hat{\rho}=\frac{\rho+b_Bh_1\frac{1-(h_2/\alpha)^n}{\alpha-h_2}}{1-b_Bb_{L_2}\frac{1-(h_2/\alpha)^n}{\alpha-h_2}}$$

$$\varepsilon=\frac{(h_1+b_{L_2})\left[b_{q_0}+b_\beta\frac{1-(h_2/\alpha)^n}{\alpha-h_2}\right]+b_1}{1-b_Bb_{L_2}\frac{1-(h_2/\alpha)^n}{\alpha-h_2}}$$

对式（15-44）进行递推，得

$$\|\tilde{\boldsymbol{u}}_{i+1}\|_\alpha \leqslant \hat{\rho}^i \|\tilde{\boldsymbol{u}}_1\|_\alpha + \varepsilon \sum_{j=0}^{i-1} \hat{\rho}^j = \hat{\rho}^i \|\tilde{\boldsymbol{u}}_1\|_\alpha + \frac{\varepsilon(1-\hat{\rho}^i)}{1-\hat{\rho}}$$

取 α 足够大，使 $\hat{\rho} \approx \rho < 1$，可得

$$\lim_{i\to\infty} \|\tilde{\boldsymbol{u}}_i\|_\alpha \leqslant \frac{\varepsilon}{1-\hat{\rho}} \tag{15-45}$$

同理，式（15-41）两端同时乘以$\left(\frac{1}{\alpha}\right)^k$，得

$$\|\tilde{\boldsymbol{q}}_i(k)\|\left(\frac{1}{\alpha}\right)^k \leqslant \frac{1}{\alpha}\sum_{j=0}^{k-1}\left(\frac{h_2}{\alpha}\right)^{k-1-j}\left[b_B\|\tilde{\boldsymbol{u}}_i(j)\|\left(\frac{1}{\alpha}\right)^j + b_\beta\left(\frac{1}{\alpha}\right)^j\right] + \left(\frac{h_2}{\alpha}\right)^k b_{q_0}$$

由于 $b_\beta\left(\frac{1}{\alpha}\right)^j \leqslant b_\beta$，$\frac{h_2}{\alpha}<1$ 并利用式（15-43），得

$$\|\tilde{\boldsymbol{q}}_i\|_\alpha \leqslant (b_B\|\tilde{\boldsymbol{u}}_i\|_\alpha + b_\beta)\frac{1-(h_2/\alpha)^n}{\alpha-h_2} + b_{q_0} = b_B\frac{1-(h_2/\alpha)^n}{\alpha-h_2}\|\tilde{\boldsymbol{u}}_i\|_\alpha + b_\beta\frac{1-(h_2/\alpha)^n}{\alpha-h_2} + b_{q_0}$$

将式（15-45）代入上式，得

$$\lim_{i\to\infty}\|\tilde{\boldsymbol{q}}_i\|_\alpha \leqslant b_B\frac{1-(h_2/\alpha)^n}{\alpha-h_2}\frac{\varepsilon}{1-\hat{\rho}} + b_\beta\frac{1-(h_2/\alpha)^n}{\alpha-h_2} + b_{q_0} \tag{15-46}$$

用式（15-35）减式（15-33），得

$$\tilde{\boldsymbol{y}}_i(k) = \boldsymbol{y}_\mathrm{d}(k) - \boldsymbol{y}_i(k) = \boldsymbol{q}_\mathrm{d}(k) - (\boldsymbol{q}_i(k) + \boldsymbol{\gamma}_i(k)) = \tilde{\boldsymbol{q}}_i(k) - \boldsymbol{\gamma}_i(k)$$

将上式两端同时乘以$\left(\frac{1}{\alpha}\right)^k$，得

$$\|\tilde{\boldsymbol{y}}_i\|_\alpha \leqslant \|\tilde{\boldsymbol{q}}_i\|_\alpha + b_\gamma$$

将式（15-46）代入上式，得

$$\lim_{i\to\infty}\|\tilde{\boldsymbol{y}}_i\|_\alpha \leqslant b_B\frac{1-(h_2/\alpha)^n}{\alpha-h_2}\frac{\varepsilon}{1-\hat{\rho}} + b_\beta\frac{1-(h_2/\alpha)^n}{\alpha-h_2} + b_{q_0} + b_\gamma \tag{15-47}$$

由式（15-45）~式（15-47），可得结论：当 $b_\beta=0$，$b_\gamma=0$，$b_{q_0}=0$ 时，$\|\tilde{\boldsymbol{u}}_i\|_\alpha$、$\|\tilde{\boldsymbol{y}}_i\|_\alpha$、$\|\tilde{\boldsymbol{q}}_i\|_\alpha$ 收敛于零，否则 $\|\tilde{\boldsymbol{u}}_i\|_\alpha$、$\|\tilde{\boldsymbol{y}}_i\|_\alpha$、$\|\tilde{\boldsymbol{q}}_i\|_\alpha$ 按基于 b_β、b_γ、b_{q_0} 的函数有界收敛。

15.7.4　仿真实例

针对移动机器人离散系统式（15-32）和式（15-33），每次迭代被控对象初始值与理想信号初始值相同，即取 $x_{p,i}(0)=x_\mathrm{d}(0)$，$y_{p,i}(0)=y_\mathrm{d}(0)$，$\theta_{p,i}(0)=\theta_\mathrm{d}(0)$，其中 $x_{p,i}(0)$、$y_{p,i}(0)$、$\theta_{p,i}(0)$ 为第 i 次迭代时的初始状态。

采用迭代学习控制律式（15-38），位置指令为 $x_\mathrm{d}(t)=\cos(\pi t)$，$y_\mathrm{d}(t)=\sin(\pi t)$，$\theta_\mathrm{d}(t)=\pi t+\frac{\pi}{2}$。按收敛条件式（15-39），取控制器的增益矩阵为 $\boldsymbol{L}_1(k)=\boldsymbol{L}_2(k)=0.01\begin{pmatrix}\cos\theta(k) & \sin\theta(k) & 0\\ 0 & 0 & 1\end{pmatrix}$，采样时间 $\Delta T=0.001\mathrm{s}$，取迭代次数为 500 次，每次迭代时间为 2000 次。仿真结果如图 15-9~图 15-11 所示。

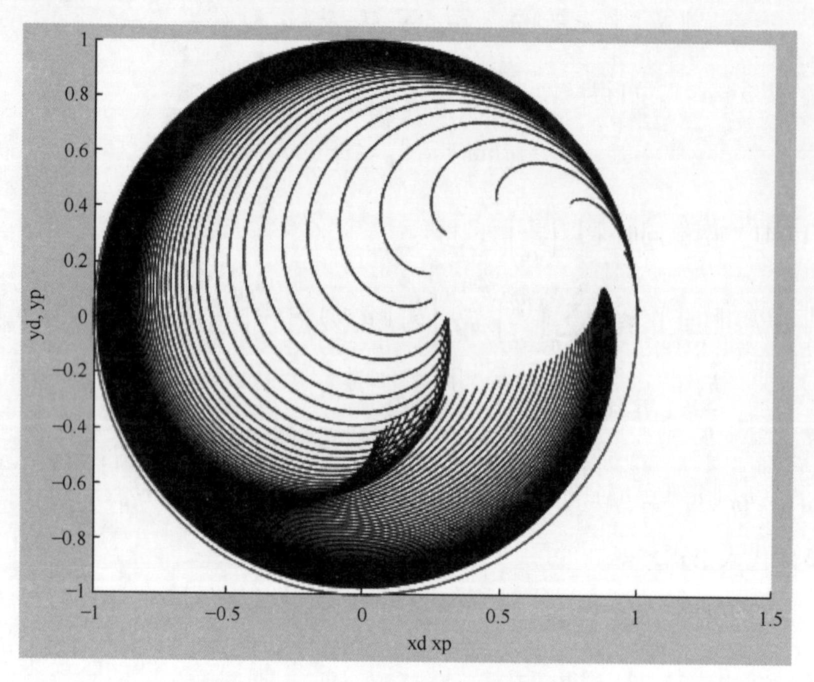

图 15-9　随迭代次数运动轨迹的跟踪过程

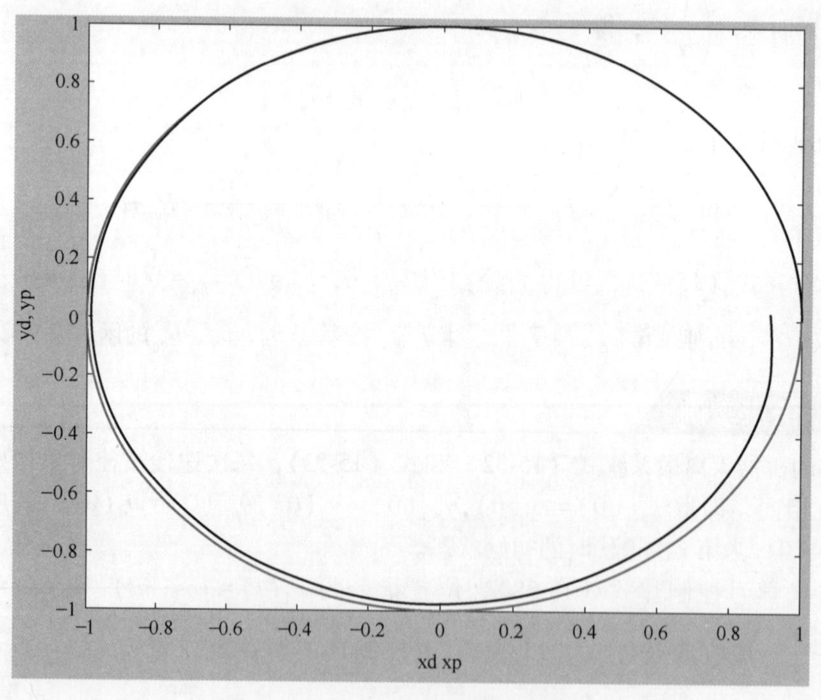

图 15-10　最后一次的位置跟踪过程

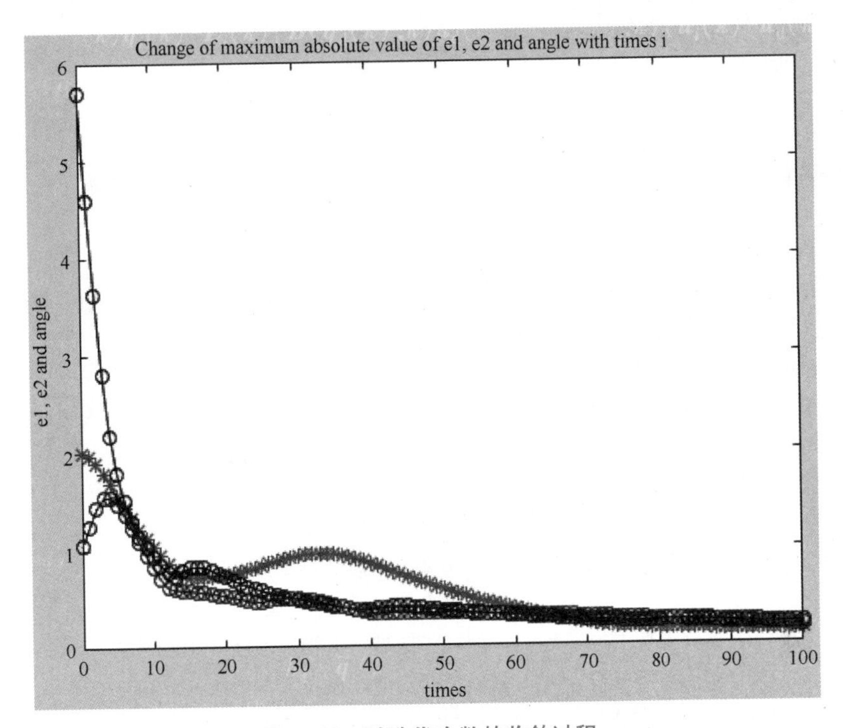

图 15-11　随迭代次数的收敛过程

参考文献

[1] 乔景慧. 水泥生料分解过程智能控制系统的研究［D］. 沈阳：东北大学，2012.

[2] SUGIYAMA M. 统计机器学习导论［M］. 谢宁，李柏杨，肖竹，等译. 北京：机械工业出版社，2018.

[3] ARIMOTO S，KAWAMURA S，MIYAZAKI F. Bettering operation of robotics by learning［J］. Journal of Robotic System，1984，1（2）：123-140.

[4] 于少娟，齐向东，吴聚华. 迭代学习控制理论及应用［M］. 北京：机械工业出版社，2005.

[5] 许建新，侯忠生. 学习控制的现状与展望［J］. 自动化学报，2005，31（6）：943-955.

[6] 李仁俊，韩正之. 迭代学习控制综述［J］. 控制与决策，2005，20（9）：961-966.

[7] GOLUB G H，LOAN C F V. 矩阵计算［M］. 4 版. 程晓亮，译. 北京：人民邮电出版社，2019.

[8] 盛骤，谢式千，潘承毅. 概率论与数理统计［M］. 北京：高等教育出版社，2015.

[9] 戴华. 矩阵论［M］. 北京：科学出版社，2018.

[10] 孙继广. 矩阵扰动分析［M］. 北京：科学出版社，2016.

[11] 同济大学数学系. 线性代数［M］. 北京：高等教育出版社，2015.

[12] 杉山将. 图解机器学习［M］. 北京：人民邮电出版社，2015.

[13] 罗家洪，方卫东. 矩阵分析引论［M］. 广州：华南理工大学出版社，2019.

[14] 李广民，刘三阳. 应用泛函分析［M］. 西安：西安电子科技大学出版社，2003.

[15] 刘金琨. 机器人控制系统的设计与 MATLAB 仿真：基本设计方法［M］. 北京：清华大学出版社，2016.

[16] 刘金琨. 机器人控制系统的设计与 MATLAB 仿真：先进设计方法［M］. 北京：清华大学出版社，2016.

[17] 任雪梅，高为炳. 任意初始状态下的迭代学习控制［J］. 自动化学报，1994，20（1）：74-79.

[18] KANG M K，LEE J S，HAN K L. Kinematic path-tracking of mobile robot using iterative learning control［J］. Journal of Robotic Systems，2005，22（2）：111-121.

[19] 贾云得. 机器视觉［M］. 北京：科学出版社，2000.

[20] 高敬鹏，江志烨，赵娜. 机器学习［M］. 北京：机械工业出版社，2020.

[21] 王国辉，李磊，冯春龙. Python 从入门到项目实践［M］. 长春：吉林大学出版社，2018.

[22] MATTHES E. Python 编程从入门到实践［M］. 袁国忠，译. 北京：人民邮电出版社，2019.

[23] 王雪松，程玉虎. 机器学习理论、方法及应用［M］. 北京：科学出版社，2009.

[24] 宋丽梅，朱新军. 机器视觉与机器学习算法原理、框架应用与代码实现［M］. 北京：机械工业出版社，2020.

[25] 雷明. 机器学习［M］. 北京：清华大学出版社，2020.

[26] 白福忠. 视觉测量技术基础［M］. 北京：电子工业出版社，2013.

[27] HORN B K P. 机器视觉［M］. 王亮，蒋欣兰，译. 北京：中国青年出版社，2014.

[28] SZELISKI R. 计算机视觉：算法与应用［M］. 艾海舟，兴军亮，译. 北京：清华大学出版社，2017.

[29] SONKA M，HLAVAC V，BOYLE R. 图像处理、分析与机器视觉［M］. 兴军亮，艾海舟，译. 北京：清华大学出版社，2016.

[30] 戴琼海，索津莉，季向阳，等. 计算摄像学［M］. 北京：清华大学出版社，2016.

[31] 程光. 机器视觉测量［M］. 北京：机械工业出版社，2019.

[32] 岳亚伟. 数字图像处理与 Python 实现［M］. 北京：人民邮电出版社，2020.

[33] 彭伟. 深度强化学习［M］. 北京：中国水利水电出版社，2018.

[34] SUTTON R S, BARTO A G. 强化学习 [M]. 俞凯, 译. 北京：电子工业出版社, 2019.

[35] MITCHELL T M. 机器学习 [M]. 曾华军, 张银奎, 译. 北京：机械工业出版社, 2005.

[36] 李立宗. OpenCV 轻松入门：面向 Python [M]. 北京：电子工业出版社, 2020.

[37] LOWE D G. Object recognition from local scale-invariant features [J]. International Conference on Computer Vision, 1999, 1150-1157.

[38] LOWE D G. Distinctive image features from scale-invariant keypoints [J]. International Journal of Computer Vision, 2004, 60 (2): 91-110.

[39] 黄海涛. Python 3 人工智能从入门到实战 [M]. 北京：人民邮电出版社, 2019.

[40] 高新波. 模糊聚类分析及其应用 [M]. 西安：西安电子科技大学出版社, 2004.

[41] RUSPINI E H. A new approach to clustering [J]. Information and Control, 1969, 15 (1): 22-32.

[42] HUANG C C, TSENG T L. Rough set approach to case-based reasoning application [J]. Expert System with Applications, 2004, 26 (3): 369-385.

[43] ORTON J D, NARANG U, ANDERSON G P, et al. Formal description and verification of hybrid rule/frame-based expert systems [J]. Expert Systems with applications, 1997, 13 (3): 215-230.

[44] RODRIGUES M, THEILLIOL D, ADAM-MEDINA M, et al. A fault detection and isolation scheme for industrial systems based on multiple models [J]. Control Engineering Practice, 2008, 16 (2): 225-239.

[45] QIAO J H, CHAI T Y, WANG H. Intelligent setting control for clinker calcination process [J]. Asian Journal of Control, 2014, 16 (1): 243-263.

[46] CHEN M S, WANG S W. Fuzzy clustering analysis for optimizing fuzzy membership functions [J]. Fuzzy Sets and Systems, 1999, 103 (2): 239-254.

[47] MARTIN T H, HOWARD B D, MARK H B. 神经网络设计 [M]. 戴葵, 译. 北京：机械工业出版社, 2005.

[48] TAKAGI T, SUGENO M. Fuzzy identification of systems and its application to modeling and control [J]. IEEE Transactions on Systems Man and Cybernetics, 1985, 15 (1): 116-132.

[49] 邓乃扬, 田英杰. 数据挖掘中的新方法：支持向量机 [M]. 北京：科学出版社, 2004.

[50] SUYKENS J A K, VANDEWALLE J. Least squares support vector machine classifiers [J]. Neural Processing Letters, 1999, 9 (3): 293-300.

[51] VAPNIK V N. Statistical Learning Theory [M]. New York: Wiley, 1998.

[52] LI W, YUE H, VALLE S, et al. Recursive PCA for adaptive process monitoring [J]. Journal of process Control, 2000, 10 (5): 471-486.

[53] KRUPISKI R. Recursive polynomial weighted median filtering [J]. Signal Processing, 2011, 90 (11): 3004-3013.

[54] HUBER P. Robust Statistics [M]. New York: Wiley, 1989.

[55] LIN B, RECKE B, KNUDSEN J K H, JΦRGENSEN S B. A systematic approach for soft sensor development [J]. Computers and Chemical Engineering, 2007, 31 (5): 419-425.

[56] ENGLUND C, VERIKAS A. A hybrid approach to outlier detection in the offset lithographic printing process [J]. Engineering Applications of Artificial Intelligence, 2005, 18 (6): 759-768.

[57] MOHAMED N N, BHAVIK R B. On-line multiscale filtering of random and gross errors without process models [J]. AIChE Journal, 1999, 45 (5): 1041-1058.

[58] ZUBKO V, KAUFMAN Y J, BURG R I, et al. Principal component analysis of remote sensing of aerosols over oceans [J]. IEEE Transaction on Geoscience and Remote Sensing, 2007, 45 (3): 730-745.

[59] DUNIA R, QIN S J. Subspace approach to multidimensional fault identification and reconstruction [J]. AIChE Journal, 1998, 44 (8): 1813-1831.

[60] 王惠文. 偏最小二乘回归方法及其应用 [M]. 北京：国防工业出版社，1999.
[61] SUYKENS J A K, VANDEWALLE J. Least squares support vector machine classifiers [J]. Neural Processing Letters, 1999, 9 (3): 293-300.
[62] DEBNATH R, MURAMATSU M, TAKAHASHI H. An efficient support vector machine learning method with second-order cone programming for large-scale problem [J]. Applied Intelligence, 2005, 23 (3): 219-239.
[63] GESTEL T V, SUYKENS J A K, BAESENS B, et al. Benchmarking least squares support vector machine classifiers [J]. Machine Learning, 2000, 54 (1): 5-32.
[64] VAPNIK V N. Statistical learning theory [M]. New York: Wiley, 1998.
[65] KLAWONN F, KRUSE R. Constructing a fuzzy controller from data [J]. Fuzzy Sets and Systems, 1997, 85 (2): 177-193.
[66] SUYKENS A K, GESTEL T V, BRABANTER J D. Least squares support vector machines [M]. London: World scientific publishing Co. Pte. Ltd., 2002.
[67] 舒迪前，饶立昌，柴天佑. 自适应控制 [M]. 沈阳：东北大学出版社，1994.
[68] SOUFIAN M, SANDOZ D J. Constrained multivariable control and real time optimization of a distillation process [J]. UKACC International Conference on Control, 1996, 1 (1): 382-387.
[69] AIRIKKA P. Advanced control methods for industrial process control [J]. Computing & Control Engineering Journal, 2004, 15 (3): 18-23.
[70] ARROYO-FIGUEROA G, SUCAR L E, VILLAVICENCIO A. Fuzzy intelligent system for the operation of fossil power plants [J]. Engineering Applications of Artificial Intelligence, 2000, 13 (4): 431-439.
[71] BERGH L G, YIANATOS J B, LEIVA C A. Fuzzy supervisory control flotation columns [J]. Minerals Engineering, 1998, 11 (8): 739-748.
[72] MANESIS S A, SAPIDIS D J, KINGU R E. Intelligent control of wastewater treatment plants [J]. Artificial Intelligence in Engineering, 1998, 12 (3): 275-281.
[73] AVOY T M, JOUELA S L J, PATTON R, et al. Milestone report for area 7 industrial applications [J]. Control Engineering Practice, 2004, 12 (1): 113-119.
[74] 刘铠，周海. 深入浅出西门子 S7-300PLC [M]. 北京：北京航空航天大学出版社，2006.
[75] WANG D H, LI M. Stochastic configuration networks: fundamentals and algorithms [J]. IEEE Transactions on Cybernetics, 2017, 47 (10): 3466-3479.